數位訊號處理-Python 程式實作

張元翔　編著

全華圖書股份有限公司

國家圖書館出版品預行編目(CIP)資料

數位訊號處理：Python 程式實作 / 張元翔編著.
-- 三版. -- 新北市 : 全華圖書股份有限公司,
2023.12
　　面；　公分
ISBN 978-626-328-796-9(平裝附光碟片)

1.CST: 通訊工程　2.CST: Python(電腦程式語
言)

448.7　　　　　　　　　　　　112020484

數位訊號處理–Python程式實作

作者 / 張元翔

發行人 / 陳本源

執行編輯 / 劉暐承

出版者 / 全華圖書股份有限公司

郵政帳號 / 0100836-1號

印刷者 / 宏懋打字印刷股份有限公司

圖書編號 / 06196027

三版一刷 / 2024年01月

定價 / 新台幣 620 元

ISBN / 978-626-328-796-9(平裝)

全華圖書 / www.chwa.com.tw

全華網路書店 Open Tech / www.opentech.com.tw

若您對書籍內容、排版印刷有任何問題，歡迎來信指導 book@chwa.com.tw

臺北總公司(北區營業處)
地址：23671 新北市土城區忠義路 21 號
電話：(02) 2262-5666
傳真：(02) 6637-3695、6637-3696

南區營業處
地址：80769 高雄市三民區應安街 12 號
電話：(07) 381-1377
傳真：(07) 862-5562

中區營業處
地址：40256 臺中市南區樹義一巷 26 號
電話：(04) 2261-8485
傳真：(04) 3600-9806(高中職)
　　　(04) 3601-8600(大專)

作者自序

　　訊號(Signals) 在現代科技應用中扮演重要角色。典型的訊號,包含:聲音、語音、音樂、影像、視訊等,幾乎是隨處可見。隨著電腦科技與網路多媒體的蓬勃發展,**數位訊號處理**(Digital Signal Processing),簡稱 **DSP**,在現代科技應用中,是一項具有代表性的關鍵技術。

　　DSP 技術的應用層面相當廣泛,例如:**語音合成**(Speech Synthesis)、**語音辨識**(Speech Recognition)、**音樂合成**(Music Synthesis)、**生醫訊號處理**(Biomedical Signal Processing)、**影像處理**(Image Processing)、**視訊處理**(Video Processing)、**電腦視覺**(Computer Vision)、**數位多媒體**(Digital Multimedia)、**通訊系統**(Communication Systems)、**自動控制系統**(Automatic Control Systems)、**深度學習**(Deep Learning)、**人工智慧**(Artificial Intelligence, AI)、**大數據分析**(Big Data Analysis)、**物聯網**(Internet of Things, IOT)、**金融科技**(Financial Technology, FinTech)等領域。因此,在學習這些領域的技術之前,其實都可以先培養 DSP 技術的基礎概念,學習過程會比較完整,培養的技術能力也會更為紮實。

　　本書編寫的動機,主要是因應現代科技發展趨勢,內容的鋪陳是以主題方式介紹 DSP 技術,並透過 Python 程式實作,強調理論與實務並重,展現「做中學」的學習理念,藉以培養研發與實務能力。

　　本書適用的對象是以大學二年級(含)以上的同學為主,具備基礎的微積分、線性代數等數學背景。此外,由於本書採用 Python 程式語言進行 DSP 技術的實作與應用,因此具備 Python 程式設計經驗者更容易上手。本書也適合專業技術研發人員、創客玩家等,對於 DSP 技術的研發與實際應用具有興趣者。

以目前大學院校的課程安排而言，DSP 技術的初階課程，稱為**訊號與系統**(Signals & Systems)，通常是電機工程系、通訊工程系或相關系所的同學，才有機會接觸這樣的課程。**數位訊號處理**(Digital Signal Processing, DSP)，則普遍被認為是大四或研究所的進階課程，主要是因為 DSP 課程在討論理論基礎時，牽涉比較艱澀的數學推導，讓人有遙不可及的刻板印象。為了使您可以更容易進入 DSP 領域，本書在內容安排上，強調循序漸進、由淺入深，因此適合作為這兩門課程的入門學習教材。

自從 Python 程式語言問市以來，第三方軟體開發者，已經實現許多 DSP 技術，並提供開源的程式庫或軟體套件。因此，新一代的 DSP 技術研發，應該是要「站在巨人的肩膀上」，可以看得更遠，爬得更高。另外，Python 具有跨平台且完全免費的優點，可以用來取代 Matlab 付費授權軟體，因此相當適合作為 DSP 技術的學習與開發工具。本書在討論 DSP 技術的理論基礎時，均同時搭配 Python 程式碼，主要目的即是期望在建立理論基礎後，可以透過 Python 程式實作，以達到更有效的學習效果。

筆者在 DSP 技術的啟蒙，其實是留美攻讀碩博士學位時的研究所課程。曾幾何時，授課教授稱得上是 DSP 領域的大師級人物，上課內容非常的充實而深入。由於筆者在大學階段並未接觸訊號與系統的初階課程，便一頭栽進 DSP 領域，至今仍覺得整個學習主要是進行數學推導過程，強調解題與理論證明，卻沒有動手玩真實的訊號，例如：wav、mp3 等音訊檔，學習興趣與成效相對比較有限。

反思這樣的學習過程，在 DSP 技術方面偏重理論，難免流於枯燥無趣。因此，萌生編寫本書的動機，期望新一代 DSP 技術的學習(或教學) 方式，除了數學推導之外，可以透過 Python 程式實現 DSP 技術，並動手玩真實的訊號，將會使得學習過程更加生動有趣，未來更能發揮創意，自行研發專屬的 DSP 技術與應用。

筆者為電機 / 電子背景，目前任教於資訊工程系。隨著多媒體技術的快速發展，深感新世代理工背景的同學，面臨的學習層面更為廣泛，未來所面臨的技術問題也相對更為複雜。以目前的觀念而言，普遍認為 DSP 技術是屬於電機通訊領域。然而，隨著產業界跨領域整合技術的高度需求，現代的專業技術研發人員，包含：半導體領域的 IC 設計工程師、資訊領域的軟體工程師、工程領域的系統工程師、人工智慧領域的研發工程師、金融科技領域的資料分析師等，其實都可以培養 DSP 技術的基礎能力，方能有效掌握關鍵的核心技術。

本書介紹 DSP 的理論基礎與相關技術，同時導入 Python 程式設計進行實作與應用，成為國內具有特色的專業教材。自初版以來，受到 DSP 領域學者專家的關注與回饋，謹此致上最大的敬意與謝意。本次改版主要增列學習評量(選擇題)與 CH18 **小波轉換**(Wavelet Transforms)的學習主題，同時進行內容編修與勘誤。

本書經過多次校對，但人非聖賢，若有謬誤或疏漏之處，敬請學者先進不吝賜教與指正。

最後，不知道您是否準備好了嗎？邀請您懷著快樂與期待的心情，讓我們開始 DSP 領域的奇妙旅程吧！

致謝

特別感謝參與本書校閱工作的全華圖書編輯部同仁，使得本書在內容與編排上更加嚴謹且完善。

張元翔　謹識
中原大學資訊工程系教授
智慧運算與大數據學士班暨碩士學位學程主任
量子資訊中心執行長

作者介紹

張元翔

學歷：

美國匹茲堡大學 電機博士

經歷：

中原大學 資訊工程系 教授

中原大學 智慧運算與大數據學士班暨碩士學位學程 主任

中原大學 量子資訊中心 執行長

中原大學 研究發展處人本人工智慧中心 主任

中原大學 資訊工程系 系主任

中原大學 學生事務處實習暨就業輔導組 組長

中原大學 秘書室校友服務中心 主任

中原大學 資訊工程系 副教授

美國匹茲堡大學 醫學院放射科 助理教授

美國匹茲堡大學 醫學院放射科 研究助理 / 後博士

美國匹茲堡大學 電機工程系 研究助理

聯銷實業股份有限公司 研發工程師

編輯大意

　　「系統編輯」是我們的編輯方針，我們所提供給您的，絕不只是一本書，而是關於這門學問的所有知識，它們由淺入深，循序漸進。

　　本書詳細介紹 DSP 技術、理論與應用，且有豐富的範例、習題以及解答，全書涵蓋了 DSP 基礎理論與關鍵技術，強調理論與技術是不可或缺的，使用 Python 程式設計，進行 DSP 技術實作，藉此培養 DSP 技術的實務研發能力，本書適用於大學、科大電機電子、資訊相關科系使用。

　　同時，為了使您能有系統且循序漸進研習相關方面的叢書，我們以流程圖方式，列出各有關圖書的閱讀順序，以減少您研習此門學問的摸索時間，並能對這門學問有完整的知識。若您在這方面有任何問題，歡迎來函連繫，我們將竭誠為您服務。

相關叢書介紹

書號：06276
書名：基礎工程數學
編著：曾彥魁

書號：06438
書名：應用電子學(精裝本)
編著：楊善國

書號：05419
書名：Raspberry Pi 最佳入門與
　　　應用(Python)(附範例光碟)
編著：王玉樹

書號：06237
書名：工程數學
編著：姚賀騰

書號：06088
書名：訊號與系統
　　　(附部分內容光碟)
編著：王小川

書號：06300/06301
書名：電子學(基礎理論)/
　　　(進階應用)
編譯：楊棧雲.洪國永.張耀鴻

書號：05314
書名：訊號與系統
編譯：洪惟堯.陳培文.張郁斌.楊名全

流程圖

書號：06276
書名：基礎工程數學
編著：曾彥魁

書號：06088
書名：訊號與系統
　　　(附部分內容光碟)
編著：王小川

書號：05419
書名：Raspberry Pi 最佳入門與
　　　應用(Python)(附範例光碟)
編著：王玉樹

書號：06237
書名：工程數學
編著：姚賀騰

書號：06196027
書名：數位訊號處理-Python
　　　程式實作(第三版)
　　　(附範例光碟)
編著：張元翔

書號：06429
書名：數位影像處理 – Python
　　　程式實作(附範例光碟)
編著：張元翔

書號：06300/06301
書名：電子學(基礎理論)/
　　　(進階應用)
編譯：楊棧雲.洪國永.張耀鴻

書號：05314
書名：訊號與系統
編譯：洪惟堯.陳培文
　　　張郁斌.楊名全

書號：06100
書名：數位通訊系統演進之理
　　　論與應用-4G/5G/pre6G
　　　/IoT 物聯網
編著：程懷遠.程子陽

目錄

第 1 章　介紹 1-1

　　1-1　訊號 1-2

　　1-2　系統 1-6

　　1-3　訊號處理 1-7

　　1-4　DSP 技術應用 1-9

　　1-5　音訊檔案格式 1-10

　　1-6　音訊處理軟體 1-11

　　1-7　Python 程式語言 1-12

　　習題 1-15

第 2 章　類比訊號 2-1

　　2-1　基本概念 2-2

　　2-2　弦波 2-2

　　2-3　複數 2-7

　　2-4　複數指數訊號 2-10

　　2-5　相量與相量加法規則 2-11

　　習題 2-17

第 3 章　數位訊號 3-1

　　3-1　基本概念 3-2

　　3-2　取樣與量化 3-3

　　3-3　數學表示法 3-6

　　3-4　基本的數位訊號 3-9

　　3-5　數位音訊檔 3-12

3-6　即時可視化 3-16

習題 3-18

第 4 章　訊號生成 4-1

4-1　基本概念 4-2

4-2　週期性訊號 4-2

4-3　非週期性訊號 4-21

習題 4-29

第 5 章　雜訊 5-1

5-1　基本概念 5-2

5-2　均勻雜訊 5-3

5-3　高斯雜訊 5-6

5-4　布朗尼雜訊 5-9

5-5　脈衝雜訊 5-11

5-6　訊號雜訊比 5-14

習題 5-18

第 6 章　DSP 系統 6-1

6-1　基本概念 6-2

6-2　基本運算 6-8

6-3　取樣率轉換 6-11

6-4　音訊檔 DSP 6-21

習題 6-31

第 7 章　卷積 7-1

7-1　卷積 7-2

7-2　卷積與濾波 7-10

7-3　音訊檔濾波 7-15

習題 7-19

第 8 章　相關 8-1

8-1　交互相關 8-2

8-2　相關 8-7

8-3　自相關應用 8-10

習題 8-14

第 9 章　傅立葉級數與轉換 9-1

9-1　傅立葉級數 9-2

9-2　傅立葉轉換 9-7

9-3　離散時間傅立葉轉換 9-18

9-4　離散傅立葉轉換 9-20

習題 9-28

第 10 章　z 轉換 10-1

10-1　z 轉換 10-2

10-2　z 轉換範例 10-3

10-3　z 轉換的性質 10-7

10-4　轉換函式 10-8

10-5　零點與極點 10-8

10-6　反 z 轉換 10-13

習題 10-19

第 11 章 FIR 濾波器 11-1

11-1 基本概念 11-2

11-2 FIR 濾波器 11-4

11-3 FIR 濾波器應用 11-7

習題 11-15

第 12 章 IIR 濾波器 12-1

12-1 基本概念 12-2

12-2 脈衝響應 12-7

12-3 步階響應 12-10

12-4 IIR 濾波器應用 12-13

習題 12-17

第 13 章 頻譜分析 13-1

13-1 基本概念 13-2

13-2 傅立葉頻譜 13-4

13-3 功率頻密度 13-15

習題 13-22

第 14 章 頻率響應 14-1

14-1 基本概念 14-2

14-2 濾波器分類 14-4

14-3 頻率響應範例 14-5

習題 14-30

第 15 章 頻率域 DSP 15-1

15-1 基本概念 15-2

15-2 理想濾波器 ………………………… 15-3

15-3 頻譜平移 ……………………………… 15-10

15-4 音訊檔的頻率域 DSP ………………… 15-14

習題 …………………………………………… 15-22

第 16 章 濾波器設計 ………………………… 16-1

16-1 基本概念 …………………………… 16-2

16-2 窗函數 ……………………………… 16-3

16-3 FIR 濾波器設計 …………………… 16-7

16-4 IIR 濾波器設計 …………………… 16-15

習題 …………………………………………… 16-37

第 17 章 時頻分析 …………………………… 17-1

17-1 基本概念 …………………………… 17-2

17-2 短時間傅立葉轉換 ………………… 17-2

17-3 時頻圖 ……………………………… 17-4

17-4 音訊檔的時頻分析 ………………… 17-8

習題 …………………………………………… 17-13

第 18 章 小波轉換 …………………………… 18-1

18-1 基本概念 …………………………… 18-2

18-2 簡易的小波轉換 …………………… 18-3

18-3 小波轉換 …………………………… 18-7

18-4 離散小波轉換 ……………………… 18-14

18-5 音訊檔的小波轉換 DSP …………… 18-17

習題 …………………………………………… 18-20

第 19 章 DSP 技術應用 19-1

19-1 數位音樂合成 19-2

19-2 數位語音合成 19-8

19-3 數位語音辨識 19-11

習題 19-14

附錄 附-1

CHAPTER 01

介紹

本章的目的是介紹**數位訊號處理**(Digital Signal Processing)，簡稱 **DSP**，包含基本概念與專業術語，例如：訊號、系統、訊號處理等。此外，將討論數位音訊檔案格式與音訊處理軟體，並概略介紹 Python 程式語言。在學習 DSP 技術的理論、實作與應用之前，具備初步的知識與背景。

學習單元

- 訊號
- 系統
- 訊號處理
- DSP 技術應用
- 音訊檔案格式
- 音訊處理軟體
- Python 程式語言

1-1 訊號

定義 訊號

訊號(Signals)可以定義為：「隨著時間改變的物理量」。

訊號在現代科技應用中扮演重要角色，可以用來表示各種不同類型的資訊。除了典型的自變數**時間**之外，訊號也可能是其他自變數，例如：位置、距離、溫度、壓力等的函數。

訊號的種類繁多，例如：自然界的各種**聲音**(Audio)、人類的**語音**(Speech)、演奏樂器產生的**音樂**(Music)、測量心跳的**心電圖**(Electrocardiogram, ECG)、測量大腦反應的**腦電波圖**(Electroencephalography, EEG)、使用相機拍攝的**數位影像**(Digital Images)、使用攝影機拍攝的**數位視訊**(Digital Videos)、甚至是**股價走勢圖**等，由於具有隨著時間改變的特性，因此都可以歸類成是某種**訊號**。

圖 1-1 為典型的**聲音訊號**。自然界的聲音訊號，透過聲波振盪的能量在空氣中傳遞，人類的耳朵在接受聲音訊號後，並經過大腦的詮釋後，進而理解相關的訊息。聲音訊號通常是以**時間**(Time)為橫軸，**振幅**(Amplitude)為縱軸表示之。在電子電路中，聲音訊號的振幅是以電壓表示，通常與音量相關。換言之，聲音的振幅愈大，則產生的音量愈大；反之則愈小。

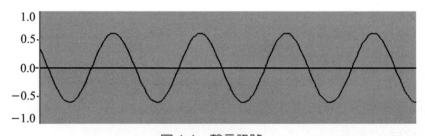

圖 1-1 聲音訊號

除了振幅之外，聲音訊號也經常以**頻率**(Frequency)決定其振盪特性，單位為**次數／秒**(Cycles/Second)或**赫茲**(Hertz, Hz)。一般來說，人類的聽力範圍約為 20Hz～20kHz；自然界有些動物，例如：海豚、蝙蝠等，聽力範圍甚至達到 100kHz。

　　圖 1-2 為典型的語音訊號。本範例為筆者自行錄製中文語音「開燈」的訊號圖，由圖上可以觀察到兩個明顯的波峰，分別對應「開」與「燈」的中文語音。語音訊號在許多現代科技應用中，扮演相當重要的角色，因此持續受到學術界與產學界的關注，研究相關的技術與應用。典型的研究議題包含：**聲學模型**(Acoustic Models)、**語音模型**(Speech Models)、**語音合成**(Speech Synthesis)、**語音辨識**(Speech Recognition)、**人機介面**(Human-Machine Interface, HMI)、**語意分析**(Semantic Analysis)等。

圖 1-2　語音訊號

　　圖 1-3 為典型的心電圖訊號。**心電圖**(Electrocardiography, ECG)是紀錄人類心跳的方式，是具有代表性的生醫訊號之一。心電圖主要是在皮膚表面貼上**電極**(Electrodes)，透過心跳的**電生理**(Electrophysiologic)反應，擷取與紀錄每次心跳的電壓值變化，並以 ECG 的圖形表示法呈現。典型的心跳波形，在分析時經常分成 P、Q、R、S、T 等波段，用來觀察心臟的健康狀態。

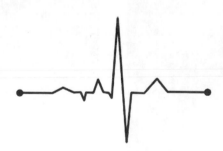

圖 1-3　心電圖(ECG)訊號

　　圖 1-4 為典型的**腦電波圖訊號**。**腦電波圖**(Electroencephalography, EEG)是紀錄人類大腦活動的方式，通常是在頭皮表面不同部位貼上**電極**(Electrodes)，透過大腦神經元的電壓波動，藉以產生**多通道**(Multi-Channels)的訊號。EEG 在實際診斷應用時，則是根據預先設計的事件，藉以觸發大腦反應，同時觀察訊號的變化情形。腦波的分類，也經常根據不同的頻率範圍，分成 Delta(δ)、Theta(θ)、Alpha(α)、Beta(β)等，用來分析各種人體狀態，例如：睡眠、放鬆、激動、焦慮等。

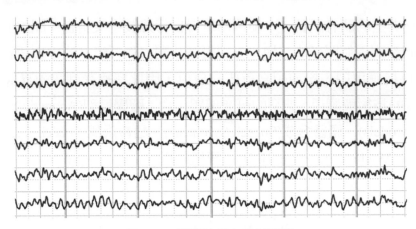

圖 1-4　腦電波圖(EEG)訊號

　　圖 1-5 為典型的**數位影像**。**數位影像**(Digital Images)可以視為是二維的數位訊號，基本構成元素稱為**像素**(Pixels)。像素的英文單字 Pixels，其實是源自 Picture Elements 的組合字，屬於影像處理領域的專業術語。以灰階(黑白)影像而言，數位影像中的像素，可以定義為二維的函數 $f(x, y)$，其中(x, y)表示空間座標，f 的函數值則是表示像素的**灰階**(Gray-Levels)。通常灰階愈大，表示亮度愈高；反之則愈暗。以色彩影像而言，像素則是由三原色 R、G、B 等三個**通道**(Channels)所構成。

圖 1-5　數位影像

　　圖 1-6 為典型的數位視訊。**數位視訊**(Digital Videos)可以視為是三維的訊號，通常定義為三維函數 $f(x, y, t)$，其中(x, y)表示空間座標，t 則表示時間。數位視訊是由連續的**畫格**(Frames)所組成，藉由人類視覺暫留現象產生運動感。因此，數位視訊的主要參數，牽涉每秒播放的畫格數，單位為**畫格／秒**(Frames per Second)，簡稱 fps。

圖 1-6　數位視訊

　　圖 1-7 為典型的**股價走勢圖**。由於股價會隨著時間改變，因此可以視為是訊號的一種。本範例以**台積電**(Taiwan Semiconductor, TSMC)股價為例，藉由蒐集過去的股價資料，例如：開盤價、收盤價、交易量等，並可透過訊號處理與分析技術，協助投資策略的規劃工作。

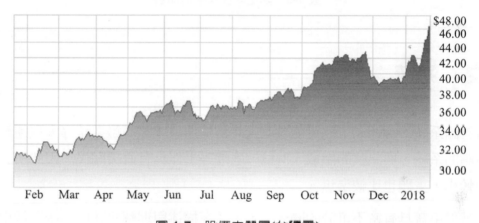

圖 1-7　股價走勢圖(台積電)

　　訊號可以根據其性質分成下列兩種(如圖 1-8)：

(1) **類比訊號**(Analog Signals)：類比訊號是隨著時間改變的連續訊號，又稱為**連續時間訊號**(Continuous-Time Signals)。一般來說，自然界的各種聲音、人類發出的語音等，主要是透過**聲波**(Sound Wave)傳遞能量；電視機或無線網路等使用的無線電波，則是透過**電磁波**(Electromagnetic Wave)傳遞能量，以達到無線通訊的目的。這些訊號具有時間連續性，因此是屬於類比訊號。

(2) **數位訊號**(Digital Signals)：數位訊號是隨著時間改變的離散訊號，又稱為**離散時間訊號**(Discrete-Time Signals)。隨著電腦科技與網路多媒體時代的快速發展，數位訊號是根據類比訊號擷取離散的**樣本**(Samples)，並以 0 與 1 的方式表示，因此適合在電腦或計算機系統中進行儲存、管理、傳輸或處理等工作。

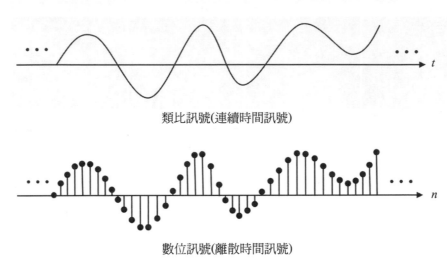

類比訊號(連續時間訊號)

數位訊號(離散時間訊號)

圖 1-8　類比訊號與數位訊號

1-2　系統

　　若討論**系統**(Systems)，您可能會直覺想到捷運系統、高鐵系統等大型運輸系統。在此所謂的**系統**，與訊號的擷取、傳輸、處理等工作具有直接關係，因此所討論的系統規模較小，主題也比較聚焦。

　　訊號與系統具有密不可分的關係。本書旨在描述與理解訊號與系統，採用數學為主要工具，同時透過數學公式與模型，藉以分析訊號與系統之間的互動關係。

> **定義　系統**
>
> **系統**(Systems)可以定義為：「根據輸入訊號，經過處理或運算，藉以產生輸出訊號的實體」。

　　討論科學與工程應用時，經常使用**方塊圖**(Block Diagrams)，主要是希望以簡潔的方式描述各種系統架構。本書討論的系統，方塊圖如圖 1-9。系統的目的是根據**輸入訊號**(Input Signals)，為了達到某些特定的功能，在經過處理與運算後，產生**輸出訊號**(Output Signals)。由於訊號的種類繁多，衍生的訊號處理系統，自然也相當多樣化。

圖 1-9 系統方塊圖

舉例說明，**通訊系統**(Communication System)是典型的訊號與系統應用。簡易的通訊系統，方塊圖如圖 1-10，其中基本的構成元件，包含：**發射器**(Transmitter)、**通道**(Channel)與**接收器**(Receiver)等。

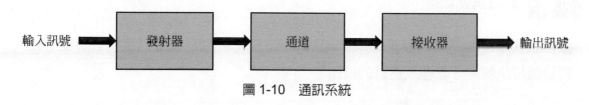

圖 1-10 通訊系統

通訊系統的**發射器**與**接收器**，通常是存在於空間中兩個不同的位置，通道則是用來連接兩者的媒介，例如：**無線電波**(Radio Wave)、**衛星通道**(Satellite Channel)等，在頻率域中具有特定的**頻寬**(Bandwidth)。另外，通道也可以是實際存在的媒介，例如：**電纜線**(Cable)、**光纖**(Optical Fiber)等。輸入的訊號可能是各種不同型態的訊號，例如：**聲音訊號**(Audio Signals)、**語音訊號**(Speech Signals)、**電視訊號**(Television Signals)、**電腦資料**(Computer Data)等，分別代表不同類型的資訊。

通訊系統中，**發射器**(Transmitter)牽涉**調變**(Modulation)技術，目的是將輸入訊號與**載波**(Carrier Wave)混合，轉換成適合在**通道**(Channel)內傳輸的訊號，經常應用於無線電波的傳輸與通訊。**接收器**(Receiver)則是牽涉調變的逆過程，稱為**解調**(Demodulation)技術，目的是將接收到的無線電波訊號，還原成原始的輸入訊號。

1-3 訊號處理

訊號處理(Signal Processing)可以根據訊號的性質分成：(1)**類比訊號處理**(Analog Signal Processing)；與(2)**數位訊號處理**(Digital Signal Processing)兩種。

舉例說明，傳統的黑膠唱片是採用**類比訊號處理**技術，音樂的紀錄方式是在唱片中刻出軌跡，因此具有時間連續性。自 1980 年代起，**光碟片**(Compact Disk, CD)變得隨處可見,採用**數位訊號處理**技術,音樂是以 0 與 1 的數位方式儲存。雖然 CD 問市時被標榜音質優於黑膠唱片,但是許多專業的音響玩家,仍然堅持黑膠唱片的音質比較圓潤好聽,CD 的音質則比較刺耳呆板;然而,一般的聽眾其實無法分辨兩者在音樂品質上的差異。無論如何,數位科技時代的來臨,已成為必然的發展趨勢,數位音樂在網際網路中隨處可見,例如:wav、mp3 等。筆者相信,CD 很快也會面臨絕跡的命運[1]。

定義　**數位訊號處理**

數位訊號處理(Digital Signal Processing),簡稱 DSP,可以定義為:「使用計算機系統,對於數位訊號進行處理或運算的技術」。

　　上述定義中,計算機系統泛指各種具有計算能力的設備,例如:**個人電腦**(Personal Computer, PC)、**平板電腦**(Tablet PC)、**智慧型手機**(Smartphone)、**嵌入式系統**(Embedded System)、**DSP 處理器**(DSP Processor)、**DSP 系統晶片**(DSP System on Chip, SoC)等。換言之,DSP 技術可以在不同的計算機系統中實現,衍生的應用層面相當廣泛。以技術層面而言,DSP 技術牽涉理論基礎、數學工具、演算法等,成為本書討論的重點。

　　典型的**數位訊號處理系統**(DSP System),如圖 1-11,其中須仰賴所謂的**換能器**(Transducers),例如:**麥克風**(Microphone)、**喇叭**(Speaker)等設備,進行訊號的能量轉換。

圖 1-11　數位訊號處理系統

---

[1]　相信您在音響店家或誠品書局發現黑膠唱片與唱片機的蹤跡,使得現代生活吹著一股復古風。有些音響玩家特別喜歡採用「真空管放大器」,搭配黑膠唱片播放音樂,主要也是因為在電子電路技術中,真空管是屬於類比訊號放大器。

處理步驟簡述如下：

(1) 輸入端是利用麥克風感測聲波的振盪，並轉換成類比電壓訊號。

(2) 利用**類比／數位轉換器**(Analog-to-Digital Converter, A/D Converter)，將輸入的類比電壓訊號轉換成 0 與 1 的數位訊號。

(3) 數位訊號經過計算機系統的處理或運算後，產生輸出的數位訊號。

(4) 利用**數位／類比轉換器**(Digital-to-Analog Converter, D/A Converter)，將輸出的數位訊號，轉換成類比電壓訊號。

(5) 輸出端的類比電壓訊號可以用來驅動喇叭等設備，進而產生聲音的輸出。

　　通常 DSP 技術牽涉複雜的運算量，因此無法達到**即時性**(Real-Time)的要求，導致**時間延遲**(Latency)現象。然而，具有**即時性**(Real-Time)或**接近即時性**(Near Real-Time)的 DSP 技術，實用價值遠高於非即時性的 DSP 技術。因此，學者專家在研發 DSP 技術時，都會考慮即時性的設計要求，期望可以減輕時間延遲現象，藉以實現具有實用價值的 DSP 系統。

1-4　DSP 技術應用

　　DSP 技術的應用相當廣泛，以下列舉幾個典型的應用：

● **音訊處理**(Audio Processing)
● **音訊壓縮**(Audio Compression)
● **音樂合成**(Music Synthesis)
● **語音處理**(Speech Processing)
● **語音合成**(Speech Synthesis)
● **語音辨識**(Speech Recognition)
● **影像處理**(Image Processing)
● **視訊處理**(Video Processing)
● **電腦視覺**(Computer Vision)

- **數位通訊**(Digital Communication)
- **通訊系統**(Communication System)
- **多媒體晶片設計**(Multimedia IC Design)
- **生醫訊號處理**(Biomedical Signal Processing)
- **雷達訊號處理**(Radar Signal Processing)
- **聲納訊號處理**(Sonar Signal Processing)
- **地震訊號處理**(Seismology Signal Processing)
- **自動控制系統**(Automation Control System)
- **智慧機器人**(Intelligent Robots)
- **金融科技**(Financial Technology)

1-5　音訊檔案格式

　　隨著多媒體時代的來臨，爲了方便**數位音訊**(Digital Audio)的儲存、管理、傳輸或處理等工作，無論是學術界或產業界，都相繼擔任先驅者，訂定標準的**交換協定**(Protocols)，因此產生許多標準的數位音訊檔案格式。

　　表 1-1 爲常見的**音訊檔案格式**(Audio File Formats)表，根據音訊壓縮技術，大致可以分成：**無壓縮**(Uncompressed)、**無失真壓縮**(Lossless Compressed)或**失真壓縮**(Lossy Compressed)等三種類型。概括而言，採用失眞壓縮技術的音訊檔案，例如：mp3 等，由於壓縮後的檔案較小，因此在網際網路中被廣泛採用。相對而言，無壓縮的檔案格式，例如：wav 等，通常檔案較大，但音訊資料在存取過程中，不會發生失眞或資料遺失的現象。因此，本書主要是採用 wav 檔案格式，適合用來進行 DSP 技術的實作與應用。

表 1-1　常見的音訊檔案格式表

副檔名	開發者	說明	壓縮
aiff	Apple	Apple 電腦的標準音訊檔案格式，相當於微軟公司使用的 wav 檔。	無
au	Sun Microsystems	Sun, Unix 與 Java 的標準音訊檔案格式。	無
flac	Xiph.org Foundation	採用無失真壓縮的數位音訊檔案格式。	無失真
mp3	MPEG	取自 MPEG-1 Audio Layer III，目前已成為被廣泛使用的音訊檔案格式。	失真
wav	Microsoft	Microsoft Windows 的標準音訊檔案格式。	無

※ 本書討論的 DSP 技術實作與應用，將以 wav 檔案為主。

1-6　音訊處理軟體

目前市面上的音訊處理軟體，種類繁多且功能非常多樣化，但通常軟體授權的價格不菲。在此推薦一款免費的音訊處理軟體，稱為 Audacity，建議您在學習 DSP 技術前安裝使用，可以加快 DSP 技術的實作與應用。

Audacity 是一款**開源**(Open Source)、**跨平台**(Cross-Platform)且完全免費的音訊處理軟體，可以在 Microsoft Windows、Apple MacOS、Linux 等作業系統下執行。Audacity 的視窗介面，外觀如圖 1-12，除了可以匯入或匯出許多音訊檔案格式，例如：aiff、flac、mp3、wav 等，同時也提供許多音訊處理的基本功能，例如：編輯、生成、效果、分析等。此外，Audacity 也提供錄音功能，您可以透過麥克風錄製聲音，同時建立數位音訊檔或語音資料庫，將有助於進行 DSP 技術的學習、實作與應用。

本書探討 DSP 技術實作與應用時，將以 wav 檔案為主。若您在網際網路取得其他的檔案格式，例如：mp3 等，也可透過 Audacity 軟體進行轉檔，在學習 DSP 技術時，將會更加生動有趣。

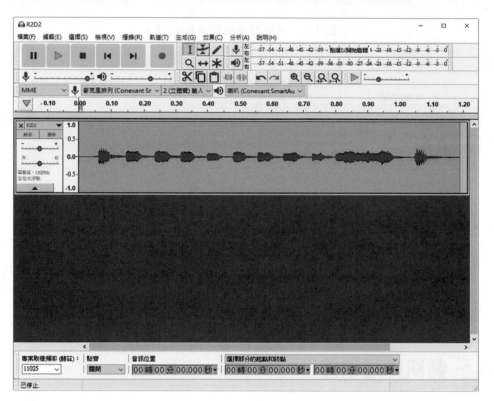

圖 1-12　Audacity 介面外觀

1-7　Python 程式語言

Python 程式語言(Python Programming Language)是由荷蘭科學家 Guido van Rossum 於 1991 年發表的高階程式語言，主要的特性概述如下：

● Python 是一種直譯式、物件導向的高階程式語言

● Python 的設計哲學是「優雅」、「明確」、「簡單」

● 支援**跨平台**(Cross-Platform)，且提供許多軟體**套件**(Packages)

● 目前版本有 2.x 與 3.x 兩種(但不完全相容)

　Python 開發環境的下載與安裝，可以分成兩種方式進行：

(1) Python 官方網站：www.python.org

(2) Anaconda 官方網站：www.anaconda.com

若是使用 Python 官方網站，您將會安裝基本的 Python 開發環境。原則上，筆者建議直接下載與安裝 Anaconda，主要原因是 Anaconda 已事先打包許多軟體套件，不須再額外安裝，安裝步驟會比較單純[2]。

自從 Python 程式語言問市以來，第三方的學者專家，陸續加入開源軟體開發工作，發展出許多功能強大的**程式庫**(Library)或**軟體套件**(Package)。本書介紹的 DSP 技術，將會使用這些軟體套件，可以加速 DSP 技術的學習、實作與應用。

以下列舉 Python 程式語言的軟體套件：

● **NumPy**：支援**陣列**(Array)或**矩陣**(Matrix)的運算功能，同時提供大量的數學函式庫。

● **SciPy**：支援 Python 的**科學運算**(Scientific Computing)功能。SciPy 提供 Signal 程式庫，相當適合用來進行 DSP 技術的實作與應用。

● **Matplotlib**：支援 Python 的繪圖功能與資料視覺化。Matplotlib 的 pyplot 模組，提供許多與 Matlab 軟體類似的繪圖功能。

● **SymPy**：支援**符號數學**(Symbolic Mathematics)，適合數學與代數的推導工作。

● **Pandas**：Python 資料分析程式庫，提供許多資料結構與資料分析工具。

除了上述的軟體套件之外，DSP 技術也會陸續用到其他軟體套件，將在 DSP 技術的程式實作與應用時，再進行介紹。

為了方便 Python 程式設計工作，須至少熟悉一種適合 Python 程式語言的**程式編輯器**或**整合開發環境**(Integrated Development Environment, IDE)，例如：Notepad++、Spyder、Python Tools for Visual Studio、Eclipse 等。典型的程式編輯器或 IDE，包含：Notepad++或 Spyder 等，其介面外觀如圖 1-13。

本書限於篇幅，無法詳盡介紹 Python 程式設計。目前市面上已經有許多相關書籍，若您不熟悉 Python 程式設計，建議可以參考相關書籍與上機練習。在學習 DSP 技術的理論、實作與應用前，具備初步的 Python 程式設計經驗。

---

[2] Python 與 Anaconda 都是蟒蛇的種類，比較這兩種蟒蛇，Anaconda 其實是比較肥的蟒蛇。除了 Python 的開發環境之外，Anaconda 同時也包含許多軟體套件，例如：NumPy、SciPy 等，命名的原因不得而知。

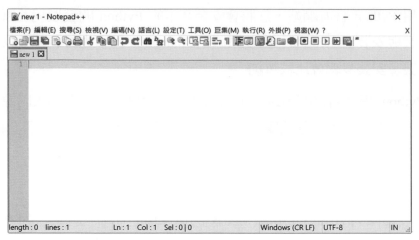

Notepad＋＋

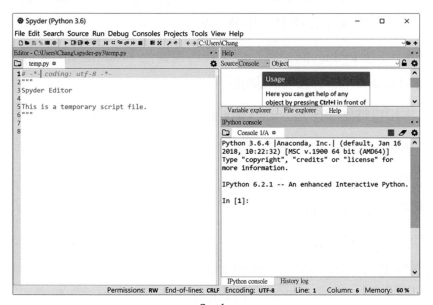

Spyder

圖 1-13　Python 程式編輯器

　　本書在討論 DSP 技術時，都會根據主題附上 Python 程式碼，目的是期望透過理論與實務的緊密結合，可以實現「做中學」的學習理念。因此，邀請您在研讀每個章節內容時，除了建立 DSP 技術的理論基礎之外，可以自行修改或設計 Python 程式碼，並動手玩真實的訊號，相信更能體驗 DSP 技術的精髓，進而發揮創意，研發 DSP 技術的實際應用。

習題

選擇題

( ) 1. 下列何者可以歸類成是**訊號**(Signal)？

(A) 語音　(B) 音樂　(C) 心電圖　(D) 數位影像　(E) 以上皆是

( ) 2. 下列何者是**頻率**(Frequency)的單位？

(A) 伏特　(B) 瓦特　(C) 牛頓　(D) 赫茲　(E) 焦耳

( ) 3. 下列訊號中，何者經常分成 P、Q、R、S、T 等波段？

(A) 語音　(B) 心電圖　(C) 腦電波圖　(D) 地震訊號　(E) 以上皆非

( ) 4. 下列何者不是**通訊系統**(Communication System)的主要構成元件？

(A) 控制器　(B) 通道　(C) 發射器　(D) 接收器

( ) 5. 通訊系統中，下列何者技術的目的是將輸入訊號與載波混合，轉換成適合在通道內傳輸的訊號？

(A) 編碼　(B) 調變　(C) 多工　(D) 增益　(E) 以上皆非

( ) 6. 下列何者是一種計算機系統？

(A) 電腦　(B) 手機　(C) 嵌入式系統　(D) DSP 處理器　(E) 以上皆是

( ) 7. 下列何者不是一種音訊檔案格式？

(A) aiff　(B) flac　(C) mp3　(D) mpg　(E) wav

( ) 8. Python 程式語言中，適用於 DSP 技術的 Signal 程式庫是屬於下列何種軟體套件？

(A) NumPy　(B) SciPy　(C) Matplotlib　(D) SymPy　(E) Pandas

( ) 9. 請問訊號處理的 Signal 程式庫是屬於下列哪個 Python 軟體套件：

(A) NumPy　(B) SciPy　(C) Matplotlib　(D) SymPy　(E) Pandas

💡 觀念複習

1. 請定義下列專有名詞：

   (a) **訊號**(Signal)

   (b) **系統**(System)

   (c) **數位訊號處理**(Digital Signal Processing, DSP)

2. 請列舉至少三種典型的訊號。

3. 請說明聲音訊號圖中，通常橫軸與縱軸分別為何？

4. 請說明人類的聽力範圍為何？

5. 請問何種訊號經常分成 P、Q、R、S、T 等波段？

6. 請問何種訊號經常根據不同的頻率範圍，分成 Delta(δ)、Theta(θ)、Alpha(α)、Beta(β) 等頻帶？

7. 請說明數位影像的基本構成元素為何？

8. 請說明通訊系統的主要構成元件有哪些？

9. 請解釋何謂**調變**(Modulation)與**解調**(Demodulation)技術？

10. 請說明數位訊號處理系統的主要構成元件有哪些？

11. 請列舉至少五種 DSP 技術的應用。

12. 下列音訊檔案格式中，何者主要採用失真壓縮技術？

    (a) aiff　 (b) au　 (c) flac　 (d) mp3　 (e) wav

13. 請簡述下列 Python 軟體套件的主要功能：

    (a) NumPy　 (b) SciPy　 (c) Matplotlib　 (d) SymPy　 (e) Pandas

🔆 專案實作

1. 下載與安裝 Python(或 Anaconda)的開發環境，並安裝程式編輯器或 IDE，例如：Notepad++等，準備進行 Python 程式設計初體驗。

2. 下載與安裝 Audacity，開啓數位音訊檔案，例如：light_on.wav 與 r2d2.wav，同時觀察波形。請自行操作 Audacity 的使用者介面，熟悉其所提供的各項功能。

3. 請使用 Audacity 錄製您自己的語音訊號，例如：中文語音「開燈」、「關燈」等，同時觀察波形與存成 wav 檔。

4. 選取您喜歡的 mp3 檔案，例如：中英文歌曲等，使用 Audacity 開啓檔案後並觀察波形。此外，將該 mp3 檔另存成 wav 檔，試比較兩種檔案格式的大小差異。

5. 請使用 Google 搜尋與下載有趣的音效 wav 檔，同時使用 Audacity 開啓檔案後並觀察波形。參考網頁如下：

    (a) https://www.soundsnap.com

    (b) https://audiojungle.net

CHAPTER 02

類比訊號

　　本章的目的是介紹**類比訊號**(Analog Signals)，並介紹典型的類比訊號，稱為**弦波**(Sinusoids)。接著，概略複習**複數**(Complex Numbers)的數學背景，主要是因為弦波的數學模型，可以表示成**複數指數訊號**(Complex Exponential Signals)的型態。最後，則介紹**相量**(Phasor)的數學定義，同時討論與證明**相量加法規則**(Phasor Addition Rule)。

學習單元

- 基本概念

- 弦波

- 複數

- 複數指數訊號

- 相量與相量加法規則

2-1 基本概念

> **定義**　類比訊號
>
> **類比訊號**(Analog Signals)可以定義為：「隨著時間改變的連續訊號」，因此也稱為**連續時間訊號**(Continuous-Time Signals)。

回顧微積分，**函數**(Functions)可以定義為：

$$y = f(x)$$

其中，x 稱為**自變數**(Independent Variables)，y 稱為**應變數**(Dependent Variables)。換言之，應變數 y 值是隨著自變數 x 值的改變而改變。

訊號處理領域中，**類比訊號**可以用函數表示為：

$$x = f(t)$$

其中，t 為時間，x 則是隨著時間改變的連續訊號。由於時間具有連續性，類比訊號是隨著時間改變的連續函數，因此也稱為**連續時間訊號**(Continuous-Time Signals)。

2-2 弦波

本節介紹**弦波訊號**(Sinusoidal Signals)，簡稱**弦波**(Sinusoids)，是最基本的類比訊號。以下定義弦波的數學模型，並討論弦波的特性。

> **定義**　弦波
>
> **弦波**(Sinusoids)可以定義為：
>
> $$x(t) = A\cos(\omega t + \phi)$$
>
> 或
>
> $$x(t) = A\cos(2\pi f t + \phi)$$
>
> 其中，A 稱為**振幅**(Amplitude)，ω 稱為**角頻率**(Angular Frequency)，f 稱為**頻率**(Frequency)，ϕ 稱為**相位移**(Phase Shift)；且 $\omega = 2\pi f$。

　　弦波是根據三角函數的餘弦函數定義之，具有週期性[1]。角頻率 ω 的單位為**弧度／秒**(Radians/Second)，頻率 f 的單位為**次數／秒**(Cycles/Second)或**赫茲**(Hz)，相位移 ϕ 的單位為**弧度**(Radians)。

　　弦波的**週期**(Period)可以定義為 T，單位為**秒**，代表弦波振盪一次所需的時間，與頻率呈反比關係，即：

$$T = \frac{1}{f}$$

因此，**角頻率**也可表示成：

$$\omega = 2\pi f = \frac{2\pi}{T}$$

範例 2-1

若弦波 $x(t) = A\cos(2\pi f t + \phi)$ 的參數為：

　振幅：$A = 1, 2, 4$

　頻率：$f = 2$ (Hz)

　相位移：$\phi = 0$ (Radians)

請比較弦波的差異，並說明其特性。

答

弦波如圖 2-1，其中橫軸為**時間**(Time)，縱軸為**振幅**(Amplitude)。由圖上可以發現，參數 A 與波形的振幅相關。當 $A = 1, 2, 4$ 時，對應的振幅分別為 $1, 2, 4$。請注意：縱軸的範圍均設為 $-4 \sim 4$ 之間。以聲音訊號為例，A 的數值愈大，代表音量愈大。

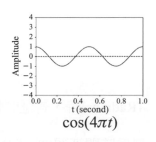

$\cos(4\pi t)$

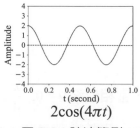

$2\cos(4\pi t)$

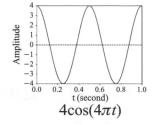

$4\cos(4\pi t)$

圖 2-1　弦波範例

---

[1] 您可能會覺得奇怪，為何不是使用正弦函數定義弦波，主要原因是考慮**複數指數訊號**的表示法，將在 2.4 節說明。

範例 2-2

若弦波 $x(t) = A\cos(2\pi f t + \phi)$ 的參數為：

振幅：$A = 1$

頻率：$f = 1, 2, 4$ (Hz)

相位移：$\phi = 0$ (Radians)

請比較弦波的差異，並說明其特性。

答

弦波如圖 2-2。由圖上可以發現，當頻率 $f = 1, 2, 4$ (Hz)，時間 $t = 0 \sim 1$ 秒間的振盪次數分別是 1, 2, 4 次。因此，頻率 f 愈高，代表每秒振盪的次數愈多。以聲音訊號為例，f 的數值愈大，則音頻愈高；反之則愈低。

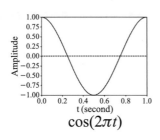 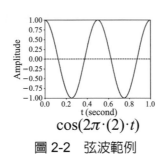 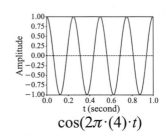

$$\cos(2\pi t) \qquad \cos(2\pi \cdot (2) \cdot t) \qquad \cos(2\pi \cdot (4) \cdot t)$$

圖 2-2　弦波範例

範例 2-3

若弦波 $x(t) = A\cos(2\pi f t + \phi)$ 的參數為：

振幅：$A = 1$

頻率：$f = 1$ (Hz)

相位移：$\phi = 0, \dfrac{\pi}{4}, \dfrac{\pi}{2}$ (Radians)

請比較弦波的差異，並說明其特性。

答

弦波如圖 2-3。由圖上可以發現，當**相位移** $\phi = 0, \dfrac{\pi}{4}, \dfrac{\pi}{2}$ (Radians)時，對應的弦波分別**向左移** $0, \dfrac{\pi}{4}, \dfrac{\pi}{2}$ 等。注意：若 ϕ 為負值，則是**向右移**，稱為**時間延遲**(Time Delay)。因此，相位移只是用來改變弦波發生的時間點，並不會改變原來的波形。

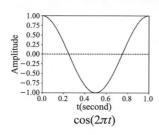

$\cos(2\pi t)$

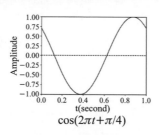

$\cos(2\pi t + \pi/4)$

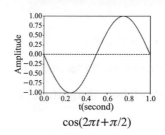

$\cos(2\pi t + \pi/2)$

圖 2-3　弦波範例

建立上述基礎概念後，讓我們使用 Python 程式實作，並以圖形顯示弦波訊號。假設弦波的定義如下：

$$x(t) = \cos(2\pi \cdot (5) \cdot t)$$

其中，$A = 1$，$f = 5$ (Hz)與$\phi = 0$ (Radians)，則弦波的波形如圖 2-4。

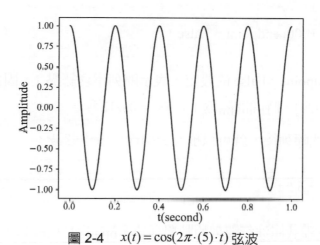

圖 2-4　$x(t) = \cos(2\pi \cdot (5) \cdot t)$ 弦波

Python 程式碼如下：

sinusoid.py

```
1    import numpy as np
2    import matplotlib.pyplot as plt
3
4    t = np.linspace( 0, 1, 1000, endpoint = False )      # 定義時間陣列
5    x = np.cos( 2 * np.pi * 5 * t )                       # 產生弦波
6
```

```
7    plt.plot( t, x )                                    # 繪圖
8    plt.xlabel( 't (second)' )
9    plt.ylabel( 'Amplitude' )
10
11   plt.show( )
```

本程式範例的目的是產在弦波，其中牽涉訊號的數位化過程。首先，載入 NumPy 與 Matplotlib.pyplot 程式庫，簡稱為 np 與 plt，分別用來進行陣列的數學運算與繪圖。

接著，使用 NumPy 程式庫的 linspace 定義時間 t，藉以產生包含 1,000 個離散時間點的**陣列**(Array)：

```
t = np.linspace( 0, 1, 1000, endpoint = False )
```

在此，使用 endpoint = False 的設定，表示陣列不含終點 1，因此時間陣列為：t = [0,0.001,0.002,…,0.999]，時間間隔為 1/1,000 = 0.001 秒。

有了離散的時間陣列後，就可以根據數學模型產生弦波：

```
x = np.cos( 2 * np.pi * 5 * t )
```

其中，使用 NumPy 程式庫進行陣列的數學運算，np.pi 代表 π。因此，運算後的結果 x 是包含 1,000 個樣本的陣列。在此強調，1,000 只是任意選取的數值，目的是希望曲線在繪圖時顯得比較平滑。至於要取多少樣本才足夠，牽涉數位訊號處理的取樣理論，將在第三章討論。

最後，使用 Matplotlib 程式庫，進行弦波的繪圖；同時，註明 x 軸與 y 軸的**標籤**(Labels)。執行 Python 程式後，就可以顯示弦波的結果圖，如圖 2-4。

在此邀請您模仿本程式範例，自行修改弦波的參數，並進行弦波的繪圖。

2-3　複數

　　數學領域中，**複數**(Complex Numbers)是實數的延伸，可以用來描述許多自然界的現象，因此是相當有用的數學工具。由於 DSP 技術的理論基礎，經常牽涉複數運算，因此在此複習**複數**，建立必要的數學背景。

定義　**複數**

複數(Complex Numbers)可以定義為：

$$z = a + bj$$

其中，a 稱為**實部**(Real Part)、b 稱為**虛部**(Imaginary Part)；$j = \sqrt{-1}$ 為虛數單位。

　　數學領域中，$\sqrt{-1}$ 通常是以 i 表示。工程領域中，$\sqrt{-1}$ 則較常用 j 表示。複數可以用**複數平面**(Complex Plane)表示，如圖 2-5，其中 $\mathcal{Re}$ 表示**實部**，$\mathcal{Im}$ 表示**虛部**[2]。

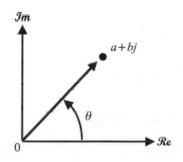

圖 2-5　複數的複數平面表示法

　　複數可以用**極座標**(Polar Coordinate System)的方式表示成：

$$z = |z| \cdot (\cos\theta + j\sin\theta)$$

其中，$|z| = \sqrt{a^2 + b^2}$，稱為複數的**強度**(Magnitude)；$\theta = \tan^{-1}(b/a)$，稱為複數的**幅角**(Argument)或**相位角**(Phase Angle)。

---

[2]　複數使得數學的世界更加豐富，提供更多可能性。您不也遊走在真實世界與虛擬世界之間，使得日常生活更加豐富有趣嗎？當然，若您陷在虛擬世界太深，請轉變一下角度 θ，偶爾也要面對一下現實。

根據**歐拉公式**(Euler's Equation)：

$$e^{j\theta} = \cos\theta + j\sin\theta$$

因此複數也可以表示成：

$$z = |z|e^{j\theta}$$

稱爲複數的**極座標表示法**。

範例 2-4

若複數是定義爲：

$$z = 3 + 4j$$

求複數的**強度**(Magnitude)與**相位角**(Phase Angle)。

答

複數的強度爲：

$$|z| = \sqrt{3^2 + 4^2} = 5$$

複數的相位角爲：

$$\theta = \tan^{-1}\left(\frac{b}{a}\right) = \tan^{-1}\left(\frac{4}{3}\right) \approx 53.13°$$

其中，相位角是從**弧度**(Radians)轉換爲**角度**(Degrees)。 ❑

上述範例的結果可使用 Python 程式驗證之，程式碼如下：

complex_number.py

```
1    import numpy as np
2
3    z = 3 + 4j                              # 定義複數
4    magnitude = abs( z )                    # 計算強度(Magnitude)
5    theta = np.angle( z ) * 180 / np.pi     # 計算相位角(Phase Angle)
6
```

```
7    print( "z =", z )
8    print( "Magnitude =", magnitude )
9    print( "Phase Angle =", theta )
```

本程式範例中，複數也可以使用下列方式定義：

z = complex(3, 4)

複數的**共軛複數**(Complex Conjugate)可以表示成：

$$z^* = a - bj$$

其中，星號*為共軛複數的運算符號。

複數的四則運算如下：

● **加法**：$(a+bj)+(c+dj)=(a+c)+(b+d)j$

● **減法**：$(a+bj)-(c+dj)=(a-c)+(b-d)j$

● **乘法**：$(a+bj)(c+dj)=(ac-bd)+(bc+ad)j$

● **除法**：$\dfrac{a+bj}{c+dj}=\dfrac{(a+bj)(c-dj)}{(c+dj)(c-dj)}=\dfrac{(ac+bd)+(bc-ad)j}{c^2+d^2}$

其中，$j=\sqrt{-1}$ 或 $j^2=-1$。

反歐拉公式(Inverse Euler's Equations)為：

$$\cos\theta=\frac{e^{j\theta}+e^{-j\theta}}{2},\ \sin\theta=\frac{e^{j\theta}-e^{-j\theta}}{2j}$$

複數在數學運算中，提供另一種可能性，以下範例說明。

範例 2-5

使用複數運算證明三角函數的和角公式：

$$\cos(\alpha+\beta)=\cos\alpha\cos\beta-\sin\alpha\sin\beta$$

證明

透過複數運算方式：

$$\cos(\alpha+\beta) = \mathcal{R}e\{\cos(\alpha+\beta) + j\sin(\alpha+\beta)\}$$
$$= \mathcal{R}e\{e^{j(\alpha+\beta)}\}$$
$$= \mathcal{R}e\{e^{j\alpha} \cdot e^{j\beta}\}$$
$$= \mathcal{R}e\{(\cos\alpha + j\sin\alpha) \cdot (\cos\beta + j\sin\beta)\}$$
$$= \mathcal{R}e\{(\cos\alpha \cdot \cos\beta - \sin\alpha \cdot \sin\beta) + j(\ \ 忽略\ \ )\}$$

因此，可得下列公式：

$$\cos(\alpha+\beta) = \cos\alpha \cdot \cos\beta - \sin\alpha \cdot \sin\beta$$

得證　　　　　　　　　　　　　　　　　　　　　　　　　　　　　　❑

　　在此，請您使用上述的方法自行推導 $\sin(\alpha+\beta)$ 的公式，順便驗證一下是否與預期的結果相同[3]。

2-4　複數指數訊號

定義　**複數指數訊號**

複數指數訊號(Complex Exponential Signals)可以定義為：

$$z(t) = Ae^{j(\omega t+\phi)}$$

其中，A 為**振幅**(Amplitude)，$\omega t + \phi$ 為**相位角**(Phase Angle)。

　　根據弦波的定義：

$$x(t) = A\cos(\omega t + \phi)$$

與歐拉公式：

$$e^{j\theta} = \cos\theta + j\sin\theta$$

---

[3]　三角函數的基本公式，包含：和角公式等，可參考本書附錄。

則**複數指數訊號**的定義可以表示成：

$$z(t) = Ae^{j(\omega t + \phi)} = A\cos(\omega t + \phi) + j\sin(\omega t + \phi)$$

因此可得下列公式：

$$x(t) = \mathcal{R}e\{z(t)\}$$

其中，$\mathcal{R}e\{\bullet\}$ 代表實部。換言之，複數指數訊號 $z(t)$ 可以視為是弦波 $x(t)$ 的另一種表示法。在此，餘弦函數為實部，這也是為何在定義弦波時，我們是採用餘弦函數，而不是採用正弦函數的原因。

2-5 相量與相量加法規則

定義 相量

相量(Phasor)可以定義為：

$$X = Ae^{j\phi}$$

其中，A 稱為**振幅**(Amplitude)，ϕ 稱為**相位移**(Phase Shift)。

根據複數指數訊號的定義，可以進一步表示成：

$$z(t) = Ae^{j(\omega t + \phi)} = Ae^{j\omega t} \cdot e^{j\phi} = Ae^{j\phi} \cdot e^{j\omega t}$$

其中，可以定義：

$$X = Ae^{j\phi}$$

稱為**相量**或**相子**(Phasor)。由於**相量**與**向量**的中文發音相同，容易混淆，因此我們將盡量採用 Phasor 的原文名稱。

範例 2-6

若弦波是定義為：

$$x(t) = 10\cos\left(2\pi t + \frac{\pi}{4}\right)$$

求弦波的**相量**(Phasor)。

答

弦波的定義為：

$$x(t) = 10\cos\left(2\pi t + \frac{\pi}{4}\right)$$

其中，$A = 10$、$f = 1$、$\phi = \left(\dfrac{\pi}{4}\right)$。因此，弦波的**相量**(Phasor)為：

$$Ae^{j\phi} = 10e^{j\left(\frac{\pi}{4}\right)} = 10 \cdot (\cos\left(\frac{\pi}{4}\right) + j\sin\left(\frac{\pi}{4}\right)) = 5\sqrt{2} + 5\sqrt{2}\,j$$

❑

　　弦波的 Phasor 為複數，可以表示成複數平面上的一個**向量**(Vector)，如圖 2-6。Phasor 是 DSP 領域的專有名詞，其實是 Phase 與 Vector 的組合字，命名來源自然不得而知。

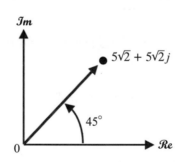

圖 2-6　Phasor 的複數平面表示法

　　探討 DSP 技術時，有時會將兩個(或多個)弦波進行加法運算，此時若是弦波的頻率相同，則問題比較單純。以下舉例說明之：

範例 2-7

若兩個弦波分別定義爲：

$$x_1(t) = 3\cos\left(2\pi \cdot (10) \cdot t + \frac{\pi}{4}\right)$$

$$x_2(t) = 4\cos\left(2\pi \cdot (10) \cdot t + \frac{3\pi}{4}\right)$$

其中，弦波的頻率相同，均爲 $f = 10$Hz。若進行兩個弦波的加法運算，即：

$$x_3(t) = x_1(t) + x_2(t)$$

試顯示結果，並說明其特性。

答

兩個弦波相加後的結果，如圖 2-7。由圖上可以發現，兩個弦波 $x_1(t)$、$x_2(t)$ 的頻率相同，均爲 $f = 10$Hz。雖然兩個弦波的振幅 A 與相位移 ϕ 並不相同，但是相加後所形成的弦波 $x_3(t)$，頻率維持不變，仍是 $f=10$Hz。

☐

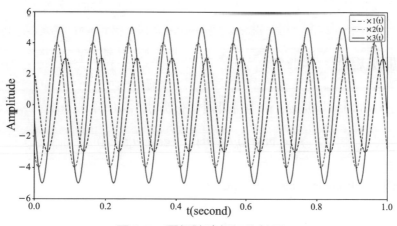

圖 2-7　兩個弦波相加的結果

Python 程式碼如下：

phasor_addition.py

```
1    import numpy as np
2    import matplotlib.pyplot as plt
3
```

```
4    t = np.linspace( 0, 1, 1000, endpoint = False )        # 定義時間陣列
5    x1 = 3 * np.cos( 2 * np.pi * 10 * t + np.pi / 4 )       # 第一個弦波
6    x2 = 4 * np.cos( 2 * np.pi * 10 * t + 3 * np.pi / 4 )   # 第二個弦波
7    x3 = x1 + x2                                            # 弦波相加
8
9    plt.plot( t, x1, '-', label = 'x1(t)' )                 # 繪圖
10   plt.plot( t, x2, '-', label = 'x2(t)' )
11   plt.plot( t, x3, '-', label = 'x3(t)' )
12
13   plt.legend( loc = 'upper right' )
14   plt.xlabel( 't (second)' )
15   plt.ylabel( 'Amplitude' )
16   plt.axis( [ 0, 1, -6, 6 ] )
17
18   plt.show( )
```

定理 ┃ **相量加法規則**

若有 N 個弦波，角頻率均為 ω_0，振幅與相位移分別為 A_k 與 ϕ_k，$k = 1, ..., N$，則：

$$\sum_{k=1}^{N} A_k \cos(\omega_0 t + \phi_k) = A \cos(\omega_0 t + \phi)$$

稱為**相量加法規則**(Phasor Addition Rule)。

換言之，若有 N 個弦波，角頻率 ω_0 (或頻率 f_0)均相同，則相加後的弦波，其角頻率(或頻率)將會維持不變。

欲證明相量加法規則，雖然可以使用三角函數公式展開：

$$A_k \cos(\omega_0 t + \phi_k) = A_k \cos(\omega_0 t) \cos(\phi_k) - A_k \sin(\omega_0 t) \sin(\phi_k)$$

再代入上述公式，但您很快會發現，證明過程變得非常繁瑣。因此，我們改用以下的證明方式，主要是採用**複數**的運算原則。

範例 2-8

證明相量加法規則。

證明

透過**相量**(Phasor)的概念，則：

$$\sum_{k=1}^{N} A_k \cos(\omega_0 t + \phi_k) = \sum_{k=1}^{N} \mathcal{R}e\left\{ A_k e^{j(\omega_0 t + \phi_k)} \right\} = \mathcal{R}e\left\{ \sum_{k=1}^{N} A_k e^{j(\omega_0 t + \phi_k)} \right\}$$

$$= \mathcal{R}e\left\{ \sum_{k=1}^{N} A_k e^{j\phi_k} e^{j\omega_0 t} \right\} = \mathcal{R}e\left\{ \left(\sum_{k=1}^{N} A_k e^{j\phi_k} \right) e^{j\omega_0 t} \right\}$$

$$= \mathcal{R}e\left\{ \left(A e^{j\phi} \right) e^{j\omega_0 t} \right\} = \mathcal{R}e\left\{ A e^{j(\omega_0 t + \phi)} \right\}$$

$$= A \cos(\omega_0 t + \phi)$$

得證　　　　　　　　　　　　　　　　　　　　　　　　　　　　　□

以上的推導過程中，須滿足下列條件：

$$\sum_{k=1}^{N} A_k e^{j\phi_k} = A e^{j\phi}$$

換言之，N 個弦波相加的結果，其振幅 A、相位移 ϕ，可以根據各個弦波的 Phasors，取其總和而定。

範例 2-9

若兩個弦波分別定義為：

$$x_1(t) = 3\cos\left(2\pi \cdot (10) \cdot t + \frac{\pi}{4} \right)$$

$$x_2(t) = 4\cos\left(2\pi \cdot (10) \cdot t + \frac{3\pi}{4} \right)$$

計算 $x_3(t) = x_1(t) + x_2(t)$ 的振幅 A 與相位移 ϕ。

答

首先計算兩個弦波的 Phasors，分別為：

$$A_1 e^{j\phi_1} = 3 e^{j\left(\frac{\pi}{4} \right)} = 3\left(\cos\left(\frac{\pi}{4} \right) + j\sin\left(\frac{\pi}{4} \right) \right) = 2.1213 + 2.1213j$$

$$A_2 e^{j\phi_2} = 4e^{j\left(\frac{3\pi}{4}\right)} = 4\left(\cos\left(\frac{3\pi}{4}\right) + j\sin\left(\frac{3\pi}{4}\right)\right) = -2.8284 + 2.8284\,j$$

相加後可得 Phasor 為：

$$Ae^{j\phi} = (2.1213 + 2.1213\,j) + (-2.8284 + 2.8284\,j) = -0.7071 + 4.9497\,j$$

轉換為極座標型態可得：

$$A = 5,\ \ \phi = 1.7127\,(\text{Radians})$$

即是 $x_3(t)$ 的振幅與相位移。

❑

　　因此，兩個弦波相加後的結果可以表示成弦波：

$$x_3(t) = 5\cos(2\pi \cdot (10) \cdot t + 1.7127)$$

若觀察圖 2-7 的結果，$x_3(t)$ 的振幅與相位移符合推導的結果。本結果也可以進一步使用 Python 程式驗證。

　　Python 程式碼如下：

phasor_addition_verify.py

```
1    import numpy as np
2
3    phasor1 = complex( 3 * np.cos( np.pi / 4 ), 3 * np.sin( np.pi / 4 ) )
4    phasor2 = complex( 4 * np.cos( 3 * np.pi / 4 ), 4 * np.sin( 3 * np.pi / 4 ) )
5    phasor = phasor1 + phasor2
6
7    A = abs( phasor )
8    phi = np.angle( phasor )
9
10   print( "Phasor1 =", phasor1 )
11   print( "Phasor2 =", phasor2 )
12   print( "Phasor =", phasor )
13   print( "Amplitude =", A )
14   print( "Phase Angle =", phi )
```

習題

選擇題

1~3 若弦波的定義為 $x(t) = \cos(10\pi t + \pi/2)$，試回答下列問題：

(　) 1. 弦波的**振幅**(Amplitude)為何？

　　　(A) 1　(B) 5　(C) 10　(D) $\pi/2$　(E) 以上皆非

(　) 2. 弦波的**頻率**(Frequency)為何？

　　　(A) 1　(B) 5　(C) 10　(D) $\pi/2$　(E) 以上皆非

(　) 3. 弦波的**相位移**(Phase Shift)為何？

　　　(A) 1　(B) 5　(C) 10　(D) $\pi/2$　(E) 以上皆非

(　) 4. 若弦波如下圖，則下列定義何者最有可能？

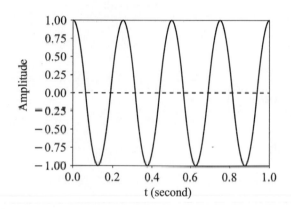

　　　(A) $x(t) = \cos(4t)$　(B) $x(t) = \cos(8t)$　(C) $x(t) = \cos(4\pi t)$

　　　(D) $x(t) = \cos(8\pi t)$　(E) 以上皆非

(　) 5. 下列何者為**歐拉公式**(Euler's Equation)？

　　　(A) $a^2 + b^2 = c^2$　(B) $F = ma$　(C) $e^{j\theta} = \cos\theta + j\sin\theta$

　　　(D) $X(\omega) = \int_{\infty}^{\infty} x(t)\, e^{-j\omega t} dt$　(E) $E = mc^2$

(　) 6 若複數的定義為 $z = 1 + j$，則複數的**強度**(Magnitude)為何？

　　　(A) 1　(B) $\sqrt{2}$　(C) $\pi/4$　(D) 2π　(E) 以上皆非

(　　) 7　若弦波的定義為 $x(t) = \cos(2\pi t)$，則弦波的**相量**(Phasor)為何？

(A) 1　(B) j　(C) $1 + j$　(D) 0　(E) 以上皆非

(　　) 8　若兩個弦波分別定義為：

$x_1(t) = 3\cos(10\pi t + \pi/4)$

$x_2(t) = 4\cos(10\pi t + \pi/3)$

則弦波 $x_3(t) = x_1(t) + x_2(t)$ 的頻率為何？

(A) 1 Hz　(B) 5 Hz　(C) 10 Hz　(D) 20 Hz　(E) 以上皆非

🔆 觀念複習

1. 請定義下列專有名詞：

(a) **類比訊號**(Analog Signal)

(b) **弦波**(Sinusoid)

2. 若弦波是定義為：

$$x(t) = 5\cos\left(20\pi t + \frac{\pi}{3}\right)$$

請決定下列相關參數：

(a) 振幅 A

(b) 頻率 f

(c) 相位移 ϕ

(d) 週期 T

(e) 角頻率 ω

3. 若弦波的波形如下，決定其數學模型 $x(t)$ (假設已知相位移 $\phi = 0$)。

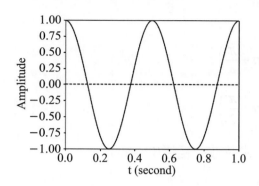

4. 給定下列複數，求複數的強度與相位角(須以角度表示)：

   (a) $2+2j$

   (b) $1-\sqrt{3}j$

   (c) $-1+3j$

   (d) $-3-4j$

5. 給定兩複數 $z_1 = 1+2j$ 與 $z_2 = 3+4j$，求下列複數運算結果：

   (a) $z_1 + z_2$

   (b) $z_1 - z_2$

   (c) $z_1 \cdot z_2$

   (d) z_2 / z_1

6. 使用複數運算證明三角函數的和角公式：

   $$\sin(\alpha+\beta) = \sin\alpha\cos\beta + \cos\alpha\sin\beta$$

7. 使用複數運算證明下列公式(稱為 De Moivre 公式)：

   $$(\cos\theta + j\sin\theta)^n = \cos n\theta + j\sin n\theta$$

8. 給定下列弦波 $x(t)$，求對應的複數指數訊號 $z(t)$：

(a) $x(t) = \cos(10\pi t)$

(b) $x(t) = 10\cos\left(2\pi t + \dfrac{\pi}{4}\right)$

(c) $x(t) = 5\cos\left(10\pi t + \dfrac{\pi}{2}\right)$

9. 給定下列弦波 $x(t)$，求弦波的**相量**(Phasor)：

(a) $x(t) = 5\cos(2\pi t)$

(b) $x(t) = 2\cos\left(2\pi t + \dfrac{\pi}{3}\right)$

(c) $x(t) = 4\cos\left(10\pi t + \dfrac{\pi}{4}\right)$

(d) $x(t) = 10\cos\left(5\pi t - \dfrac{\pi}{6}\right)$

10. 請簡述何謂**相量加法規則**(Phasor Addition Rule)。

11. 若兩個弦波分別定義為：

$$x_1(t) = 4\cos\left(2\pi \cdot (10) \cdot t + \frac{\pi}{3}\right)$$

$$x_2(t) = 3\cos\left(2\pi \cdot (10) \cdot t + \frac{5\pi}{6}\right)$$

計算 $x_3(t) = x_1(t) + x_2(t)$ 的頻率 f、振幅 A 與相位移 ϕ。

12. 若兩個弦波分別定義為：

$$x_1(t) = 4\cos\left(2\pi \cdot (5) \cdot t + \frac{\pi}{4}\right)$$

$$x_2(t) = 5\cos\left(2\pi \cdot (5) \cdot t + \frac{\pi}{2}\right)$$

計算 $x_3(t) = x_1(t) + x_2(t)$ 的頻率 f、振幅 A 與相位移 ϕ。

專案實作

1. 使用 Python 程式實作，並顯示下列弦波：

(a)　$x(t) = 5\cos(2\pi t)$

(b)　$x(t) = 2\cos(2\pi t + \pi/3)$

(c)　$x(t) = 5\cos(10\pi t - \pi/6)$

註 繪圖時應註明 x 軸與 y 軸的的標籤(Labels)。

2. 若兩個弦波分別定義為：

$$x_1(t) = 4\cos\left(2\pi\cdot(10)\cdot t + \frac{\pi}{3}\right)$$

$$x_2(t) = 3\cos\left(2\pi\cdot(10)\cdot t + \frac{5\pi}{6}\right)$$

其中，弦波的頻率相同，均為 $f = 10$Hz。若進行兩個弦波的加法運算，即：

$$x_3(t) = x_1(t) + x_2(t)$$

(a)　使用 Python 程式，顯示兩個弦波與相加後的結果。

(b)　使用 Python 程式，分別計算 $x_1(t)$、$x_2(t)$、$x_3(t)$ 的相量(Phasors)。

(c)　使用 Python 程式，計算 $x_3(t)$ 的振幅 A 與相位移 ϕ。

CHAPTER 03

數位訊號

　　本章的目的是介紹**數位訊號**(Digital Signals)的擷取與數學表示法。首先，類比訊號須透過**取樣**(Sampling)與**量化**(Quantization)兩大步驟，藉以擷取數位訊號。接著，探討數位訊號的數學表示法，並介紹幾個基本的數位訊號。為了使得 DSP 技術的學習過程更生動有趣，將探討數位音訊檔的讀取(或匯入)方法，可以透過 Python 程式讀取 wav 檔的數位訊號。

學習單元

- 基本概念
- 取樣與量化
- 數學表示法
- 基本的數位訊號
- 數位音訊檔
- 即時可視化

3-1　基本概念

定義　**數位訊號**

數位訊號(Digital Signals)可以定義為:「隨著時間改變的離散訊號」,因此也稱為**離散時間訊號**(Discrete-Time Signals)。

　　由於自然界的訊號通常是屬於類比訊號,因此在數位訊號處理過程中,須先透過**類比╱數位轉換器**(Analog/Digital Converter, A/D Converter)將類比訊號轉換成數位訊號,並以 0 與 1 的方式表示之,以便電腦或計算機系統的儲存、管理、傳輸或處理等工作。

　　類比訊號轉換成數位訊號的過程,如圖 3-1。換言之,我們是根據類比訊號,在時間軸上擷取離散的**樣本**(Samples),藉以產生數位訊號。$x(t)$代表類比訊號,$x[n]$代表數位訊號。原則上,我們使用小括號( )表示類比訊號,其中 t 為時間;中括號[ ]表示數位訊號,其中 n 為整數,稱為**索引**(index)。

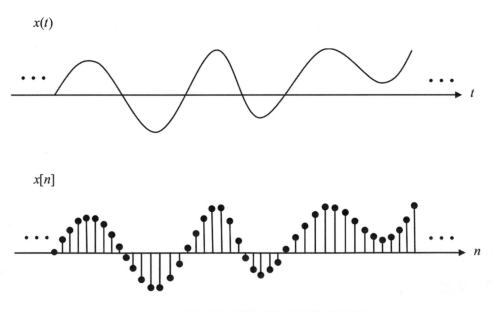

圖 3-1　類比訊號轉換成數位訊號的過程

3-2　取樣與量化

類比訊號轉換成數位訊號的過程，須經過兩大步驟，稱為：**取樣**(Sampling)與**量化**(Quantization)。

3-2-1　取樣

定義　**取樣**

訊號的**取樣**(Sampling)可以定義為：

$$x[n] = x(nT_s)$$

其中，T_s 稱為**取樣週期**(Sampling Period)或**取樣間隔**(Sampling Interval)，單位為秒。此外，

$$f_s = 1/T_s$$

稱為**取樣頻率**(Sampling Frequency)或**取樣率**(Sampling Rate)。

因此，**取樣**其實是訊號在時間軸上的數位化過程。數位訊號的圖形表示法，如圖 3-2。假設我們從 $t = 0(n = 0)$ 開始取樣，每隔時間 T_s 擷取一個**樣本**(Sample)，形成一組數字集合(或數字序列)。由於每個樣本是取自短暫的時間框，因此也經常稱為**音框** (Frame)[1]。

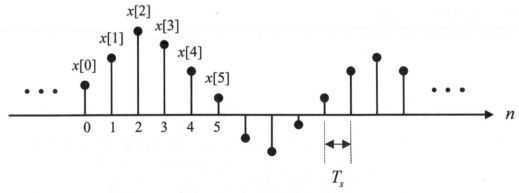

圖 3-2　數位訊號的圖形表示法

---

[1]　**音框**(Frame)的概念其實與**數位視訊**(Digital Video)中的**畫格**(Frame)相似。例如：數位視訊中，每秒擷取的畫格數，單位為：Frame/Second 或簡稱 fps。以國內 NTSC 標準而言，fps 約為 29.97；大陸使用的 PAL 標準，fps 則為 25。

　　取樣頻率(Sampling Frequency) f_s，可以解釋成：「每秒取樣的次數」，因此也稱為**取樣率**(Sampling Rate)。這樣的取樣方式，由於取樣頻率(或取樣週期)固定不變，因此又稱為**均勻取樣**(Uniform Sampling)。

　　舉例說明，根據**弦波**的定義：

$$x(t) = A\cos(\omega t + \phi)$$

或

$$x(t) = A\cos(2\pi f t + \phi)$$

其中 A 為**振幅**，f 為**頻率**，ϕ 稱為**相位移**。

　　若取樣週期為 T_s (或取樣頻率為 f_s)，則弦波的數位訊號可以表示成：

$$x[n] = x(nT_s) = A\cos(2\pi f \cdot nT_s + \phi)$$

或

$$x[n] = A\cos(2\pi f n / f_s + \phi)$$

其中，n 為整數。通常可以假設：

$$\hat{\omega} = 2\pi f / f_s$$

稱為**正規化角頻率**(Normalized Angular Frequency)，單位為**弧度**(Radians)。因此，弦波的數位訊號也可以表示成：

$$x[n] = A\cos(\hat{\omega}n + \phi)$$

定理　Nyquist-Shannon 取樣定理

假設原始訊號為**頻帶限制訊號**(Band-Limited Signal)，最高頻率為 f_H，若取樣頻率為 f_s，則：

$$f_s > 2f_H$$

方能保證原始訊號的重建。

　　圖 3-3 是採用不同的取樣頻率所得到的數位訊號。若取樣頻率超過原始訊號最高頻率的兩倍，則可充分表示原始訊號。相對而言，若取樣頻率不足，則產生所謂的**混疊**(Aliasing)現象。當發生混疊現象時，原始訊號無法從取樣後的數位訊號還原，反而被低頻訊號所取代[2]。

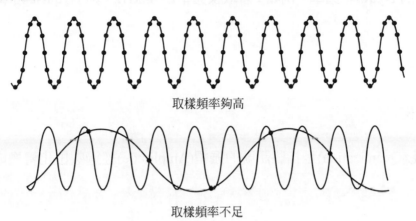

取樣頻率夠高

取樣頻率不足

圖 3-3　不同的取樣頻率下擷取的數位訊號

範例 3-1

人類的聽力範圍約為 20Hz～20kHz，請決定擷取數位訊號時理想的取樣頻率範圍。

答

人類的聽力範圍約為 20～20kHz，因此人類可以感知的最高頻率約為 $f_H = 20$kHz。根據 Nyquist-Shannon 取樣定理，當取樣頻率設定為：

$$f_s > 2f_H$$

或

$$f_s > 40 \text{ kHz}$$

方可充分表示人類可感知的原始訊號。

□

　　以目前網際網路的 mp3 檔案而言，取樣頻率通常是設定為 44kHz 或 48kHz，符合 Nyquist-Shannon 取樣定理的基本條件，因此不會產生**混疊**(Aliasing)現象。當然，有些

---

[2]　Alias 的英文翻譯是化名或別名。混疊(Aliasing)現象是指原始訊號在取樣頻率不足的情況下，被其他低頻訊號所取代。

追求品質的音樂玩家，在製作 mp3 檔案時，會採用更高的取樣頻率，例如：192kHz 等，藉以擷取更接近原始訊號的取樣結果。

　　根據 Nyquist-Shannon 取樣定理，取樣頻率可以決定可取樣的最高頻率，這個最高頻率又稱為 **Nyquist 頻率**。例如：若取樣頻率為 44kHz，則 Nyquist 頻率為其一半，即 22kHz。

3-2-2　量化

> **定義** **量化**
>
> 訊號的**量化**(Quantization)是指將訊號的**振幅**(Amplitude)經過數位化轉換成數值的過程。

　　除了上述的取樣過程之外，每個樣本須經過**量化**(Quantization)的過程，進而轉換成 0 與 1 的數值。常用的數值範圍為：

● 8-bits：可表示的範圍為 0～255 或–128～127。

● 16-bits：可表示的範圍為–32,768～32,767

　　每個樣本使用的位元數，稱為**位元解析度**(Bit Resolution)，或稱為**位元深度**(Bit Depth)。以本書的 DSP 技術而言，我們是以 16-bits 的位元解析度為主。DVD 或藍光等，甚至支援 24-bits 高解析度的數位訊號。

3-3　數學表示法

> **定義** **數學表示法**
>
> 數位訊號可以表示成**離散**(Discrete) 的數字集合，定義如下：
> $$x = \{x[n]\}, -\infty < n < \infty$$
> 其中，n 為整數，大括號表示集合。

在 DSP 實作與應用時，數位訊號通常為**有限**(Finite)的數字集合或序列，因此可以表示成：

$$x = \{x[n]\}, n = 0, 1, 2, \ldots, N-1$$

其中，我們是從 $t = 0$ (或 $n = 0$) 開始擷取數位訊號的**樣本**(Samples)，N 代表總樣本數。

舉例說明，給定數位訊號，如圖 3-4，從 $t = 0$ ($n = 0$) 開始取樣，總共取 6 個樣本 ($N = 6$)，因此可以表示成離散的數字集合如下：

$$x = \{x[n]\}, n = 0, 1, \ldots, 5$$

或

$$x = \{1, 2, 4, 3, 2, 1\}, n = 0, 1, \ldots, 5$$

其中，$x[0] = 1$、$x[1] = 2$、$x[2] = 4$…等。

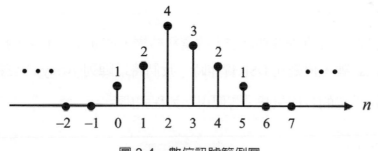

圖 3-4 數位訊號範例圖

Python 程式設計時，數位訊號通常是使用**陣列**(Array)的方式儲存，如表 3-1，其中，n 為整數，$x[n]$的數值範圍則是根據量化的結果而定。若採用 16-bits 的位元解析度，則數值介於–32,768～32,767 之間。

表 3-1 數位訊號的陣列(Array)表示法

n	0	1	2	3	4	5
$x[n]$	1	2	4	3	2	1

Python 程式碼如下：

```
digital_signal.py
1   import numpy as np
2   import matplotlib.pyplot as plt
3
4   n = np.array( [ 0, 1, 2, 3, 4, 5 ] )          # 定義 n 陣列
5   x = np.array( [ 1, 2, 4, 3, 2, 1 ] )          # 定義 x 陣列
6
7   plt.stem( n, x )                              # 繪圖
8   plt.xlabel( 'n' )
9   plt.ylabel( 'x[n]' )
10  plt.show( )
```

Python 程式語言提供許多功能強大的資料結構，例如：List 等，雖然也可以用來儲存與管理數位訊號，但是在 DSP 實作時，我們將以**陣列**(Array)的資料結構為主。舉例說明，根據上述的數位訊號，若使用下列程式碼：

```
x = [ 1, 2, 4, 3, 2, 1 ]
```

則 Python 是採用 List 的資料結構，電腦記憶體的儲存方式與陣列並不相同。由於目前許多開源的 DSP 技術，多半是以陣列的資料結構為基礎而設計，因此本書是以 NumPy 提供的陣列(Array)為主，藉以儲存與管理數位訊號。

Python 程式語言中，陣列的索引是從 0 開始，因此，$x[0] = 1$、$x[1] = 2$、…等，與數位訊號的數學表示法相符。此外，在繪製離散的數位訊號時，我們可以採用 Matplotlib 提供的 stem 函式，用來顯示每個獨立的樣本。

3-4　基本的數位訊號

　　DSP 技術的理論基礎中，有些基本的數位訊號相當重要，有助於 DSP 系統的分析與設計工作，以下分別介紹之。

定義　單位脈衝函數

單位脈衝函數(Unit Impulse Function)可以定義為：

$$\delta(t) = 0, \quad t \neq 0$$

且

$$\int_{-\infty}^{\infty} \delta(t)\, dt = 1$$

　　單位脈衝函數也稱為**狄拉克 δ 函數**(Dirac Delta Function)，或簡稱 **δ 函數**，是根據英國物理學家 Paul Dirac 而命名。根據定義，單位脈衝函數為連續時間函數。除了原點 $t = 0$ 之外，函數值均為 0，在時間域的積分(或總面積)為 1，且集中在原點。單位脈衝函數在類比訊號處理系統中，是相當重要的數學工具。

定義　單位脈衝

單位脈衝(Unit Impulse)可以定義為：

$$\delta[n] = \begin{cases} 1 & n = 0 \\ 0 & n \neq 0 \end{cases}$$

　　在離散時間域中，**單位脈衝**源自上述的單位脈衝函數，其圖形表示法，如圖 3-5，是基本的數位訊號。

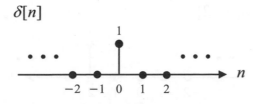

圖 3-5　單位脈衝(Unit Impulse)

定義 單位步階函數

單位步階函數(Unit Step Function)可以定義為：

$$u(t) = \begin{cases} 1 & t \geq 0 \\ 0 & t < 0 \end{cases}$$

單位步階函數也稱為**黑維塞步階函數**(Heaviside Step Function)，或簡稱**步階函數**，是根據英國科學家 Oliver Heaviside 而命名。

定義 單位步階

單位步階(Unit Step)可以定義為：

$$u[n] = \begin{cases} 1 & n \geq 0 \\ 0 & n < 0 \end{cases}$$

在離散時間域中，**單位步階**源自上述的單位步階函數，其圖形表示法，如圖 3-6，也是基本的數位訊號。

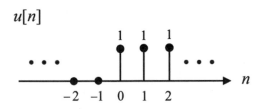

圖 3-6　單位步階(Unit Step)

單位脈衝的**時間延遲**(Time Delay)可以定義為：$\delta[n-n_0]$。例如：$\delta[n-2]$的圖形表示法，如圖 3-7。

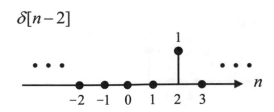

圖 3-7　單位脈衝的時間延遲

因此，**單位步階**也可以表示成：

$$u[n] = \delta[n] + \delta[n-1] + \delta[n-2] + ...$$

或

$$u[n] = \sum_{k=0}^{\infty} \delta[n-k]$$

相反的，**單位脈衝**也可以表示成：

$$\delta[n] = u[n] - u[n-1]$$

此外，任意的數位訊號均可以使用單位脈衝表示成：

$$x[n] = ... + x[-1] \cdot \delta[n+1] + x[0] \cdot \delta[n] + x[1] \cdot \delta[n-1] + ...$$

因此，也可以表示成下列的**一般式**：

$$x[n] = \sum_{k=-\infty}^{\infty} x[k] \cdot \delta[n-k]$$

範例 3-2

若數位訊號是定義為：

$$x = \{1, 2, 4, 3, 2, 1\}, n = 0, 1, ..., 5$$

請以單位脈衝的一般式表示之。

答

上述的數位訊號：

$$x = \{1, 2, 4, 3, 2, 1\}, n = 0, 1, ..., 5$$

可以使用單位脈衝表示成：

$$x[n] = \sum_{k=0}^{5} x[k] \cdot \delta[n-k]$$

$$= x[0] \cdot \delta[n] + x[1] \cdot \delta[n-1] + x[2] \cdot \delta[n-2] + \cdots + x[5] \cdot \delta[n-5]$$

$$= \delta[n] + 2\delta[n-1] + 4\delta[n-2] + \cdots + \delta[n-5]$$

3-5　數位音訊檔

我們在第一章已初步介紹幾種標準的數位音訊檔格式，例如：wav、mp3 等。本節深入介紹 wav 的檔案格式，並進一步使用 Python 程式存取數位訊號。

波形音訊檔案格式(Waveform Audio File Format)，簡稱 WAVE，由於副檔名 wav，成為常見的數位音訊檔案格式。它是由 Microsoft 與 IBM 公司為了在個人電腦中儲存音訊串流而訂定的編碼格式，其地位與 Apple Mac 電腦制定的 aiff 音訊檔相當。Microsoft Windows 支援 wav 檔的相關軟體，例如：Microsoft Media Player 等，即可用來撥放 wav 檔。目前，許多其他的作業系統，例如：Apple MacOS、Linux 等，也都已支援 wav 檔的撥放功能。

wav 檔案是根據**資源交換檔案格式**(Resource Interchange File Format, RIFF)，特別為了存取 CD 的數位音樂而設計。wav 檔案在檔案前面定義**標頭**(Header)，共 44 個**位元組**(Bytes)，內容則是由許多的**區塊**(Chunks)所構成，每個區塊為 4 個位元組。wav 檔案格式，如表 3-2。

表 3-2　wav 檔案格式

起始位址(Bytes)	區塊名稱	區塊大小(Bytes)	內容
0	區塊編號	4	RIFF
4	總區塊大小	4	N + 36
8	檔案格式	4	"WAVE"
12	子區塊 1 標籤	4	"fmt"
16	子區塊 1 大小	4	16
20	音訊格式	2	1(PCM)
22	通道數量	2	1(單聲道)、2(立體聲)
24	取樣頻率	4	取樣點/秒(Hz)
28	位元(組)率	4	取樣頻率×位元深度／8
32	區塊對齊	2	4
34	位元深度	2	取樣位元深度
36	子區塊 2 標籤	4	"data"
40	子區塊 2 大小	4	N
44	資料	N	音訊資料

　　由於 wav 檔未採用壓縮技術，因此檔案大小相較於其他音訊檔案格式，例如：mp3 等，會來得比較大。但是，wav 檔案經過存取後，不會造成失真現象，因此本書討論 DSP 技術的實作時，是以 wav 檔為主。

　　以下，我們使用 Python 程式讀取(或匯入)wav 檔，除了取得標頭資訊之外，並讀取數位訊號，同時以陣列表示之，進而顯示其波形。

　　Python 程式碼如下：

wav_info.py

```
1    import wave
2
3    filename = input( "Please enter file name: " )
4    wav = wave.open( filename, 'rb' )
5
6    num_channels  = wav.getnchannels( )      # 通道數
7    sampwidth     = wav.getsampwidth( )      # 樣本寬度
8    frame_rate    = wav.getframerate( )      # 取樣率
9    num_frames    = wav.getnframes( )        # 音框數
10   comptype      = wav.getcomptype( )       # 壓縮型態
11   compname      = wav.getcompname( )       # 壓縮名稱
12
13   print( "Number of Channels =", num_channels )
14   print( "Sample Width =", sampwidth )
15   print( "Sampling Rate =", frame_rate )
16   print( "Number of Frames =", num_frames )
17   print( "Comptype =", comptype )
18   print( "Compname =", compname )
19
20   wav.close( )
```

因此，我們可以使用 Python 程式讀取 wav 檔的標頭資訊，在此以 r2d2.wav 爲例，結果如下：

```
D:\DSP> Python wav_info.py
Please enter file name: r2d2.wav
Number of Channels = 1
Sample Width = 2
Sampling Rate = 11025
Number of Frames = 13125
Comptype = NONE
Compname = not compressed
```

若想讀取 wav 檔的數位訊號，雖然也可以使用 wav 軟體套件，但由於牽涉數值轉換，過程比較麻煩。因此，我們改用 SciPy 提供的 I/O 軟體套件，其中支援 wav 檔案的存取，過程較爲簡單。讀取後的數位訊號資料，是以 NumPy **陣列**(Array)的方式儲存，同時使用 Matplotlib 進行波形的繪圖。

Python 程式碼如下：

waveform.py

```
1    from scipy.io.wavfile import read
2    import matplotlib.pyplot as plt
3
4    filename = input( "Please enter file name: " )
5    sampling_rate, x = read( filename )
6
7    plt.plot( x )
8    plt.xlabel( 'n' )
9    plt.ylabel( 'Amplitude' )
10
11   plt.show( )
```

執行 Python 程式，即可得到數位訊號的波形圖。以 r2d2.wav 為例，結果如圖 3-8。

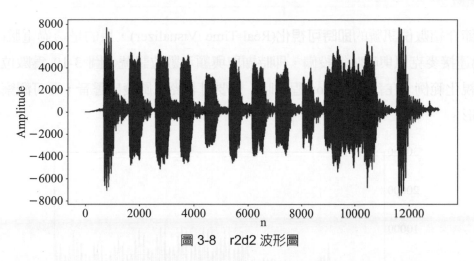

圖 3-8　r2d2 波形圖

若您是使用 Windows Media Player 播放 wav 檔，建議可以使用以下的右鍵設定，用來觀察波形，如圖 3-9。

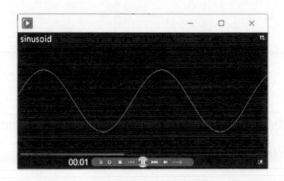

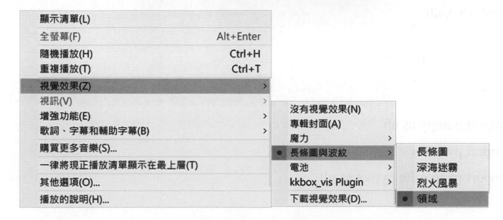

圖 3-9　Windows Media Player 的播放設定

3-6　即時可視化

本節介紹數位訊號的**即時可視化**(Real-Time Visualizer)，目的是透過電腦(或計算機系統)連接麥克風與喇叭等設備，即時擷取與顯示數位訊號。圖 3-10 為數位訊號的即時可視化範例，在執行 Python 程式時，只要對著麥克風發出聲音，即可觀察波形的變化情形。

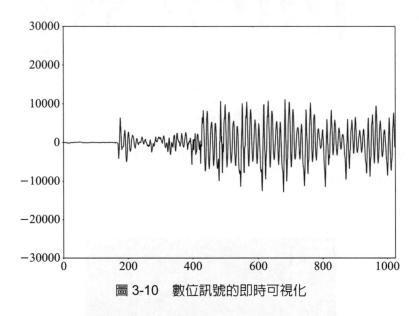

圖 3-10　數位訊號的即時可視化

在此，我們使用麥克風擷取聲音訊號，請事先安裝 PyAudio 軟體套件，用來支援即時音訊串流的處理功能：

```
pip install PyAudio
```

Python 程式碼如下：

microphone.py

```
1    import numpy as np
2    import pyaudio
3    import matplotlib.pyplot as plt
4
5    fs = 11000
```

```
6    CHUNK = 1024
7    pa = pyaudio.PyAudio( )
8    stream = pa.open( format = pyaudio.paInt16, channels = 1, rate = fs,
9              input = True, output = False, frames_per_buffer = CHUNK )
10
11   try:
12       while True:
13           data = stream.read(CHUNK )
14           x = np.fromstring( data, np.int16 )
15
16           plt.clf( )
17           plt.plot( x )
18           plt.axis( [ 0, CHUNK, -30000, 30000 ] )
19
20           plt.pause( 0.1 )
21
22   except KeyboardInterrupt:
23       print( "Quit" )
24       pa.close( stream )
25       quit( )
```

　　本程式範例使用 PyAudio 軟體套件，開啟麥克風的音訊**串流**(Stream)，取樣頻率為 11,000Hz，每次擷取的**樣本區塊**(Chunk)設為 1,024，讀取的資料為字串，透過轉換後以 16-bits 的位元深度存取。接著，呼叫 Matplotlib 的繪圖程式庫，用來即時顯示數位訊號的波形圖，同時不斷更新。本程式可以使用 Ctrl-C 指令或工作管理員終止，並關閉音訊串流。

習題

選擇題

( ) 1. 下列何者為訊號在時間軸的數位化過程？

(A) 取樣　(B) 量化　(C) 調變　(D) 生成　(E) 以上皆非

( ) 2. 下列何者為訊號的振幅，經過數位化的過程？

(A) 取樣　(B) 量化　(C) 調變　(D) 生成　(E) 以上皆非

( ) 3. 下列何者為人類的正常聽力範圍？

(A) 20 ~ 10k Hz　(B) 20 ~ 20k Hz　(C) 20 ~ 50k Hz

(D) 20 ~ 100k Hz　(E) 以上皆非

( ) 4. 若某訊號為**頻帶限制訊號**(Band-Limited Signal)，最高頻率為 100 Hz，則根據 Nyquist-Shannon 取樣定理，下列何者方能保證訊號的重建？

(A) $f_s < 100\,\text{Hz}$　(B) $f_s < 200\,\text{Hz}$　(C) $f_s > 100\,\text{Hz}$　(D) $f_s > 200\,\text{Hz}$

(E) 以上皆非

( ) 5. 下列有關基本數位訊號的表示法，何者有誤？

(A) $u[n] = \sum_{k=0}^{\infty} \delta[n-k]$　　(B) $\delta[n] = u[n] - u[n-1]$

(C) $u[n] = \delta[n] - \delta[n-1]$　(D) $x[n] = \sum_{k=-\infty}^{\infty} x[k] \cdot \delta[n-k]$

( ) 6. 若數位訊號如下圖，可以使用**單位脈衝**(Unit Impulse) 定義為何？

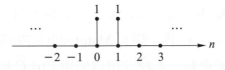

(A) $\delta[n] + \delta[n-1]$　(B) $\delta[n] + \delta[n-2]$　(C) $\delta[n] + \delta[n+1]$

(D) $\delta[n] + \delta[n+2]$　(E) 以上皆非

( ) 7. 承上題，數位訊號可以使用**單位步階**(Unit Step)定義為何？

(A) $u[n] - u[n-1]$　(B) $u[n] - u[n-2]$　(C) $u[n] - u[n+1]$

(D) $u[n] - u[n+2]$　(E) 以上皆非

💡 觀念複習

1. 請定義下列專有名詞：

    (a) **數位訊號**(Digital Signal)

    (b) **取樣**(Sampling)

    (c) **量化**(Quantization)

2. 若弦波的數位訊號是定義為：

    $$x[n] = A\cos(\hat{\omega}n + \phi)$$

    其中，$\hat{\omega} = 2\pi f / f_s$ 稱為正規化角頻率，且振幅 $A = 1$ 與相位移 $\phi = 0$。若類比訊號的頻率 $f = 10\,\text{Hz}$，取樣頻率 $f_s = 1,000\text{Hz}$。請問在甚麼情況下，可能會擷取到完全相同的數位訊號 $x[n]$？請舉例說明。

3. 簡述何謂 Nyquist-Shannon 取樣定理。

4. 請說明訊號的數位化過程中，在甚麼情況下會發生**混疊**(Aliasing)現象？

5. 若某訊號的最高頻率為 10kHz，請決定理想的取樣頻率範圍，才不會發生混疊現象。

6. 訊號的取樣過程中，若取樣頻率為 1,000Hz，則 Nyquist 頻率為何？

7. 請以圖形表示下列基本的數位訊號：

    (a) 單位脈衝 $\delta[n]$

    (b) 單位步階 $u[n]$

8. 若數位訊號是定義為：

    $$x = \{1, 2, 3, 2, 1\}, n = 0, 1, \dots, 4$$

    (a) 請以圖形表示數位訊號。

    (b) 請以單位脈衝 $\delta[n]$ 的一般式表示之。

9. 給定下列數位訊號，請以單位脈衝 $\delta[n]$ 的一般式表示之：

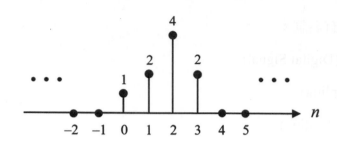

10. 請以圖形表示下列訊號：

(a) $5\delta[n]+2\delta[n-3]$

(b) $\delta[n]-\delta[n-1]$

(c) $u[n]-u[n-3]$

(d) $\delta[n]+u[n-3]$

(e) $\displaystyle\sum_{k=0}^{2}\delta[n-k]$

💡 專案實作

1. 選取幾個 wav 檔案，例如：Google 搜尋與下載的音效檔等，完成下列專案實作：

(a) 使用 Python 程式，讀取與紀錄 wav 檔的標頭資訊，包含：時間長度、通道數、樣本寬度、取樣率、音框數、壓縮型態與壓縮名稱等

(b) 使用 Python 程式顯示 wav 檔的訊號波形圖

2. 實現**即時可視化**(Real-Time Visualizer)，透過電腦連接麥克風與喇叭等設備，即時顯示數位訊號。

CHAPTER 04

訊號生成

本章的目的是介紹**訊號生成**(Signal Generation)技術，主要是以人工的方式產生數位訊號，因此也稱為**訊號合成**(Signal Synthesis)技術。我們將探討**週期性訊號**(Periodic Signals)與**非週期性訊號**(Non-Periodic Signals)的生成技術。

學習單元

- 基本概念
- 週期性訊號
- 非週期性訊號

4-1   基本概念

定義 **訊號生成**

訊號生成(Signal Generation)技術是指使用**訊號模型**(Signal Models)產生數位訊號的技術。由於是透過人工的方式產生,因此也稱為**訊號合成**(Signal Synthesis)技術。

在 DSP 領域中,訊號生成技術須仰賴**訊號模型**(Signal Models)的建立。通常,訊號模型是以**數學模型**(Mathematical Models)的方式定義,進而產生各種不同的數位訊號。

4-2   週期性訊號

定義 **週期性訊號**

週期性訊號(Periodic Signal)符合下列公式:

$$x(t) = x(t+T)$$

其中,T 稱為**週期**(Period)。

週期性訊號的週期 T(或頻率 f)為固定值,比較容易用數學公式定義。在此先介紹週期性訊號的生成技術。

4-2-1   弦波

弦波(Sinusoids)是典型的週期性訊號,可以根據數學模型生成。

範例 4-1

若弦波是定義為:

$$x(t) = \cos(2\pi \cdot (5) \cdot t)$$

其中 $A = 1$、$f = 5$ Hz,時間 $t = 0 \sim 1$ 秒,請顯示其波形。

答

弦波如圖 4-1。弦波的頻率 $f = 5$ Hz，在 $t = 0 \sim 1$ 秒間，共振盪 5 次。 ❑

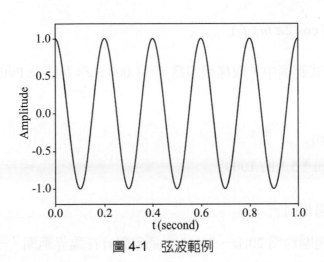

圖 4-1　弦波範例

　　Python 程式碼如下：

sinusoid.py

```
1   import numpy as np
2   import matplotlib.pyplot as plt
3
4   t = np.linspace( 0, 1, 1000, endpoint = False )    # 定義時間陣列
5   x = np.cos( 2 * np.pi * 5 * t )                     # 產生弦波
6
7   plt.plot( t, x )                                    # 繪圖
8   plt.xlabel( 't(second)' )
9   plt.ylabel( 'Amplitude' )
10  plt.axis( [ 0, 1, -1.2, 1.2 ] )
11
12  plt.show( )
```

弦波的**數位訊號**也可以表示成：

$$x[n] = x(nT_s) = A\cos(2\pi f \cdot nT_s)$$

或

$$x[n] = A\cos(2\pi fn / f_s)$$

上述的 Python 程式範例中，取樣頻率為 $f_s = 1,000$ Hz；因此，Python 程式碼也可以修改成：

```
n = np.arange(1000)
x = np.cos(2 * np.pi * 5 * n / 1000)
```

得到的 x 陣列結果相同。

　　人類的聽力範圍約為 20Hz～20kHz，通常聲音在臨界範圍，一般人的聽力比較不易感受。因此，我們調整振幅與頻率的參數設定，並使用 Python 程式，藉以產生弦波的數位訊號，同時存成 wav 檔案。

　　Python 程式碼如下：

sinusoid_wave.py

```
1    import numpy as np
2    import wave
3    import struct
4
5    file = "sinusoid.wav"                    # 檔案名稱
6
7    amplitude = 30000                        # 振幅
8    frequency = 100                          # 頻率(Hz)
9    duration = 3                             # 時間長度(秒)
10   fs = 44100                               # 取樣頻率(Hz)
11   num_samples = duration * fs              # 樣本數
12
```

```
13    num_channels = 1                          # 通道數
14    sampwidth = 2                             # 樣本寬度
15    num_frames = num_samples                  # 音框數 = 樣本數
16    comptype = "NONE"                         # 壓縮型態
17    compname = "not compressed"               # 無壓縮
18
19    t = np.linspace( 0, duration, num_samples, endpoint = False )
20    x = amplitude * np.cos( 2 * np.pi * frequency * t )
21
22    wav_file = wave.open( file, 'w' )
23    wav_file.setparams((num_channels, sampwidth, fs, num_frames, comptype, compname))
24
25    for s in x :
26        wav_file.writeframes( struct.pack( 'h', int( s )))
27
28    wav_file.close( )
```

　　本程式範例使用 wave 軟體套件，產生時間長度 3 秒的數位音訊檔，**振幅**設為 30,000，落在–32768～32767(16-bits)的範圍內；聲音的**頻率**設為 100Hz。因此，在撥放 wav 音訊檔時，您應該能聽到低頻的聲音。取樣頻率設為數位音訊檔常用的 44,100Hz，目前我們先產生**單通道**(Mono)的音訊檔[1]，採用無壓縮的方式儲存。

　　進一步說明，在寫入 wav 檔時(程式碼第 25、26 行)，須將每個樣本(或音框)的浮點數先換成整數；再使用 struck 軟體套件的 pack 函數轉換成 2 個**位元組**(bytes)或 16 **位元**(bits)的整數儲存(即 'h' 的格式定義)。

---

[1]　一般的音樂檔是以**立體聲**(Stereo)為主，包含兩個**通道**(Channels)。杜比(Dolby)或 **Digital-to-Sound**(DTS) 環繞音響技術，甚至包含多個通道，例如：5.1 等，其中 5 代表 5 個喇叭通道，1 則是指重低音喇叭通道， 用來撥放具有震撼效果的音效。

　　看懂 Python 程式碼後，邀請您更改相關參數，例如：頻率 f 等，藉以產生不同的 wav 檔，並聆聽產生的聲音。當然，在產生高頻的音訊檔時，建議將**振幅**(Amplitude)調小，否則損壞喇叭事小，若是損壞您的聽力，那就真的得不償失了。

4-2-2　方波

> **定義　方波**
>
> **方波**(Square)可以定義為：
>
> $$x(t) = A \cdot \text{sgn}(\sin(\omega t))$$
>
> 或
>
> $$x(t) = A \cdot \text{sgn}(\sin(2\pi f t))$$
>
> 其中，A 稱為**振幅**(Amplitude)，ω 稱為**角頻率**(Angular Frequency)，f 稱為**頻率**(Frequency)。Sgn($\cdot$)稱為**符號函數**(Sign Function)，可以定義為：
>
> $$\text{sgn}(x) = \begin{cases} 1 & if\ x > 0 \\ 0 & if\ x = 0 \\ -1 & if\ x < 0 \end{cases}$$

　　因此，方波的產生，主要是根據正弦波，同時使用 sgn 函數取正負值的符號而得，因此會在 -1 與 1 之間振盪，在此忽略相位移ϕ。方波在電子電路、訊號處理等領域，是相當常見的波形。

範例 4-2

若方波的振幅 $A = 1$、頻率 $f = 5\text{Hz}$，時間 $t = 0\sim1$ 秒，請顯示其波形。

答

方波如圖 4-2。方波的頻率 $f = 5\text{Hz}$，在 $t = 0\sim1$ 秒間，共振盪 5 次。

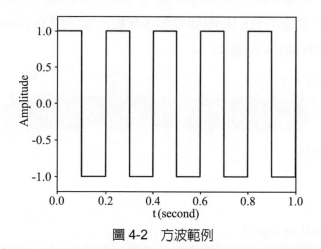

圖 4-2 方波範例

　　Python 程式設計時，可以根據上述的數學模型產生。然而，由於 SciPy 的 Signal 軟體套件，已經提供 square 函式，可以用來產生方波訊號，因此在此是直接套用這個函式。

　　Python 程式碼如下：

square.py

```
1   import numpy as np
2   import scipy.signal as signal
3   import matplotlib.pyplot as plt
4
5   t = np.linspace( 0, 1, 1000, endpoint = False )    # 定義時間陣列
6   x = signal.square( 2 * np.pi * 5 * t )             # 產生方波
7
8   plt.plot( t, x )
9   plt.xlabel( 't(second)' )
10  plt.ylabel( 'Amplitude' )
11  plt.axis( [ 0, 1, -1.2, 1.2 ] )
12
13  plt.show( )
```

　　同理，我們可以調整方波的振幅與頻率等參數，並使用 Python 程式，藉以產生方波的數位訊號，同時存成 wav 檔案。

　　Python 程式碼如下：

square_wave.py

```
1    import numpy as np
2    import wave
3    import struct
4    import scipy.signal as signal
5
6    file = "square.wav"                              # 檔案名稱
7
8    amplitude = 30000                                # 振幅
9    frequency = 100                                  # 頻率(Hz)
10   duration = 3                                     # 時間長度(秒)
11   fs = 44100                                       # 取樣頻率(Hz)
12   num_samples = duration * fs                      # 樣本數
13
14   num_channels = 1                                 # 通道數
15   sampwidth = 2                                    # 樣本寬度
16   num_frames = num_samples                         # 音框數 = 樣本數
17   comptype = "NONE"                                # 壓縮型態
18   compname = "not compressed"                      # 無壓縮
19
20   t = np.linspace( 0, duration, num_samples, endpoint = False )
21   x = amplitude * signal.square( 2 * np.pi * frequency * t )
22
23   wav_file = wave.open( file, 'w' )
24   wav_file.setparams((num_channels, sampwidth, fs, num_frames, comptype, compname))
```

```
25
26   for s in x :
27       wav_file.writeframes( struct.pack( 'h', int( s )))
28
29   wav_file.close( )
```

　　請注意，雖然方波的振幅與頻率，與前述的弦波相同，但是在撥放方波的音訊檔時，建議先將音量調小，相信您會有相當不同的感受[2]。

4-2-3　鋸齒波

　　鋸齒波(Sawtooth Wave)由於其波形就像鋸齒狀，因而得名，在此不做詳細的數學定義。

範例 4-3

若鋸齒波的振幅 $A = 1$、頻率 $f = 5Hz$，時間 $t = 0\sim1$ 秒，請顯示其波形。

答

鋸齒波如圖 4-3。鋸齒波的頻率 $f = 5Hz$，在 $t = 0\sim1$ 秒間，共振盪 5 次。由圖上可以發現，每個振盪週期內，鋸齒波的振幅是從 -1 線性遞增為 1。

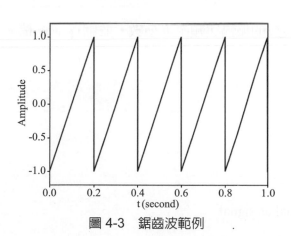

圖 4-3　鋸齒波範例

---

[2]　您將會感受到弦波與方波的不同，或許也會開始認同音響玩家在類比訊號上的執著。早期的任天堂紅白機，採用的數位音樂，其實是使用方波組成，形成相當具有特色的遊戲配樂，不禁讓人佩服當時的遊戲設計者。

　　　　Python 程式設計時，我們也是直接採用 SciPy 的 Signal 軟體套件，其中提供 sawtooth 函式，藉以產生鋸齒波訊號。

　　　　Python 程式碼如下：

sawtooth.py

```
1    import numpy as np
2    import scipy.signal as signal
3    import matplotlib.pyplot as plt
4
5    t = np.linspace( 0, 1, 1000, endpoint = False )    # 定義時間陣列
6    x = signal.sawtooth( 2 * np.pi * 5 * t )           # 產生鋸齒波
7
8    plt.plot( t, x )                                   # 繪圖
9    plt.xlabel( 't(second)' )
10   plt.ylabel( 'Amplitude' )
11   plt.axis( [ 0, 1, -1.2, 1.2 ] )
12
13   plt.show( )
```

同理，我們調整鋸齒波的振幅與頻率等參數，並儲存 wav 檔。

　　　　Python 程式碼如下：

sawtooth_wave.py

```
1    import numpy as np
2    import wave
3    import struct
4    import scipy.signal as signal
5
6    file = "sawtooth.wav"                              # 檔案名稱
7
```

```
 8   amplitude = 30000                            # 振幅
 9   frequency = 100                              # 頻率(Hz)
10   duration = 3                                 # 時間長度(秒)
11   fs = 44100                                   # 取樣頻率(Hz)
12   num_samples = duration * fs                  # 樣本數
13
14   num_channels = 1                             # 通道數
15   sampwidth = 2                                # 樣本寬度
16   num_frames = num_samples                     # 音框數 = 樣本數
17   comptype = "NONE"                            # 壓縮型態
18   compname = "not compressed"                  # 無壓縮
19
20   t = np.linspace( 0, duration, num_samples, endpoint = False )
21   x = amplitude * signal.sawtooth( 2 * np.pi * frequency * t )
22
23   wav_file = wave.open( file, 'w' )
24   wav_file.setparams((num_channels, sampwidth, fs, num_frames, comptype, compname))
25
26   for s in x :
27       wav_file.writeframes( struct.pack( 'h', int( s )))
28
29   wav_file.close( )
```

　　本範例程式產生鋸齒波的聲音檔，其中主要的參數，包含：振幅、頻率等，其實
與前述的弦波、方波相同。

4-2-4   三角波

三角波(Triangle Wave)由於其波形為三角狀，因而得名，在此不做詳細的數學定義。

範例 4-4

若三角波的振幅 $A = 1$、頻率 $f = 5\text{Hz}$，時間 $t = 0 \sim 1$ 秒，請顯示其波形。

答

三角波如圖 4-4。三角波的頻率 $f = 5\text{Hz}$，在 $t = 0 \sim 1$ 秒間，共振盪 5 次。由圖上可以發現，每個振盪週期內，三角波的振幅是從 -1 線性遞增為 1，再遞減為 -1。

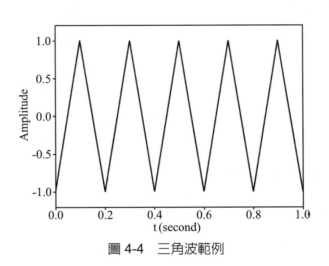

圖 4-4   三角波範例

由於三角波其實是鋸齒波的變化形。因此，在 Python 程式設計時，我們採用 SciPy 的 Signal 軟體套件，並改變 sawtooth 函式的參數設定，藉以產生三角波的數位訊號。

Python 程式碼如下：

triangle.py

```
1   import numpy as np
2   import scipy.signal as signal
3   import matplotlib.pyplot as plt
4
5   t = np.linspace( 0, 1, 1000, endpoint = False )    # 定義時間陣列
```

```
6    x = signal.sawtooth( 2 * np.pi * 5 * t, 0.5 )        # 產生三角波
7
8    plt.plot( t, x )                                      # 繪圖
9    plt.xlabel( 't(second)' )
10   plt.ylabel( 'Amplitude' )
11   plt.axis( [ 0, 1, -1.2, 1.2 ] )
12
13   plt.show( )
```

本程式範例中，我們修改鋸齒波的參數設定：

```
x = signal.sawtooth( 2 * np.pi * 5 * t, 0.5 )
```

其中，參數 0.5 即可用來產生三角波。同理，我們調整三角波的振幅與頻率，藉以產生 wav 檔。

Python 程式碼如下：

triangle_wave.py

```
1    import numpy as np
2    import wave
3    import struct
4    import scipy.signal as signal
5
6    file = "triangle.wav"                                 # 檔案名稱
7
8    amplitude = 30000                                     # 振幅
9    frequency = 100                                       # 頻率(Hz)
10   duration = 3                                          # 時間長度(秒)
11   fs = 44100                                            # 取樣頻率(Hz)
12   num_samples = duration * fs                           # 樣本數
13
```

```
14    num_channels = 1                          # 通道數
15    sampwidth = 2                             # 樣本寬度
16    num_frames = num_samples                  # 音框數 = 樣本數
17    comptype = "NONE"                         # 壓縮型態
18    compname = "not compressed"               # 無壓縮
19
20    t = np.linspace( 0, duration, num_samples, endpoint = False )
21    x = amplitude * signal.sawtooth( 2 * np.pi * frequency * t, 0.5 )
22
23    wav_file = wave.open( file, 'w' )
24    wav_file.setparams((num_channels, sampwidth, fs, num_frames, comptype, compname))
25
26    for s in x :
27        wav_file.writeframes( struct.pack( 'h', int( s )))
28
29    wav_file.close( )
```

邀請您聆聽並比較鋸齒波與三角波，相信您也會有不同的感受。

4-2-5　諧波

諧波(Harmonic)是由兩個(含)或以上弦波所構成，其中弦波是採用餘弦函數的定義。

定義　**諧波**

諧波(Harmonic)可以定義為：

$$x(t) = \sum_{k=1}^{N} A_k \cos(2\pi f_k t)$$

其中，A_k 為第 k 個弦波的**振幅**，f_k 為第 k 個弦波的**頻率**，符合下列公式：

$$f_k = k \cdot f_1, k = 1, 2, ..., N$$

f_1 稱為**基礎頻率**(Fundamental Frequency)。

　　上述公式中，**諧波**是由 N 個弦波加總而得，其中 $N \geq 2$。第一個弦波稱為**基礎弦波**(Fundamental Sinusoid)，f_1 稱為**基礎頻率**，或簡稱**基頻**。A_k 代表第 k 個弦波的振幅，且頻率 f_k 是 f_1 的正整數倍數，弦波在加總後具有和諧的效果，因而得名。

範例 4-5

若基礎弦波是定義為：

$$x_1(t) = \cos(2\pi \cdot (2) \cdot t)$$

其中，$A_1 = 1$ 且基礎頻率 $f_1 = 2$ Hz。第二個弦波是定義為：

$$x_2(t) = \cos(2\pi \cdot (4) \cdot t)$$

其中，$A_2 = 1$ 且頻率 $f_2 = 2 \cdot f_1 = 4$ Hz。兩個弦波加總後即可產生諧波：

$$x(t) = x_1(t) + x_2(t)$$

顯示其波形。

答

兩個弦波加總後的諧波，如圖 4-5。請注意，由於弦波的頻率均為基礎頻率的正整數倍數，因此即使加入多個弦波，諧波的頻率維持不變，仍然是基礎頻率。以本範例而言，諧波的頻率為 2Hz，與基礎弦波的頻率相同。

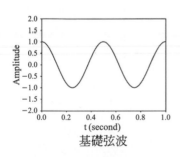 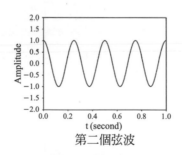 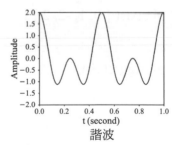

基礎弦波　　　　　　　　第二個弦波　　　　　　　　諧波

圖 4-5 諧波範例

　　Python 程式碼如下：

harmonic.py

```
1    import numpy as np
2    import matplotlib.pyplot as plt
```

```
3
4    t = np.linspace( 0, 1, 1000, endpoint = False )        # 定義時間陣列
5
6    f1 = 2                                                 # 定義基礎頻率
7    x1 = np.cos( 2 * np.pi * f1 * t )                      # 產生第 1 個弦波
8    x2 = np.cos( 2 * np.pi * 2 * f1 * t )                  # 產生第 2 個弦波
9    x = x1 + x2                                            # 產生諧波
10
11   plt.figure( 1 )                                        # 繪圖
12   plt.plot( t, x1 )
13   plt.xlabel( 't(second)' )
14   plt.ylabel( 'Amplitude' )
15   plt.axis( [ 0, 1, -2, 2 ] )
16
17   plt.figure( 2 )
18   plt.plot( t, x2 )
19   plt.xlabel( 't(second)' )
20   plt.ylabel( 'Amplitude' )
21   plt.axis( [ 0, 1, -2, 2 ] )
22
23   plt.figure( 3 )
24   plt.plot( t, x )
25   plt.xlabel( 't(second)' )
26   plt.ylabel( 'Amplitude' )
27   plt.axis( [ 0, 1, -2, 2 ] )
28
29   plt.show( )
```

當然，諧波可以包含更多的弦波加總而成。在瞭解諧波的特性後，讓我們使用 Python 程式產生諧波，並存成 wav 檔。

Python 程式碼如下：

harmonic_wave.py

```python
import numpy as np
import wave
import struct

file = "harmonic.wav"                              # 檔案名稱

amplitude = 10000                                  # 振幅
frequency = 100                                    # 頻率(Hz)
duration = 3                                       # 時間長度(秒)
fs = 44100                                         # 取樣頻率(Hz)
num_samples = duration * fs                        # 樣本數

num_channels = 1                                   # 通道數
sampwidth = 2                                      # 樣本寬度
num_frames = num_samples                           # 音框數 = 樣本數
comptype = "NONE"                                  # 壓縮型態
compname = "not compressed"                        # 無壓縮

t = np.linspace( 0, duration, num_samples, endpoint = False )
x1 = amplitude * np.cos( 2 * np.pi * f1 * t )
x2 = amplitude * np.cos( 2 * np.pi *( 2 * f1 )* t )
x = x1 + x2

np.clip( x, -32768, 32767 )                        # 避免資料溢位

wav_file = wave.open( file, 'w' )
wav_file.setparams((num_channels, sampwidth, fs, num_frames, comptype, compname))
```

```
28
29  for s in x :
30      wav_file.writeframes( struct.pack( 'h', int( s )))
31
32  wav_file.close( )
```

　　本範例程式產生諧波，其中包含兩個弦波，基礎頻率 $f_1 = 100$Hz。為了避免弦波在加總後產生資料溢位問題，因此選用較小的振幅，同時使用 NumPy 的 clip 函數限制輸出訊號的數值範圍。邀請您聆聽一下諧波的感覺，應該會覺得訊號如其名，具有和諧的感覺。

4-2-6　節拍波

定義　**節拍波**

節拍波(Beat Wave)可以定義為：
$$x(t) = A \cdot \cos(2\pi f_1 t) \cdot \cos(2\pi f_2 t)$$
其中，A 為**振幅**，f_1 為低頻訊號的**頻率**(Hz)，f_2 為高頻訊號的**頻率**(Hz)。

　　換言之，**節拍波**是由兩個不同頻率的弦波，進行乘法運算而得。

範例　4-6

若節拍波是定義為：
$$x(t) = \cos(2\pi \cdot (20) \cdot t) \cdot \cos(2\pi \cdot (200) \cdot t)$$
其中，振幅 $A = 1$、頻率 $f_1 = 2$Hz 與 $f_2 = 200$Hz，時間 $t = 0 \sim 1$ 秒，請顯示其波形。

答

節拍波如圖 4-6，其中，節拍波的振幅 $A = 1$，時間介於 $t = 0 \sim 0.1$ 秒之間。由圖上可以發現，低頻訊號的頻率為 20Hz，構成訊號的**包絡**(Envelope)；高頻訊號的頻率為 200 Hz，稱為**載波訊號**(Carrier Signal)。

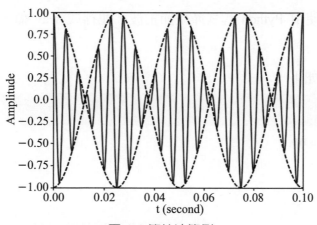

圖 4-6 節拍波範例

Python 程式碼如下：

beat.py

```
1    import numpy as np
2    import matplotlib.pyplot as plt
3
4    t = np.linspace( 0, 0.1, 1000, endpoint = False )    # 定義時間陣列
5
6    f1 = 20                                              # 低頻頻率
7    f2 = 200                                             # 高頻頻率
8    x = np.cos( 2 * np.pi * f1 * t )* np.cos( 2 * np.pi * f2 * t )
9    envelop1 = np.cos( 2 * np.pi * f1 * t )              # 包絡
10   envelop2 = -np.cos( 2 * np.pi * f1 * t )
11
12   plt.plot( t, x, '-' )                                # 繪圖
13   plt.plot( t, envelop1, '--', color = 'b' )
14   plt.plot( t, envelop2, '--', color = 'b' )
15   plt.xlabel( 't(second)' )
16   plt.ylabel( 'Amplitude' )
17   plt.axis( [ 0, 0.1, -1, 1 ] )
18
19   plt.show( )
```

同理，讓我們使用 Python 程式產生節拍波，並存成 wav 檔，藉以聆聽節拍波的實際感受。

Python 程式碼如下：

beat_wave.py

```
1   import numpy as np
2   import wave
3   import struct
4
5   file = "beat.wav"                                   # 檔案名稱
6
7   amplitude = 30000                                   # 振幅
8   f1 = 20                                             # 低頻頻率(Hz)
9   f2 = 200                                            # 高頻頻率(Hz)
10  duration = 10                                       # 時間長度(秒)
11  fs = 44100                                          # 取樣頻率(Hz)
12  num_samples = duration * fs                         # 樣本數
13
14  num_channels = 1                                    # 通道數
15  sampwidth = 2                                       # 樣本寬度
16  num_frames = num_samples                            # 音框數 = 樣本數
17  comptype = "NONE"                                   # 壓縮型態
18  compname = "not compressed"                         # 無壓縮
19
20  t = np.linspace( 0, duration, num_samples, endpoint = False )
21  x = amplitude * np.cos( 2 * np.pi * f1 * t )* np.cos(2 * np.pi * f2 * t )
22
23  wav_file = wave.open( file, 'w' )
24  wav_file.setparams((num_channels, sampwidth, fs, num_frames, comptype, compname))
25
26  for s in x :
27      wav_file.writeframes( struct.pack( 'h', int( s )))
28
29  wav_file.close( )
```

本程式範例產生 20Hz 與 200Hz 的節拍波，其中兩個訊號的頻率為倍數關係。在此，您當然可以修改程式，藉以產生不同的節拍波，並聆聽產生的結果。

定義 振幅調變

振幅調變(Amplitude Modulation)，簡稱 **AM**，可以定義為：

$$y(t) = x(t) \cdot \cos(2\pi f_c t)$$

其中，$x(t)$為輸入訊號；f_c 稱為**載波頻率**(Carrier Frequency)。

振幅調變(Amplitude Modulation)技術，簡稱**調幅**或 **AM** 技術，是具有代表性的調變技術，其中牽涉訊號的乘法運算，運算方式與節拍波相似。**調幅**技術經常應用於無線電通訊系統，例如：AM 收音機、無線電對講機等。通常輸入的訊號 $x(t)$ 的頻率較低，屬於人類的聽力範圍，落在 20Hz～20kHz 的範圍；載波頻率則相對較高，例如：低頻無線電波，落在 30kHz～300kHz 的範圍[3]。

4-3 非週期性訊號

非週期性訊號(Non-Periodic Signal)雖然不具週期性，但有時也可以透過數學模型定義之。

4-3-1 淡入與淡出

定義 淡入與淡出

淡入(Fade-In)或淡出(Fade-Out)是指隨著時間，**振幅**(Amplitude)逐漸增加(或減少)的訊號。

---

[3] 目前，許多無線網路通訊技術，使用的載波頻率已遠高於 AM 收音機使用的載波頻率。

　　淡入或淡出效果經常用來連接兩個不同的訊號，使得連續性較佳，與數位視訊中的轉場效果相似。

範例 4-7

試根據下列弦波定義：

$$x(t) = \cos(2\pi \cdot (5) \cdot t)$$

其中，時間 $t = 0 \sim 1$ 秒。請套用淡入與淡出效果，並顯示其波形。

答

弦波的淡入與淡出訊號，如圖 4-7。在此，套用淡入或淡出效果時，主要是採用線性 (Linear)的方式遞增或遞減。

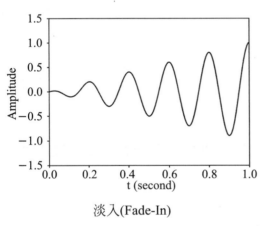 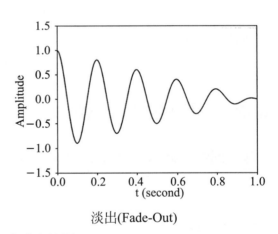

淡入(Fade-In)　　　　　　　　淡出(Fade-Out)

圖 4-7　淡入與淡出範例

　　Python 程式碼如下：

fadeout.py

```
1    import numpy as np
2    import matplotlib.pyplot as plt
3
4    t = np.linspace( 0, 1, 1000, endpoint = False )    # 定義時間陣列
5
6    x = np.cos( 2 * np.pi * 5 * t )                    # 產生弦波
```

```
7    a = np.linspace( 1, 0, 1000, endpoint = False )        # 產生淡出陣列
8    x = x * a                                              # 套用淡出效果
9
10   plt.plot( t, x )                                       # 繪圖
11   plt.xlabel( 't(second)' )
12   plt.ylabel( 'Amplitude' )
13   plt.axis( [ 0, 1, -1.2, 1.2 ] )
14
15   plt.show( )
```

　　本程式範例的目的是對弦波套用淡出效果，在此定義線性的遞減矩陣 a，並採用基本的乘法運算，即可產生淡出效果(音量由大而小)。a 陣列是定義為：

```
a = np.linspace( 1, 0, 1000, endpoint = False )
```

即是用來產生淡出陣列，其值是從 1 遞減為 0。

　　除了線性方式之外，淡出效果也可以採用**指數**(Exponential)衰減的方式定義之。例如：

$$x(t) = A\,e^{-\alpha t}\cos(2\pi f t)$$

其中，A 為**振幅**，f 為**頻率**。α 為**衰減參數**，可以用來調整淡出的作用時間：若 $\alpha = 1$，則於時間 $t = 0\sim1$ 秒間，訊號的振幅衰減為原始振幅的 $e^{-1} \approx 0.368$ 倍。以下使用 Python程式實現淡出效果，並存成 wav 檔。

　　Python 程式碼如下：

fadeout_wave.py

```
1    import numpy as np
2    import wave
3    import struct
4
5    file = "fadeout.wav"                                   # 檔案名稱
```

```
6
7    amplitude = 30000                                  # 振幅
8    frequency = 300                                    # 頻率(Hz)
9    duration = 3                                       # 時間長度(秒)
10   fs = 44100                                         # 取樣頻率(Hz)
11   num_samples = duration * fs                        # 樣本數
12
13   num_channels = 1                                   # 通道數
14   sampwidth = 2                                      # 樣本寬度
15   num_frames = num_samples                           # 音框數 = 樣本數
16   comptype = "NONE"                                  # 壓縮型態
17   compname = "not compressed"                        # 無壓縮
18
19   t = np.linspace( 0, duration, num_samples, endpoint = False )
20   a = np.linspace( 1, 0, num_samples, endpoint = False )
21   x = amplitude * a * np.cos( 2 * np.pi * frequency * t )
22
23   wav_file = wave.open( file, 'w' )
24   wav_file.setparams((num_channels, sampwidth, fs, num_frames, comptype, compname))
25
26   for s in x :
27       wav_file.writeframes( struct.pack( 'h', int( s )))
28
29   wav_file.close( )
```

　　以上淡出效果的作用時間為 3 秒，與原始弦波的時間長度相同。您可以嘗試修改程式，調整淡出效果的作用時間。在此，您也可以修改陣列 a，藉以產生淡入效果。

4-3-2 啁啾訊號

定義 啁啾訊號

啁啾訊號(Chirp)是指隨著時間，其頻率逐漸增加(或減少)的訊號，分別稱爲 Up-Chirp(或 Down-Chirp)。在某些 DSP 技術應用中，啁啾訊號也經常稱爲**掃描訊號** (Sweep Signal)。

　　啁啾訊號(Chirp)是隨著時間改變頻率的一種訊號，因此經常應用於**雷達**(Radar)或**聲納**(Sonar)等，主要是在不同的時間點，掃描不同的頻率區間或頻帶，藉以偵測目標物。

範例 4-8

請產生啁啾訊號，在時間 0～5 秒之間，頻率的範圍從 0Hz 線性遞增爲 5Hz，並顯示其波形。

答

啁啾訊號如圖 4-8，時間長度爲 5 秒，頻率的範圍從 0Hz 線性遞增爲 5Hz。

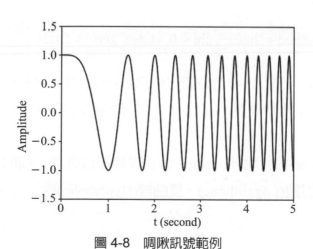

圖 4-8　啁啾訊號範例

Python 程式碼如下：

```
chirp.py
```

```
1    import numpy as np
2    import scipy.signal as signal
3    import matplotlib.pyplot as plt
4
5    t = np.linspace( 0, 1, 1000, endpoint = False )        # 定義時間陣列
6    x = signal.chirp( t, 0, 5, 5, 'linear' )               # 產生啁啾訊號
7
8    plt.plot( t, x )                                       # 繪圖
9    plt.xlabel( 't(second)' )
10   plt.ylabel( 'Amplitude' )
11   plt.axis([ 0, 5, -1.5, 1.5 ] )
12
13   plt.show( )
```

SciPy 的 Signal 軟體套件，其中提供 chirp 函式，可以用來產生啁啾訊號，函式的定義為：

```
chirp(t, f0, t1, f1, method = 'linear', phi = 0, vertex_zero = True)
```

其中，t 為時間陣列，介於 0～5 秒之間。f0 為 $t = 0$ 的初始頻率，t1 為第 1 個時間點(本範例設 t1 = 5 秒)；f1 為時間點 t1 的終止頻率(本範例設為 5Hz)，其中採用**線性**(Linear)的方式進行掃描。

除了**線性**(Linear)方式之外，chirp 函式同時提供幾種不同的掃描方式，例如：**二次方**(Quadratic)、**對數**(Logarithmic)、**雙曲線**(Hyperbolic)的方式。

在此，我們產生 0Hz～1,000Hz 的啁啾訊號，以線性的方式遞增，時間長度為 10 秒，並產生 wav 檔。播放時，請特別注意音量。若想產生頻率範圍較大的啁啾訊號，例如：0Hz～20kHz，則建議套用上述的淡出效果，適時調整高頻聲音的音量[4]。

Python 程式碼如下：

```
chirp_wave.py

1   import numpy as np
2   import wave
3   import struct
4   import scipy.signal as signal
5
6   file = "chirp.wav"                              # 檔案名稱
7
8   amplitude = 30000                               # 振幅
9   fs = 44100                                      # 取樣頻率(Hz)
10  f0 = 0                                          # 初始頻率(Hz)
11  f1 = 1000                                       # 終止頻率(Hz)
12  duration = 10                                   # 時間長度(秒)
13  num_samples = duration * fs                     # 樣本數
14
15  num_channels = 1                               # 通道數
16  sampwidth = 2                                   # 樣本寬度
17  num_frames = num_samples                       # 音框數 = 樣本數
18  comptype = "NONE"                              # 壓縮型態
19  compname = "not compressed"                    # 無壓縮
20
21  t = np.linspace( 0, duration, num_samples, endpoint = False )
```

---

[4] 啁啾訊號可以用來測試您的聽力，藉以瞭解您對不同頻率聲音的敏感度。在討論訊號處理技術時，稱為**頻率響應**(Frequency Response)。通常，人類的聽力會隨著年齡增長而退化，筆者承認自己在聆聽超過 10kHz 的聲音時，已經沒感覺了。在此，邀請您測試一下自己的頻率響應範圍。

```
22   x = amplitude * signal.chirp( t, f0, duration, f1, 'linear' )

23

24   wav_file = wave.open( file, 'w' )

25   wav_file.setparams((num_channels, sampwidth, fs, num_frames, comptype, compname))

26

27   for s in x :

28       wav_file.writeframes( struct.pack( 'h', int( s )))

29

30   wav_file.close( )
```

習題

選擇題

(　　) 1. 下列何者是使用**訊號模型**(Signal Models)產生數位訊號的技術？

    (A) 訊號生成　(B) 訊號調變　(C) 訊號特效　(D) 訊號轉換

    (E) 以上皆非

(　　) 2. 若弦波的定義為 $x(t) = \cos(2\pi t)$，則弦波的**週期**(Period)為何？

    (A) $1/2$　(B) 1　(C) π　(D) 2π　(E) 以上皆非

(　　) 3. 若訊號的定義為 $x(t) = A \cdot \mathrm{sgn}(\sin(2\pi ft))$，其中 $\mathrm{sgn}(\bullet)$ 稱為符號函數，可以用來產生下列何種訊號？

    (A) 弦波　(B) 方波　(C) 鋸齒波　(D) 三角波　(E) 以上皆非

(　　) 4. 若訊號的定義為 $x(t) = \cos(10\pi t) + \cos(20\pi t) + \cos(30\pi t)$，則該訊號稱為何？

    (A) 弦波　(B) 諧波　(C) 節拍波　(D) 啁啾訊號　(E) 以上皆非

(　　) 5. 若訊號的定義為 $x(t) = \cos(10\pi t) \cdot \cos(100\pi t)$，則該訊號稱為何？

    (A) 弦波　(B) 諧波　(C) 節拍波　(D) 啁啾訊號　(E) 以上皆非

(　　) 6. 若訊號是隨著時間，其頻率逐漸增加(或減少)，則該訊號稱為何？

    (A) 弦波　(B) 諧波　(C) 節拍波　(D) 啁啾訊號　(E) 以上皆非

觀念複習

1. 請定義下列專有名詞：

    (a) **訊號生成**(Signal Generation)

    (b) **週期性訊號**(Periodic Signal)

2. 給定下列訊號，請判斷是否為週期性訊號？

    (a) $x(t) = \cos(2\pi t)$

    (b) $x(t) = \cos(10\pi t) + \cos(20\pi t)$

    (c) $x(t) = \cos(2\pi t) \cdot \cos(5\pi t)$

    (d) $x(t) = e^{-t} \cos(2\pi t)$

    (e) $x(t) = \cos(2\pi t) + \cos(2\sqrt{2}\pi t)$

3. 若某訊號的定義為：

    $$x(t) = \cos(10\pi t) + \cos(20\pi t)$$

    則訊號的名稱為何？

4. 若諧波的定義為：

    $$x(t) = \cos(10\pi t) + \cos(20\pi t) + \cos(30\pi t)$$

    則諧波的頻率為何？

5. 若某訊號的定義為：

    $$x(t) = \cos(10\pi t) \cdot \cos(100\pi t)$$

    則訊號的名稱為何？

6. 請解釋何謂**振幅調變**(Amplitude Modulation)技術。

7. 請解釋何謂**啁啾訊號**(Chirp)。

專案實作

1. 使用 Python 程式實作，產生下列週期性訊號，並存成 wav 檔案。

   (a) 弦波　(b) 方波　(c) 鋸齒波　(d) 三角波

   假設振幅 A = 30,000、頻率 f = 262Hz、時間長度為 1 秒、取樣率為 44,100Hz。

   註 頻率 f = 261.6Hz 為音樂中的中央 C，唱名為 Do。

2. 使用 Python 程式實作，產生諧波，並存成 wav 檔案。假設諧波由兩個弦波構成，且振幅 A = 30,000、基礎頻率 f_1 = 262Hz、時間長度為 3 秒、取樣頻率為 44,100Hz。

   註 頻率 f_1 = 261.6Hz 與 f_2 = 523.3Hz 構成八度音。

3. 使用 Python 程式實作，產生下列訊號：

   $$x(t) = \cos(20\pi t) + \cos(20\sqrt{2}\pi t)$$

   假設時間長度為 1 秒，請顯示其波形。兩個弦波的頻率無倍數關係，觀察數位訊號是否具有週期性。

4. 使用 Python 程式實作，產生節拍波，並存成 wav 檔案。假設振幅 A=30,000、基礎頻率 f_1 = 200Hz、載波頻率 f_2 = 1,000Hz、時間長度為 3 秒、取樣頻率為 44,100Hz。

5. 使用 Python 程式實作振幅調變技術：

   (a) 使用 Audacity 錄製一段您自己的語音訊號，時間長度為 3 秒、取樣頻率為 44,100Hz。

   (b) 套用振幅調變技術，假設載波頻率分別為 1,000Hz、2,000Hz 與 3,000Hz，並存成 wav 檔案，共三個檔案。

   (c) 請聆聽調幅的結果，簡述調幅產生的效果。

6. 使用 Python 程式實作，產生具有淡出效果的啁啾訊號，在時間 0～20 秒之間，頻率的範圍從 0Hz 線性遞增為 10,000Hz，且振幅的範圍從 30,000 遞減為 10,000，並存成 wav 檔案。

CHAPTER **05**

雜訊

本章的目的是介紹**雜訊**(Noise)的基本概念，並介紹幾種雜訊的生成方式，包含：**均勻雜訊**(Uniform Noise)、**高斯雜訊**(Gaussian Noise)、**布朗尼雜訊**(Brownian Noise)、**脈衝雜訊**(Impulse Noise)等。最後，介紹**訊號雜訊比**(Signal-to-Noise Ratio, SNR)，可以用來衡量訊號的品質。

學習單元

- 基本概念
- 均勻雜訊
- 高斯雜訊
- 布朗尼雜訊
- 脈衝雜訊
- 訊號雜訊比

5-1　基本概念

　　一般來說，訊號在傳輸過程中，受到外部能量的影響，例如：大氣層、電磁場等，都會產生某種程度的**雜訊**(Noise)，對於訊號處理系統造成干擾現象。舉例說明，聽收音機時，在轉台或訊號接收不良時，會聽到「沙沙」的聲音；舊型的電視機，在接收不到電視訊號時，會產生類似「雪花」的畫面等現象。

　　事實上，雜訊的來源，除了系統外部之外，也可能來自系統本身，例如：系統電子元件發熱時產生的**熱雜訊**(Thermal Noise)、接觸不良等[1]。

　　為了了解雜訊的本質，本章的目的是探討**雜訊生成**(Noise Generation)技術，使用人工的方式模擬系統雜訊。假設原始訊號不含任何雜訊，在加入人工產生的雜訊後，可以用來評估系統的抗雜訊能力。

定義　**雜訊生成**

雜訊生成(Noise Generation)可以定義為：

$$y[n] = x[n] + \eta[n]$$

其中，$x[n]$為原始訊號，$\eta[n]$稱為**雜訊**(Noise)。

　　在第四章討論的訊號生成過程中，我們是根據數學模型產生數位訊號，因此每個樣本是透過明確的數學定義產生，具有可預測性，這樣的訊號稱為**決定性訊號**(Deterministic Signals)。相對而言，若訊號是以隨機的方式產生，每個樣本無法事先預測，這樣的訊號稱為**隨機訊號**(Random Signals/Stochastic Signals)。

　　在此，我們使用簡單的加法運算，將雜訊加入原始的數位訊號。由於加入的雜訊可以視為是由獨立訊號源所產生，與原始訊號無直接相關聯，因此稱為**非相關雜訊**(Uncorrelated Noise)。

---

[1] 音響玩家會有這樣的經驗，音響放大器在拔除所有的訊號源，例如：CD、收音機等，只剩下放大器與喇叭相連，打開電源閒置幾分鐘，會開始出現嘶嘶聲。若是連接的電線未受到電磁干擾，問題可能就是放大器本身的電子元件老舊發熱，而產生的系統雜訊。

DSP 領域中，若隨機訊號的資料分佈情形或統計參數，例如：**平均值**(Mean)、**標準差**(Standard Deviation)等，不會隨著時間而改變，則該訊號稱為**平穩訊號**(Stationary Signals)；反之，則稱為**非平穩訊號**(Non-Stationary Signals)。

舉例說明，馬達生產設備所發出的聲音訊號，是屬於平穩訊號；語音訊號則是典型的非平穩訊號。

一般來說，雜訊通常是根據隨機資料分佈的情形而定，數學上是使用所謂的**機率密度函數**(Probability Density Function, PDF)，藉以定義**雜訊模型**(Noise Models)。除此之外，雜訊也經常根據其**功率頻密度**(Power Spectral Density)進行分類。

5-2 均勻雜訊

均勻雜訊(Uniform Noise)，顧名思義，其隨機的亂數資料是根據**均勻分佈函數**(Uniform Distribution Function)而定。

定義 均勻分佈函數

給定**隨機變數**(Random Variable) z，則**均勻分佈函數**(Uniform Distribution Function)可以定義為：

$$p(z) = \begin{cases} 1/2 & \text{if } -1 \le z \le 1 \\ 0 & \text{otherwise} \end{cases}$$

其中，z 值是介於 $-1 \sim 1$ 之間。

均勻分佈的機率密度函數圖，如圖 5-1。機率密度函數須滿足總機率值(或機率積分)為 1，即：

$$\int_{-\infty}^{\infty} p(z)\,dz = 1$$

換言之，機率密度函數曲線下的面積為 1(100%)。

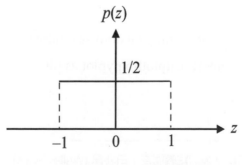

圖 5-1 均勻分佈函數

範例 5-1

若原始訊號是定義為：

$$x(t) = 10 \cdot \cos(2\pi \cdot (5) \cdot t)$$

其中，振幅 $A = 10$，頻率 $f = 5$Hz，時間 $t = 0 \sim 1$ 秒，取樣頻率為 $f_s = 200$Hz。假設加入均勻分佈的雜訊，數值介於–1～1 之間，請顯示其波形。

答

原始訊號、雜訊與加入雜訊的結果，如圖 5-2。由於是亂數產生雜訊，因此在執行 Python 程式後，您實際得到的結果可能會略有差異。

□

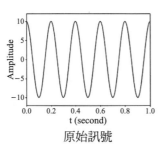
原始訊號

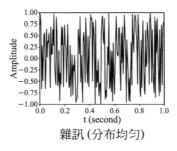
雜訊 (分布均勻)

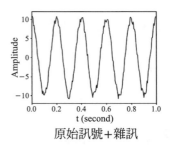
原始訊號＋雜訊

圖 5-2　均勻雜訊範例

　　由於加入的雜訊，主要是根據均勻分佈的隨機變數產生，平均值為 0，且雜訊樣本在時間軸為任意亂數。連續的樣本之間互為**獨立**(Independent)，且不具**自相關性**(Autocorrelation)。在 DSP 領域中，這樣的雜訊，通常稱為**白雜訊**(White Noise)[2]。

　　Python 程式碼如下：

uniform_noise.py

```
1    import numpy as np
2    import numpy.random as random
3    import matplotlib.pyplot as plt
4
```

---

[2] 若以嚴謹的定義而言，白雜訊 (White Noise) 在不同頻率下須具備相同的強度；換言之，白雜訊的功率頻密度 (Power Spectral Density) 為固定常數。在 DSP 技術的實作與應用時，其實不容易模擬符合定義的白雜訊。

```
5    t = np.linspace( 0, 1, 200, endpoint = False )      # 定義時間陣列
6    x = 10 * np.cos( 2 * np.pi * 5 * t )                 # 原始訊號
7    noise = random.uniform( -1, 1, 200 )                 # 均勻雜訊
8    y = x + noise
9
10   plt.figure(1)
11   plt.plot( t, x )
12   plt.xlabel( 't (second)' )
13   plt.ylabel( 'Amplitude' )
14   plt.axis( [ 0, 1, -12, 12 ] )
15
16   plt.figure(2)
17   plt.plot( t, noise )
18   plt.xlabel( 't (second)' )
19   plt.ylabel( 'Amplitude' )
20   plt.axis( [ 0, 1, -1, 1 ] )
21
22   plt.figure(3)
23   plt.plot( t, y )
24   plt.xlabel( 't (second)' )
25   plt.ylabel( 'Amplitude' )
26   plt.axis( [ 0, 1, -12, 12 ] )
27
28   plt.show( )
```

在 Python 程式實作時，我們是使用 Numpy 提供的 random 軟體套件中的亂數產生器，藉以產生雜訊。Python 程式碼：

```
noise = random.uniform( -1, 1, 200 )
```

可以用來產生均勻分佈的亂數資料，介於–1～1 之間，共 200 筆。

5-3　高斯雜訊

高斯雜訊(Gaussian Noise)，顧名思義，其隨機的亂數資料是根據**高斯分佈函數**(Gaussian Distribution Function)而定。

定義　高斯分佈函數

給定**隨機變數**(Random Variable) z，則**高斯分佈函數**(Gaussian Distribution Function)可以定義為：

$$p(z) = \frac{1}{\sqrt{2\pi\sigma^2}} e^{-\frac{(z-\mu)^2}{2\sigma^2}}$$

其中，μ 稱為**平均值**(Mean/Average)，σ 稱為**標準差**(Standard Deviation)。

高斯分佈函數即是所謂的**常態分佈函數**(Normal Distribution Function)，在機率與統計中，是相當重要的函數。圖 5-3 為典型的高斯分佈圖，其中平均值 $\mu = 0$，標準差 $\sigma = 1$。此外，高斯分佈函數，滿足下列公式：

$$\int_{-\infty}^{\infty} p(z)dz = 1$$

換言之，高斯分佈函數的積分，即曲線下面積的總和為 1(或 100%)。

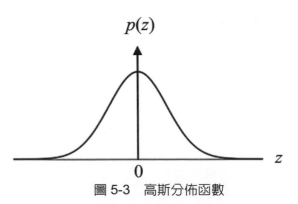

圖 5-3　高斯分佈函數

範例 5-2

若原始訊號是定義為：

$$x(t) = 10 \cdot \cos(2\pi \cdot (5) \cdot t)$$

其中，振幅 $A = 10$，頻率 $f = 5\text{Hz}$，時間 $t = 0 \sim 1$ 秒，取樣頻率為 $f_s = 200\text{Hz}$。假設加入高斯雜訊，其中平均值 $\mu = 0$，標準差 $\sigma = 1$，請顯示其波形。

答

原始訊號、雜訊與加入雜訊的結果，如圖 5-4。在此，我們可以說高斯雜訊的振幅為 1，但實際產生的亂數數值，通常介於 $-3\sigma \sim 3\sigma$ 之間，數值範圍較大。

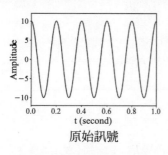 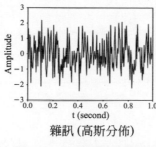 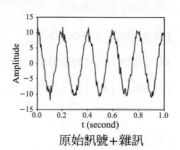

　　　　原始訊號　　　　　　　雜訊 (高斯分佈)　　　　原始訊號＋雜訊

圖 5-4　高斯雜訊範例

　　同理，由於加入的雜訊，主要是根據高斯分佈的隨機變數產生，平均值為 0，且雜訊樣本在時間軸為任意亂數。連續的樣本之間互為**獨立**(Independent)，且**不具自相關性**，因此也稱為**高斯白雜訊**(Gaussian White Noise)。

　　Python 程式碼如下：

gaussian_noise.py

```
1   import numpy as np
2   import numpy.random as random
3   import matplotlib.pyplot as plt
4
5   t = np.linspace( 0, 1, 200, endpoint = False )    # 定義時間陣列
6   x = 10 * np.cos( 2 * np.pi * 5 * t )              # 原始訊號
7   noise = random.normal( 0, 1, 200 )                # 高斯雜訊
```

```
8    y = x + noise
9
10   plt.figure(1)
11   plt.plot( t, x )
12   plt.xlabel( 't (second)' )
13   plt.ylabel( 'Amplitude' )
14   plt.axis( [ 0, 1, -12, 12 ] )
15
16   plt.figure(2)
17   plt.plot( t, noise )
18   plt.xlabel( 't (second)' )
19   plt.ylabel( 'Amplitude' )
20   plt.axis( [ 0, 1, -3, 3 ] )
21
22   plt.figure(3)
23   plt.plot( t, y )
24   plt.xlabel( 't (second)' )
25   plt.ylabel( 'Amplitude' )
26   plt.axis( [ 0, 1, -15, 15 ] )
27
28   plt.show( )
```

在 Python 程式實作時，我們使用 NumPy 提供的 random 軟體套件中的亂數產生器，並藉以產生雜訊。Python 程式碼：

```
noise = random.normal( 0, 1, 200 )
```

可以產生高斯分佈的亂數資料，其中平均值為 $\mu = 0$，標準差為 $\sigma = 1$，共 200 筆。

5-4　布朗尼雜訊

定義　**布朗尼雜訊**

布朗尼雜訊(Brownian Noise)是根據**布郎尼運動**(Brownian Motion)所產生，也稱為**隨機遊走**(Random Walk)雜訊。

布朗尼雜訊也稱為**棕色雜訊**(Brown Noise)，源自發現**布郎尼運動**(Brownian Motion)的科學家 Robert Brown。以上介紹的均勻雜訊或高斯雜訊，每個樣本均為**獨立**，且不具**自相關性**。相對而言，布朗尼雜訊的每個樣本，是取自之前樣本的總和(積分)，並考慮當下的隨機遊走。

範例 5-3

若原始訊號是定義為：

$$x(t) = 10 \cdot \cos(2\pi \cdot (5) \cdot t)$$

其中，振幅 $A = 10$，頻率 $f = 5$Hz，時間 $t = 0 \sim 1$ 秒，取樣頻率為 $f_s = 200$Hz。假設加入布朗尼雜訊，數值介於 $-1 \sim 1$ 之間，請顯示其波形。

答

原始訊號、雜訊與加入雜訊的結果，如圖 5-5。在此，我們是以均勻雜訊的樣本進行總和，雜訊的數值範圍不易控制。因此，在產生布朗尼雜訊之後，針對產生的數值範圍進行正規化(Normalization)的後處理，數值介於 $-1 \sim 1$ 之間。

□

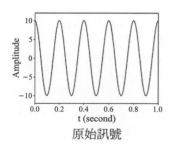 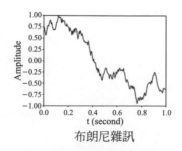 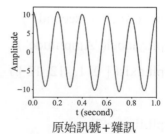

原始訊號　　布朗尼雜訊　　原始訊號＋雜訊

圖 5-5　布朗尼雜訊範例

由圖 5-5 可以觀察到，布朗尼雜訊的變動幅度比均勻雜訊(或高斯雜訊)緩慢，連續樣本間具有相關性。顯然的，布朗尼雜訊使得數位訊號的振幅有微幅的波動(訊號飄移)。

Python 程式碼如下：

browian_noise.py

```
1    import numpy as np
2    import numpy.random as random
3    import matplotlib.pyplot as plt
4
5    t = np.linspace( 0, 1, 200, endpoint = False )      # 定義時間陣列
6    x = 10 * np.cos( 2 * np.pi * 5 * t )                 # 原始訊號
7
8    n1 = random.uniform( -1, 1, 200 )                    # 布朗尼雜訊
9    ns = np.cumsum( n1 )
10   mean = np.mean( ns )
11   max = np.max( np.absolute( ns - mean ) )
12   noise = ( ns - mean ) / max
13
14   y = x + noise
15
16   plt.figure(1)
17   plt.plot( t, x )
18   plt.xlabel( 't (second)' )
19   plt.ylabel( 'Amplitude' )
20   plt.axis( [ 0, 1, -12, 12 ] )
21
22   plt.figure(2)
23   plt.plot( t, noise )
24   plt.xlabel( 't (second)' )
```

```
25    plt.ylabel( 'Amplitude' )
26    plt.axis( [ 0, 1, -1, 1 ] )
27
28    plt.figure(3)
29    plt.plot( t, y )
30    plt.xlabel( 't (second)' )
31    plt.ylabel( 'Amplitude' )
32    plt.axis( [ 0, 1, -12, 12 ] )
33
34    plt.show( )
```

5-5　脈衝雜訊

> **定義　脈衝雜訊**
>
> **脈衝雜訊**(Impulse Noise)可以定義為瞬間的**脈衝**所構成的雜訊。

　　訊號處理系統受到電磁干擾、唱片或 CD 的刮痕等原因，產生所謂的脈衝雜訊，由於發生的時間非常短暫，因此可以使用脈衝訊號模擬。**脈衝雜訊**的參數包含：**振幅**(Amplitude)與發生**機率**(Probability)等，用來調整雜訊的強度與影響範圍。

範例 5-4

若原始訊號是定義為：

$$x(t) = 10 \cdot \cos(2\pi \cdot (5) \cdot t)$$

其中，振幅 $A = 10$，頻率 $f = 5$Hz，時間 $t = 0 \sim 1$ 秒，取樣頻率為 $f_s = 200$Hz。
假設加入脈衝雜訊，振幅為 5，發生機率為 5%，請顯示其波形。

答

原始訊號、雜訊與加入雜訊的結果，如圖 5-6。脈衝雜訊的振幅為 5，因此數值為 5 或–5。此外，發生機率為 5%，以 200 個樣本而言，共產生 10 個脈衝訊號(200 × 5% = 10)。

由圖上可以發現，脈衝雜訊對於原始訊號的影響範圍與發生機率相關聯，5%僅造成局部的訊號失真。

❑

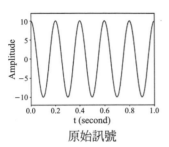
原始訊號

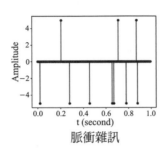
脈衝雜訊

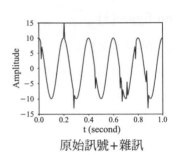
原始訊號＋雜訊

圖 5-6　脈衝雜訊範例

Python 程式碼如下：

impulse_noise.py

```
1   import numpy as np
2   import numpy.random as random
3   import matplotlib.pyplot as plt
4
5   amplitude = eval( input( "Enter amplitude of impulse noise: " ) )
6   probability = eval( input( "Enter probability of impulse noise(%): " ) )
7
8   t = np.linspace( 0, 1, 200, endpoint = False )       # 定義時間陣列
9   x = 10 * np.cos( 2 * np.pi * 5 * t )                  # 原始訊號
10
11  noise = np.zeros( x.size )                            # 脈衝雜訊
12  for i in range( x.size ):
13      p1 = random.uniform( 0, 1 )
14      if p1 < probability / 100:
15          p2 = random.uniform( 0, 1 )
16          if p2 < 0.5:
17              noise[i] = amplitude
```

```
18              else:
19                  noise[i] = -amplitude
20
21   y = x + noise
22
23   plt.figure( 1 )
24   plt.plot( t, x )
25   plt.xlabel( 't (second)' )
26   plt.ylabel( 'Amplitude' )
27   plt.axis( [ 0, 1, -12, 12 ] )
28
29   plt.figure( 2 )
30   plt.stem( t, noise )
31   plt.xlabel( 't (second)' )
32   plt.ylabel( 'Amplitude' )
33
34   plt.figure( 3 )
35   plt.plot( t, y )
36   plt.xlabel( 't (second)' )
37   plt.ylabel( 'Amplitude' )
38   plt.axis( [ 0, 1, -15, 15 ] )
39
40   plt.show( )
```

　　本程式範例中，我們產生介於 0～1 之間均勻分布的亂數，同時根據亂數與發生機率決定是否在該時間點產生脈衝雜訊。脈衝雜訊的振幅，數值可以是正值或負值，也是透過均勻分布的隨機亂數決定。

5-6　訊號雜訊比

定義　訊號雜訊比

訊號雜訊比(Signal-to-Noise Ratio)，簡稱 SNR，可以定義為：

$$SNR = \frac{P_{signal}}{P_{noise}}$$

其中，P_{signal} 為**訊號功率**，P_{noise} 為**雜訊功率**。SNR 也可以定義為：

$$SNR = \left(\frac{A_{signal}}{A_{noise}}\right)^2$$

其中，A_{signal} 為**訊號振幅**，A_{noise} 為**雜訊振幅**。

SNR 也經常以**分貝**(Decibels, dB)為單位表示之，定義如下：

$$SNR = 10\log_{10}\left(\frac{P_{signal}}{P_{noise}}\right) \text{ (dB)}$$

或

$$SNR = 10\log_{10}\left(\frac{A_{signal}}{A_{noise}}\right)^2 \text{ (dB)} = 20\log_{10}\left(\frac{A_{signal}}{A_{noise}}\right) \text{ (dB)}$$

範例 5-5

若原始訊號是定義為：

$$x(t) = 10 \cdot \cos(2\pi \cdot (5) \cdot t)$$

其中，振幅 $A = 10$，頻率 $f = 5$Hz。假設加入均勻分佈的雜訊，數值介於–1～1 之間，請計算**訊號雜訊比**(Signal-to-Noise Ratio, SNR)。

答

原始訊號與雜訊的振幅分別為：

$$A_{signal} = 10 \text{ 與 } A_{noise} = 1$$

因此訊號雜訊比為：

$$SNR = \left(\frac{A_{\text{signal}}}{A_{\text{noise}}}\right)^2 = 100$$

或以分貝的單位表示成：

$$SNR = 10\log_{10}\left(\frac{A_{\text{signal}}}{A_{\text{noise}}}\right)^2 = 10\log_{10}100 = 20\,(dB)$$

❏

範例 5-6

若原始訊號是定義為：

$$x(t) = 10 \cdot \cos(2\pi \cdot (5) \cdot t)$$

其中，振幅 $A = 10$，頻率 $f = 5Hz$，時間 $t = 0\sim1$ 秒，取樣頻率為 $f_s = 200Hz$。假設加入不同的均勻雜訊，振幅分別為 1, 2, 5，試顯示其波形，並計算 SNR 值。

答

加入不同的均勻雜訊後，結果如圖 5-6，其中雜訊的振幅分別為 1、2 或 5。SNR 值分別為 100、25 或 4；若以分貝表示，則 SNR 值分別為 20dB、13.9dB 或 6dB。因此，SNR 值愈高，表示訊號的品質愈好；SNR 值愈低，表示訊號受到雜訊的干擾愈嚴重[3]。

❏

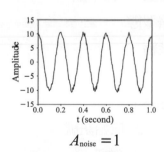
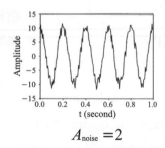
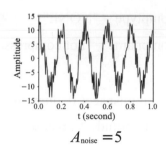

$A_{\text{noise}} = 1$ $\quad\quad$ $A_{\text{noise}} = 2$ $\quad\quad$ $A_{\text{noise}} = 5$

圖 5-7 雜訊生成範例

有了以上概念，讓我們使用 Python 程式實作雜訊生成，並產生 wav 檔。

---

[3] **訊號雜訊比(SNR)** 可以用來衡量訊號與雜訊的比例，因此在音響前後級放大器、喇叭、甚至是傳輸線等設備，具有相當高的參考價值。換句話說，若您想選購高級音響與配備，建議可以注意一下 SNR (dB 值)，避免花冤枉錢。

Python 程式碼如下：

sinusoid_noise_wave.py

```
1   import numpy as np
2   import wave
3   import struct
4   import scipy.signal as signal
5
6   file = "sinusoid_noise.wav"                          # 檔案名稱
7
8   amplitude = 30000                                    # 振幅
9   frequency = 100                                      # 頻率(Hz)
10  duration = 3                                         # 時間長度(秒)
11  fs = 44000                                           # 取樣頻率(Hz)
12  num_samples = duration * fs                          # 樣本數
13
14  num_channels = 1                                     # 通道數
15  sampwidth = 2                                        # 樣本寬度
16  num_frames = num_samples                             # 音框數 ＝ 樣本數
17  comptype = "NONE"                                    # 壓縮型態
18  compname = "not compressed"                          # 無壓縮
19
20  t = np.linspace( 0, duration, num_samples, endpoint = False )
21  x = amplitude * np.cos( 2 * np.pi * frequency * t )          # 原始訊號
22  noise = random.uniform( -1000, 1000, num_samples )      # 雜訊
23  y = x + noise
24
25  wav_file = wave.open( file, 'w' )
26  wav_file.setparams(( num_channels, sampwidth, fs, num_frames, comptype,
    compname ))
```

```
27
28  for s in y :
29      wav_file.writeframes( struct.pack( 'h', int( s ) ) )
30
31  wav_file.close( )
```

本範例中，原始訊號的振幅為 30,000，頻率為 100Hz，其中加入**均勻雜訊**(Uniform Noise)，數值介於 –1,000～1,000 之間。聆聽 wav 檔，您應該會覺得很像是聽收音機時的雜訊。

此外，您也可以嘗試改用高斯雜訊，同時調整雜訊振幅。但請特別注意，高斯雜訊的數值通常介於 $-3\sigma\sim3\sigma$ 之間，在加入雜訊時可能產生**資料溢位**(Data Overflow)問題，寫入 wav 檔前須將資料限制在–32,768～32,767 之間。

最後，邀請您參考本章的程式範例，並修改 Python 程式，用來產生包含布朗尼雜訊或脈衝雜訊等的數位訊號，並存成 wav 檔。同理，在加入雜訊時，請特別注意資料溢位問題。

習題

☀ 選擇題

( ) 1. 下列有關**雜訊**(Noise) 的敘述，何者有誤？

    (A) 訊號在傳輸過程中，受到外部能量的影響，都會產生某種程度的雜訊

    (B) 雜訊的來源，通常是來自外界環境的影響，不會來自系統本身

    (C) 雜訊可以用人工的方式模擬產生

    (D) 雜訊的強弱會影響訊號的品質

( ) 2. 若使用弦波的定義產生訊號，則該訊號是屬於下列何種訊號？

    (A) 決定性訊號　　(B) 隨機訊號　　(C) 以上皆非

( ) 3. 人類所發出的語音訊號是屬於下列何種訊號？

    (A) 穩定訊號　　(B) 非穩定訊號　　(C) 以上皆非

( ) 4. 若雜訊是根據下列的機率密度函數產生，該雜訊為何種雜訊？

$$p(z) = \frac{1}{\sqrt{2\pi\sigma^2}} e^{-\frac{(z-\mu)^2}{2\sigma^2}}$$

    (A) 均勻雜訊　　(B) 高斯雜訊　　(C) 布朗尼雜訊　　(D) 脈衝雜訊

( ) 5. 下列雜訊中，何者不是一種**非相關雜訊**(Uncorrelated Noise)？

    (A) 均勻雜訊　　(B) 高斯雜訊　　(C) 布朗尼雜訊　　(D) 脈衝雜訊

觀念複習

1. 請定義下列專有名詞：

   (a) **雜訊生成**(Noise Generation)

   (b) **決定性訊號**(Deterministic Signal)

   (c) **隨機訊號**(Random Signal/Stochastic Signal)

   (d) **平穩訊號**(Stationary Signal)

   (e) **訊號雜訊比**(Signal-to-Noise Ratio)

2. 請決定下列訊號是否為平穩訊號？

   (a) 馬達振動的聲音訊號

   (b) 人類的心跳訊號(假設健康狀態)

   (c) 語音訊號

3. 請解釋何謂**白雜訊**(White Noise)？

4. 若訊號的振幅為 1,000，雜訊的振幅為 10，求**訊號雜訊比**(SNR)，並以**分貝**(dB)為單位表示之。

專案實作

1. 使用 Python 程式實作，產生弦波訊號。假設振幅 $A = 25,000$、頻率 $f = 200$Hz、時間長度為 3 秒、取樣頻率為 44,100Hz。請加入下列雜訊，並存成 wav 檔案：

   (a) 均勻雜訊，振幅分別設為 1,000、2,000 與 5,000。

   (b) 高斯雜訊，振幅分別設為 1,000、2,000 與 5,000。

   註 本實作的參數設定，主要是避免資料溢位問題。

2. 使用 Python 程式實作，產生弦波訊號。假設振幅 $A = 20,000$、頻率 $f = 300\text{Hz}$、時間長度為 3 秒、取樣頻率為 44,100Hz。請加入下列雜訊，並存成 wav 檔案：

   (a) 布郎尼雜訊，振幅設為 5,000。

   (b) 布朗尼雜訊，振幅設為 10,000。

3. 使用 Python 程式實作，產生弦波訊號。假設振幅 $A = 25,000$、頻率 $f = 300\text{Hz}$、時間長度為 3 秒、取樣頻率為 44,100Hz。請加入下列雜訊，並存成 wav 檔案：

   (a) 脈衝雜訊，振幅設為 5,000，發生機率為 10%。

   (b) 脈衝雜訊，振幅設為 5,000，發生機率為 30%。

CHAPTER 06

DSP 系統

本章的目的是介紹 DSP 系統。首先,我們介紹 DSP 系統的分類,並介紹 DSP 系統的基本運算。接著,討論取樣率轉換技術,並使用 Python 語言進行 DSP 技術的實作與應用。

學習單元

- 基本概念
- 基本運算
- 取樣率轉換
- 音訊檔 DSP

6-1　基本概念

訊號處理系統，除了可以根據輸入的訊號型態分成**類比訊號處理系統**與**數位訊號處理系統**之外，也可以進一步根據訊號處理的性質進行分類。

定義　DSP 系統

若輸入的數位訊號爲 $x[n]$，輸出的數位訊號爲 $y[n]$，則 DSP 系統可以數學方式表示成：

$$y[n] = T\{x[n]\}$$

其中，$T\{\bullet\}$ 稱爲系統的**轉換**(Transform)。

DSP 系統的方塊圖，如圖 6-1。因此，可以解釋成：輸入的數位訊號 $x[n]$，經過 DSP 系統的處理過程，產生輸出的數位訊號 $y[n]$。

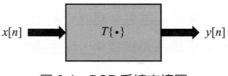

$$x[n] \quad\longrightarrow\quad T\{\bullet\} \quad\longrightarrow\quad y[n]$$

圖 6-1　DSP 系統方塊圖

6-1-1　靜態與動態系統

定義　靜態系統

靜態系統(Static System)是指系統的輸出訊號 $y[n]$ 是根據目前的輸入訊號 $x[n]$ 計算而得，也經常稱爲**無記憶系統**(Memoryless System)。

純量乘法(Scalar Multiplication)運算，可以定義爲：

$$y[n] = \alpha \cdot x[n]$$

其中，α 稱爲**縮放因子**(Scaling Factor)，用來調整音量大小。或是：

$$y[n] = \{x[n]\}^2$$

用來計算數位訊號的**功率**(Power)。由於這兩個 DSP 系統僅根據目前的輸入訊號 $x[n]$ 計算而得,因此均為**靜態系統**(Static System)。靜態系統不須配置記憶體(或暫存器)儲存輸入的數位訊號,因此也經常稱為**無記憶系統**(Memoryless System)。

> **定義**　**動態系統**
>
> **動態系統**(Dynamic System)是指系統輸出訊號 $y[n]$ 的計算包含過去、現在與未來的數位訊號,也經常稱為**記憶系統**(Memory System)。

　　過去、現在與未來的數位訊號,如圖 6-2。我們是將 $x[n]$ 視為是現在的樣本。相對來說, $x[n-1]$ 、 $x[n-2]$ 等是過去的樣本, $x[n+1]$ 、 $x[n+2]$ 等則是未來的樣本。

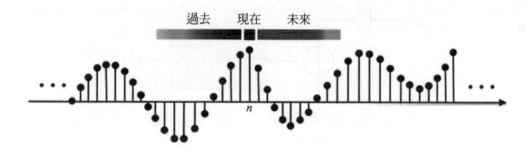

圖 6-2　過去、現在與未來的數位訊號

　　移動平均(Moving Average)的運算方式,可以定義為:

$$y[n] = \frac{1}{3}\left(x[n-1] + x[n] + x[n+1]\right)$$

或

$$y[n] = \frac{1}{3}\left(x[n-2] + x[n-1] + x[n]\right)$$

均為典型的**動態系統**(Dynamic System)。動態系統須配置記憶體(或暫存器)儲存輸入的數位訊號,因此也經常稱為**記憶系統**(Memory System)。

6-1-2   線性與非線性系統

定義 **線性系統**

線性系統(Linear System)是指 DSP 系統的運算方式，符合線性原則：

$$T\{\alpha \cdot x_1[n] + \beta \cdot x_2[n]\} = \alpha \cdot T\{x_1[n]\} + \beta \cdot T\{x_2[n]\}$$

其中，α、β 為任意常數。

若 DSP 系統的運算方式符合線性原則，稱為**線性系統**，如圖 6-3。換言之，數位訊號先進行**線性組合**(Linear Combination)，再經過 DSP 系統處理；其結果與分別對數位訊號進行 DSP 系統處理，再進行線性組合的結果相同。

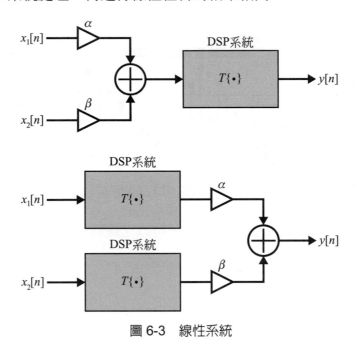

圖 6-3   線性系統

移動平均(Moving Average)的運算方式，可以定義為：

$$y[n] = \frac{1}{3}(x[n-1] + x[n] + x[n+1])$$

即是典型的**線性系統**。

定義　非線性系統

非線性系統(Nonlinear System)是指 DSP 系統的運算方式，不符合線性原則：

$$T\{\alpha \cdot x_1[n]+\beta \cdot x_2[n]\} \neq \alpha \cdot T\{x_1[n]\}+\beta \cdot T\{x_2[n]\}$$

計算功率(Power)的運算，可以定義為：

$$y[n]=\{x[n]\}^2$$

由於：

$$\{\alpha \cdot x_1[n]+\beta \cdot x_2[n]\}^2 \neq \alpha\{x_1[n]\}^2+\beta\{x_2[n]\}^2$$

因此是非線性系統。

6-1-3　時間不變性與時變性系統

定義　時間不變性系統

時間不變性系統(Time-Invariant System)是指 DSP 的運算方式，不會隨著時間而改變。因此，若以下公式成立：

$$y[n]=T\{x[n]\}$$

則對任意的時間延遲 n_0，下列公式也成立：

$$y[n-n_0]=T\{x[n-n_0]\}$$

純量乘法(Scalar Multiplication)運算，可以定義為：

$$y[n]=\alpha \cdot x[n]$$

其中，α 稱為縮放因子(Scaling Factor)。對任意的時間延遲 n_0，下列公式也成立：

$$y[n-n_0]=\alpha \cdot x[n-n_0]$$

因此是時間不變性系統。

定義　時變性系統

時變性系統(Time-Varying System)是指 DSP 的運算方式，會隨著時間改變。

　　通常，時變性的 DSP 系統，其運算方式會根據目前觀察到的數位訊號，隨時更新運算方式，因此具有適應性。

6-1-4　因果與非因果系統

定義　因果系統

因果系統(Causal System)是指系統的輸出訊號 $y[n]$，僅根據目前與過去的數位訊號運算而得。

　　若**移動平均**(Moving Average)是定義爲：

$$y[n] = \frac{1}{3}\big(x[n-2] + x[n-1] + x[n]\big)$$

其中，$y[n]$ 是根據目前與過去的數位訊號運算而得，因此稱爲**因果系統**(Causal System)。因果系統的設計，符合**即時性**(Real-Time)應用的要求。因此，DSP 系統的設計，通常會以因果系統爲主要的考量因素。

定義　非因果系統

非因果系統(Non-Causal System)是指系統的輸出訊號 $y[n]$，除了目前與過去的數位訊號之外，也會納入未來的數位訊號進行運算。

　　若**移動平均**(Moving Average)是定義爲：

$$y[n] = \frac{1}{3}\big(x[n-1] + x[n] + x[n+1]\big)$$

由於運算時牽涉未來的訊號，因此是屬於**非因果系統**。

6-1-5　穩定與不穩定系統

定義　**穩定系統**

穩定系統(Stable System)是指系統具有**限制輸入–限制輸出**(Bounded Input–Bounded Output, BIBE)的特性。當輸入訊號落在限定範圍內,則輸出訊號也會落在限定範圍內。

　　以數學式表示,若輸入訊號 $x[n]$ 滿足下列條件:

$$\left| x[n] \right| < B_x, \ -\infty < n < \infty$$

則輸出訊號 $y[n]$ 也滿足下列條件:

$$\left| y[n] \right| < B_y, \ -\infty < n < \infty$$

其中, B_x 與 B_y 均為有限值。例如:**純量乘法**(Scalar Multiplication)運算是定義為:

$$y[n] = \alpha \cdot x[n]$$

若 $\left| x[n] \right| < 1$,則 $\left| y[n] \right| < \alpha$,因此是**穩定系統**。

定義　**不穩定系統**

不穩定系統(Non-Stable System)是指系統不具 BIBE 特性,即使輸入訊號落在限定範圍內,輸出訊號仍可能超出限定的範圍。

　　累積器(Accumulator)可以定義為:

$$y[n] = \sum_{k=-\infty}^{n} x[k]$$

其中,若輸入的數位訊號 $x[n] = u[n]$,顯然落在限定範圍,但是,輸出訊號為:

$$y[n] = \sum_{k=-\infty}^{n} x[k] = \sum_{k=-\infty}^{n} u[n]$$

隨著 n 的無限增加，無法找到限定的範圍，因此是**不穩定系統**。

　　綜合上述，通常 DSP 系統可以根據這些分類方式描述，例如：**線性時間不變性系統**(Linear Time-Invariant System)，簡稱 **LTI 系統**，是最具代表性的 DSP 系統，也是 DSP 技術的討論重點。

6-2 基本運算

　　DSP 系統的基本運算，分別定義如下：

> **定義　純量乘法**
>
> 數位訊號的**純量乘法**可以定義為：
> $$y[n] = \alpha \cdot x[n]$$
> 其中，α 稱為**縮放因子**(Scaling Factor)。

　　以聲音訊號而言，α 主要是用調整音量的大小。

> **定義　加法／減法**
>
> 給定兩組數位訊號 x_1 與 x_2，則**加法**(或**減法**)運算可以定義為：
> $$y[n] = x_1[n] \pm x_2[n]$$

　　換言之，數位訊號的加法(或減法)運算，主要是採用點對點(樣本對樣本)的方式進行。

> **定義　乘法**
>
> 給定兩組數位訊號 x_1 與 x_2，則其**乘法**運算可以定義為：
> $$y[n] = x_1[n] \cdot x_2[n]$$

換言之，數位訊號的乘法運算，也是採用點對點(樣本對樣本)的方式進行。

定義　**時間延遲**

時間延遲(Time Delay)：數位訊號的**時間延遲**可以定義為：

$$y[n] = x[n - n_0]$$

其中，n_0 為任意整數。

當 $n_0 = 1$，即 $y[n] = x[n-1]$，又稱為**單位延遲**(Unit-Delay)。

範例 6-1

假設輸入的數位訊號為：

$$x = \{1, 2, 4, 3, 2, 1\}, n = 0, 1, ..., 5$$

試求時間延遲訊號 $y[n] = x[n-2]$。

答

輸入的數位訊號 $x[n]$，如圖 6-4。若 $y[n] = x[n-2]$，則產生的時間延遲訊號，如圖 6-5。

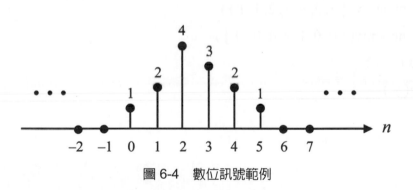

圖 6-4　數位訊號範例

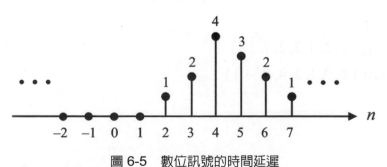

圖 6-5　數位訊號的時間延遲

上述 DSP 系統的基本運算，很容易使用 Python 程式設計實現。例如；數位訊號的純量乘法、加法、減法、乘法等。請特別注意，當進行兩個數位訊號的加法、減法或乘法時，對應的陣列大小必須一致。此外，由於 Numpy 的陣列並無直接對應時間延遲的運算函式，在此是採用**插入**(Insert)的方式進行。

Python 程式碼(純量乘法)如下：

scalar_multiplication.py

```
1    import numpy as np
2    x = np.array( [ 1, 2, 4, 3, 2, 1, 1 ] )
3    alpha = 2
4    y = alpha * x
5    print( y )
```

Python 程式碼(加減法)如下：

addition_subtraction.py

```
1    import numpy as np
2    x1 = np.array( [ 1, 2, 4, 3, 2, 1, 1 ] )
3    x2 = np.array( [ 0, 0, 1, 2, 4, 0, -1 ] )
4    y = x1 + x2
5    print( y )
```

Python 程式碼(乘法)如下：

multiplication.py

```
1    import numpy as np
2    x1 = np.array( [ 1, 2, 4, 3, 2, 1, 1 ] )
3    x2 = np.array( [ 0, 0, 1, 2, 4, 0, -1 ] )
4    y = x1 * x2
5    print( y )
```

Python 程式碼(時間延遲)如下:

time_delay.py

```
1    import numpy as np
2    x = np.array ( [ 1, 2, 4, 3, 2, 1, 1 ] )
3    n0 = 2
4    y = x
5    for i in range( n0 ):
6        y = np.insert( y, 0, 0 )              # 在 0 的位置插入 0
7    print( y )
```

6-3 取樣率轉換

取樣率轉換(Sampling Rate Conversion),目的是改變數位訊號的取樣率。在此,取樣率轉換技術並不是指經由原始的類比訊號,在改變取樣率的情況下重新取樣;而是指針對已完成取樣的數位訊號,透過**取樣率轉換**技術重新取樣,藉以產生另一個數位訊號。

6-3-1 下取樣

定義 下取樣

下取樣(Downsampling)是指降低數位訊號取樣率的處理技術。在 DSP 領域中,也經常稱為**抽取**(Decimation)技術。

下取樣可以用數學式表示成:

$$y[n] = x[2n]$$

系統方塊圖,如圖 6-6,稱為**以 2 下取樣**(Downsampling by 2),因此取樣率是降為原始取樣率的一半。

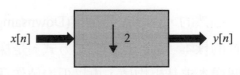

圖 6-6 下取樣(Downsampling)系統方塊圖

範例 6-2

假設輸入的數位訊號為：

$$x = \{1, 2, 4, 3, 2, 1, 2, 1\}, n = 0, 1, \dots, 7$$

試求以 2 下取樣的結果。

答

輸入的數位訊號共 8 個樣本，如圖 6-7。最簡單的下取樣方式，就是每兩個樣本抽取其中一個，結果如圖 6-8。

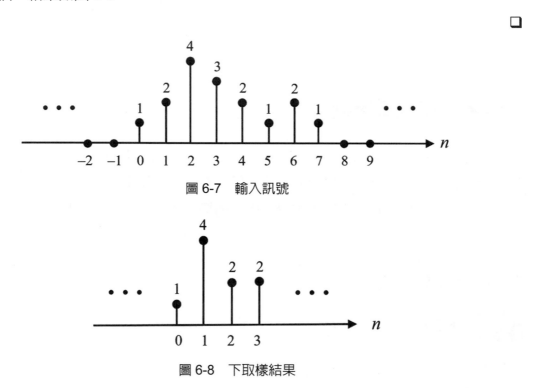

圖 6-7   輸入訊號

圖 6-8   下取樣結果

　　若是每 3 個樣本取一次，則取樣率是降為原始取樣率的 1/3；以此類推。因此，**下取樣**技術也經常稱為**抽取**(Decimation)技術。

　　顯然的，若**以 N 下取樣**(Downsampling by N)，而 N 較大時，比較無法抽取具有代表性的樣本。另一種折衷的方式，是採用**平均值**，例如：**以 N 下取樣**時，是先將連續 N 個樣本求其平均值，再以平均值作為下取樣的結果，結果通常會比較平滑。

範例 6-3

假設輸入的數位訊號為：

$$x = \{1, 2, 4, 3, 2, 1, 2, 1\}, n = 0, 1, \dots, 7$$

試採用平均值以 2 下取樣的結果。

答

採用平均值進行以 2 下取樣的結果，如圖 6-9。在此，我們是先將連續 2 個樣本求其平均值，再以平均值作為下取樣的結果。由圖上可以觀察到，取樣的結果與圖 6-8 相似，但較為平滑。

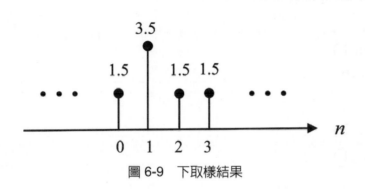

圖 6-9　下取樣結果

Python 程式碼如下：

downsampling.py

```
1   import numpy as np
2   import matplotlib.pyplot as plt
3
4   def downsampling( x, method = 1 ):
5       N = int( len( x )/2 )
6       y = np.zeros( N )
7
8       if method == 1:                              # Decimation
9           for n in range(N):
10              y[n] = x[2*n]
```

```
11      else:                                      # Average
12          for n in range(N):
13              y[n] = ( x[2*n] + x[2*n+1] ) / 2
14
15      return y
16
17  def main( ):
18      x = np.array( [ 1, 2, 4, 3, 2, 1, 2, 1 ] )
19      y1 = downsampling( x, 1 )
20      y2 = downsampling( x, 2 )
21
22      plt.figure( 1 )
23      plt.stem( x )
24
25      plt.figure( 2 )
26      plt.stem( y1 )
27
28      plt.figure( 3 )
29      plt.stem( y2 )
30
31      plt.show()
32
33  main()
```

本程式範例中，我們建立 Downsampling 函式，可以根據輸入訊號 $x[n]$ 進行下取樣，並回傳輸出訊號 $y[n]$。Downsampling 函式提供兩種下取樣方法，包含：**抽取法**(method = 1)與**平均值法**(method = 2)等。

6-3-2　上取樣

定義　上取樣

上取樣(Upsampling)是指增加數位訊號取樣率的處理技術，通常牽涉**內插法**(Interpolation)技術。

上取樣可以用數學式表示成：

$$y[n] = x[n/2]$$

系統方塊圖，如圖 6-10，稱為**以 2 上取樣**(Upsampling by 2)，因此取樣率變為原始取樣率的兩倍。

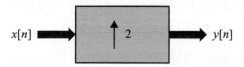

圖 6-10　上取樣(Upsampling)系統方塊圖

最簡單的**上取樣**(Upsampling)方式，稱為**零階保持**(Zero-Order Hold)內插法，是最簡單的內插法。顧名思義，上取樣過程是維持(複製)前一個樣本值。此外，**零階保持**內插法，同時也是**數位／類比轉換器**(D/A Converter)藉以重建類比訊號常用的方法。

範例 6-4

假設輸入的數位訊號為：

$$x = \{1, 2, 4, 3, 2, 1, 2, 1\}, n = 0, 1, \ldots, 7$$

試使用零階保持內插法求以 2 上取樣的結果。

答

輸入的數位訊號共 8 個樣本，如圖 6-11。最簡單的上取樣方式，稱為零階保持 (Zero-Order Hold)內插法，主要是維持(複製)前一個樣本值，如圖 6-12。

❏

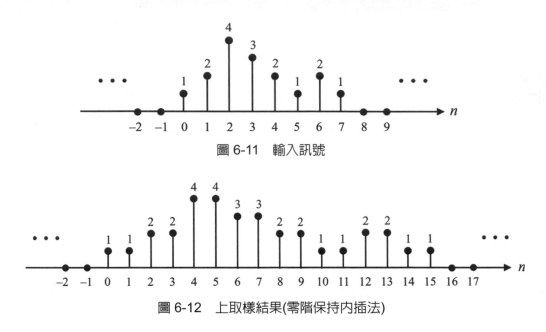

圖 6-11　輸入訊號

圖 6-12　上取樣結果(零階保持內插法)

　　若以 *N* **上取樣**(Upsampling by *N*)，而 *N* 較大時，使用**零階保持**內插法，其實結果不太理想。比較理想的方式牽涉較高階的**內插法**(Interpolation)，例如：**線性內插法**(Linear Interpolation)、**多項式內插法**(Polynomial Interpolation)、**仿樣內插法**(Spline Interpolation)等。

範例 6-5

假設輸入的數位訊號為：

$$x = \{1, 2, 4, 3, 2, 1, 2, 1\}, n = 0, 1, ..., 7$$

試使用線性內插法求以 2 上取樣的結果。

答

輸入的數位訊號共 8 個樣本，如圖 6-13。使用線性內插法進行以 2 上取樣的結果，如圖 6-14。線性內插的樣本值是根據前後樣本取平均值而得。通常，使用線性內插法所得的輸出訊號較為平滑，計算量也不大，因此適用於 DSP 技術的實作與應用。

❑

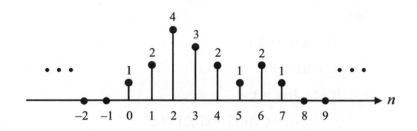

圖 6-13　輸入訊號

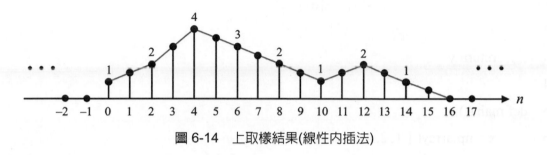

圖 6-14　上取樣結果(線性內插法)

Python 程式碼如下：

upsampling.py

```
1    import numpy as np
2    import matplotlib.pyplot as plt
3
4    def upsampling( x, method = 1 ):
5        N = len( x ) * 2
6        y = np.zeros( N )
7
8        if method == 1:                          # Zero-Order Hold
9            for n in range( N ):
10                y[n] = x[int( n / 2 )]
11        else:                                    # Linear Interpolation
12            for n in range( N ):
13                if int( n / 2 ) == n / 2:
14                    y[n] = x[int( n / 2 )]
```

```python
15              else:
16                      n1 = int( n / 2 )
17                      n2 = n1 + 1
18                      if n2 < len( x ):
19                          y[n] = ( x[n1] + x[n2] ) / 2
20                      else:
21                          y[n] = x[n1] / 2
22
23        return y
24
25    def main( ):
26        x = np.array( [ 1, 2, 4, 3, 2, 1, 2, 1 ] )
27        y1 = upsampling( x, 1 )
28        y2 = upsampling( x, 2 )
29
30        plt.figure( 1 )
31        plt.stem( x )
32
33        plt.figure( 2 )
34        plt.stem( y1 )
35
36        plt.figure( 3 )
37        plt.stem( y2 )
38
39        plt.show()
40
41    main( )
```

本程式範例中，我們建立 Upsampling 函式，可以根據輸入訊號 $x[n]$ 進行上取樣，並回傳輸出訊號 $y[n]$。Upsampling 函式提供兩種上取樣方法，包含**零階保持內插法**(method = 1)與**線性內插法**(method = 2)。

6-3-3　重新取樣

上述的**下取樣**(Downsampling)或**上取樣**(Upsampling)技術，都是以正整數 N 為基礎，例如：$N = 2$。若是取樣率轉換不是正整數，則牽涉較複雜的技術，通稱為**重新取樣**(Resampling)技術。

以下取樣而言，由於取樣率降低，因此可能無法滿足 Nyquist-Shannon 取樣定理，進而產生**混疊**(Aliasing)現象。解決方案是在下取樣前，先對原始訊號進行前處理，例如：**低通濾波**(Low-Pass Filtering)等，藉以降低原始數位訊號的最高頻率，再進行數位訊號的下取樣工作。

以上取樣而言，由於取樣率增加，重新取樣的樣本變多，因此牽涉**內插法**(Interpolation)。以上介紹的**零階保持**(Zero-Order Hold)與**線性內插法**(Linear Interpolation)，分別為 0 階與 1 階的內插法技術，即使在任意取樣率的情況下，也依然適用。

若想達到比較理想的取樣結果，則可能需要較高階的內插法，例如：多項式內插法等，但通常計算量比較龐大，形成**兩難**(Dilemma)的局面。

範例 6-6

假設輸入的數位訊號為：

$$x = \{1, 2, 4, 3, 2, 1, 2, 1\}, n = 0, 1, ..., 7$$

若重新取樣率為原始取樣率的 1.5 倍(非整數倍)，試求重新取樣的結果。

答

重新取樣的結果，如圖 6-15。重新取樣率為原始取樣率的 1.5 倍；因此，原始訊號共 8 個樣本，重新取樣後共 12 個樣本。雖然重新取樣的倍率為 1.5 倍(非整數倍)，但重新取樣的結果與原始訊號的波形相似。

□

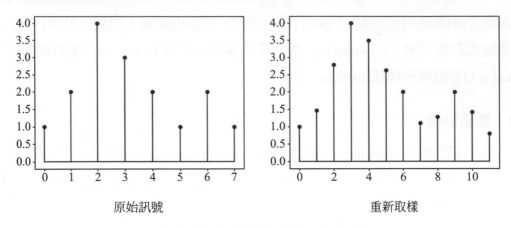

原始訊號　　　　　　　　　　　重新取樣

圖 6-15　重新取樣結果(非整數倍)

Python 程式碼如下：

resampling.py

```
1    import numpy as np
2    import scipy.signal as signal
3    import matplotlib.pyplot as plt
4
5    def resampling( x, sampling_rate ):
6        num = int( len(x) * sampling_rate )
7        y = signal.resample( x, num )
8        return y
9
10   def main( ):
11       x = np.array( [ 1, 2, 4, 3, 2, 1, 2, 1 ] )
12       y = resampling( x, 1.5 )
13
14       plt.figure( 1 )
15       plt.stem( x )
16
17       plt.figure( 2 )
```

```
18      plt.stem( y )
19
20      plt.show( )
21
22   main( )
```

SciPy 的 Signal 軟體套件，提供**重新取樣**的函式，稱為 resample，使用**傅立葉轉換**的方法。函式的定義為：

```
scipy.signal.resample(x, num, t = None, axis = 0, window = None)
```

在此，我們將前述的輸入訊號重新取樣為原始取樣率的 1.5 倍(非整數倍)，呼叫函式時僅用到前兩個參數 x 與 num。原始訊號共 8 個樣本，因此重新取樣後共 12 個樣本。

6-4　音訊檔 DSP

隨著網路多媒體時代的來臨，數位音訊檔案相當普遍，也很容易取得。本節介紹如何針對數位音訊檔案(wav 檔案)，並使用 Python 程式語言，進行 DSP 技術的實作與應用。

6-4-1　基本輸入/輸出

在此，我們假設輸入的數位訊號 $x[n]$，經過數位訊號處理之後，產生輸出訊號 $y[n]$。

Python 程式碼如下：

wav_DSP.py

```
1   import numpy as np
2   import wave
3   from scipy.io.wavfile import read, write
4   import struct
```

```
5
6    def main ( ):
7        infile    = input( "Input File: " )
8        outfile   = input( "Output File: " )
9
10       # ------------------------------------------------
11       #    輸入模組
12       # ------------------------------------------------
13       wav = wave.open( infile, 'rb' )
14       num_channels  = wav.getnchannels( )          # 通道數
15       sampwidth     = wav.getsampwidth( )          # 樣本寬度
16       fs            = wav.getframerate( )          # 取樣頻率(Hz)
17       num_frames    = wav.getnframes( )            # 音框數 = 樣本數
18       comptype      = wav.getcomptype( )           # 壓縮型態
19       compname      = wav.getcompname( )           # 無壓縮
20       wav.close( )
21
22       sampling_rate, x = read( infile )            # 輸入訊號
23
24       # ------------------------------------------------
25       #    DSP 模組
26       # ------------------------------------------------
27       y = x
28
29       # ------------------------------------------------
30       #    輸出模組
31       # ------------------------------------------------
32       wav_file = wave.open( outfile, 'w' )
33       wav_file.setparams((num_channels, sampwidth, fs, num_frames, comptype,
         compname))
```

```
34
35      for s in y:
36          wav_file.writeframes( struct.pack( 'h', int ( s ) ) )
37
38      wav_file.close( )
39
40  main( )
```

本程式範例的目的在實現 wav 檔案的 DSP 技術實作與應用，Python 程式設計是採用**模組(Modules)**的方式，可以分成三大模組說明：

(1) **輸入模組**：首先，由使用者輸入數位音訊檔案名稱，包含輸入檔案與輸出檔案。接著，使用 wave 軟體套件開啟並擷取 wav 檔的標頭資訊，包含：通道數、樣本寬度等。這些標頭資訊將於輸出音訊檔案時使用。此時，使用 SciPy 的 I/O 軟體套件讀取輸入的數位訊號，並以 x 的陣列儲存之。

(2) **DSP 模組**：本步驟為 DSP 技術的核心，主要是根據輸入的陣列 x，在套用 DSP 技術後，產生輸出的陣列 y。目前，我們先複製 x 陣列，並存放在 y 陣列，即：y = x。換言之，在套用不同的 DSP 技術時，原則上只須修改這個模組。

(3) **輸出模組**：本模組的目的是產生輸出的數位音訊檔案。在此，我們根據輸入音訊檔案的標頭資訊，設定輸出參數。接著，將每個輸出樣本依序寫入 wav 檔，以 16-bits 的數位音訊檔案為原則。

6-4-2　取樣率轉換

取樣率轉換(Sampling Rate Conversion)技術是基本的 DSP 技術。在此，我們使用 Python 程式設計進行 wav 檔案的取樣率轉換，並置換上述的 DSP 模組，根據輸入陣列 x 產生不同長度的陣列 y。但是，寫入 wav 檔時，則暫時不改變取樣率的參數設定，可以產生比較有趣的效果。

本程式範例提供上述的幾種選擇，包含：下取樣(抽取法)、下取樣(平均法)、上取樣(零階保持)、上取樣(線性內插)與重新取樣等。

Python 程式碼如下：

```
wav_resampling.py
```

```python
1   import numpy as np
2   import wave
3   from scipy.io.wavfile import read, write
4   import struct
5   import scipy.signal as signal
6
7   def downsampling ( x, method = 1 ):
8       N = int( len( x ) / 2 )
9       y = np.zeros( N )
10
11      if method == 1:                          # Decimation
12          for n in range( N ):
13              y[n] = x[2*n]
14      else:                                    # Average
15          for n in range( N ):
16              y[n] = ( x[2*n] + x[2*n+1] ) / 2
17
18      return y
19
20  def upsampling( x, method = 1 ):
21      N = len( x ) * 2
22      y = np.zeros( N )
23
24      if method == 1:                          # Zero-Order Hold
25          for n in range( N ):
26              y[n] = x[int( n / 2 )]
27      else:                                    # Linear Interpolation
28          for n in range( N ):
```

```
29          if int( n / 2 ) == n / 2:
30              y[n] = x[int( n / 2 )]
31          else:
32              n1 = int( n / 2 )
33              n2 = n1 + 1
34              if n2 < len( x ):
35                  y[n] = ( x[n1] + x[n2] ) / 2
36              else:
37                  y[n] = x[n1] / 2
38
39      return y
40
41  def resampling( x, sampling_rate ):
42      num = int( len(x) * sampling_rate )
43      y = signal.resample( x, num )
44      return y
45
46  def main( ):
47      infile   = input( "Input File: " )
48      outfile  = input( "Output File: " )
49
50      # ------------------------------------------------------
51      #   輸入模組
52      # ------------------------------------------------------
53      wav = wave.open( infile, 'rb' )
54      num_channels  = wav.getnchannels( )        # 通道數
55      sampwidth     = wav.getsampwidth( )        # 樣本寬度
56      fs            = wav.getframerate( )        # 取樣頻率(Hz)
57      num_frames    = wav.getnframes( )          # 音框數 = 樣本數
58      comptype      = wav.getcomptype( )         # 壓縮型態
```

```
59        compname      = wav.getcompname( )          # 無壓縮
60        wav.close( )
61
62        sampling_rate, x = read( infile )             # 輸入訊號
63
64        # ------------------------------------------------------
65        #   DSP 模組
66        # ------------------------------------------------------
67
68        print( "Sampling Rate Conversion" )
69        print( "(1) Downsampling by 2 (Decimation)" )
70        print( "(2) Downsampling by 2 (Average)" )
71        print( "(3) Upsampling by 2 (Zero-Order Hold)" )
72        print( "(4) Upsampling by 2 (Linear Interpolation)" )
73        print( "(5) Resampling" )
74
75        choice = eval( input( "Please enter your choice: " ) )
76
77        if choice == 1:
78             y = downsampling( x, 1 )
79        elif choice == 2:
80             y = downsampling( x, 2 )
81        elif choice == 3:
82             y = upsampling( x, 1 )
83        elif choice == 4:
84             y = upsampling( x, 2 )
85        elif choice == 5:
86             sampling_rate = eval( input( "Sampling Rate = " ) )
87             y = resampling( x, sampling_rate )
88        else:
```

```
89          print( "Your choice is not supported!" )
90          y = x
91
92      num_frames = len( y )
93
94      # ---------------------------------------------------
95      #   輸出模組
96      # ---------------------------------------------------
97      wav_file = wave.open( outfile, 'w' )
98      wav_file.setparams(( num_channels, sampwidth, fs, num_frames, comptype,
            compname ))
99
100     for s in y:
101         wav_file.writeframes( struct.pack( 'h', int ( s ) ) )
102
103         wav_file.close( )
104
105 main( )
```

執行本程式範例，即可產生經過取樣率轉換的數位音訊檔。

```
D:\DSP> Python wav_resampling.py
Input File: r2d2.wav
Output File: r2d2_1.wav
Sampling Rate Conversion
(1) Downsampling by 2 (Decimation)
(2) Downsampling by 2 (Average)
(3) Upsampling by 2 (Zero-Order Hold)
(4) Upsampling by 2 (Linear Interpolation)
(5) Resampling
Please select your choice: 1
```

請聆聽一下結果，是不是覺得很有趣呢？但是，「外行人看熱鬧，內行人看門道」。筆者建議，請您在看懂上述的 Python 程式碼後，套用到其他您喜歡的數位音訊檔，例如：語音、音樂、音效等，進行相關的 DSP 技術實作與應用。

6-4-3　振幅調變

振幅調變(Amplitude Modulation)技術，簡稱**調幅**或 **AM**，是具有代表性的調變技術，其中牽涉訊號的乘法運算，經常應用於無線電通訊系統。振幅調變可以定義為：

$$y(t) = x(t) \cdot \cos(2\pi f_c t)$$

其中，$x(t)$ 為輸入訊號，$y(t)$ 為輸出訊號，f_c 稱為**載波頻率**(Carrier Frequency)。

在此使用 Python 程式設計實現調幅技術，可以將音訊檔的聲音訊號經過調變到較高的頻率範圍，但仍然落在人類的聽力範圍內。

Python 程式碼如下：

wav_AM.py

```
1   import numpy as np
2   import wave
3   from scipy.io.wavfile import read, write
4   import struct
5
6   def AM( x, f, fs ):
7       t = np.zeros( len( x ) )
8       for i in range( len( x ) ):
9           t[i] = i / fs
10      carrier = np.cos( 2 * np.pi * f * t )
11      return x * carrier
12
13  def main( ):
14      infile  = input( "Input File: " )
15      outfile = input( "Output File: " )
```

```
16
17      # ----------------------------------------------
18      #    輸入模組
19      # ----------------------------------------------
20      wav = wave.open( infile, 'rb' )
21      num_channels   = wav.getnchannels( )        # 通道數
22      sampwidth      = wav.getsampwidth( )         # 樣本寬度
23      fs             = wav.getframerate( )         # 取樣頻率(Hz)
24      num_frames     = wav.getnframes( )           # 音框數 ＝ 樣本數
25      comptype       = wav.getcomptype( )          # 壓縮型態
26      compname       = wav.getcompname( )          # 無壓縮
27      wav.close( )
28
29      sampling_rate, x = read( infile )            # 輸入訊號
30
31      # ----------------------------------------------
32      #    DSP  模組
33      # ----------------------------------------------
34      fc = eval( input( "Enter carrier frequency (Hz): " ) )
35      y = AM( x, fc, fs )
36
37      # ----------------------------------------------
38      #    輸出模組
39      # ----------------------------------------------
40      wav_file = wave.open( outfile, 'w' )
41      wav_file.setparams(( num_channels, sampwidth, fs, num_frames, comptype,
        compname ) )
42
43      for s in y:
```

```
44              wav_file.writeframes( struct.pack( 'h', int ( s ) ) )
45
46      wav_file.close( )
47
48  main( )
```

本程式範例中，我們定義調幅的函式，稱為 AM 函式，可以根據聲音訊號進行調變。

執行本程式範例，即可產生經過調幅的數位音訊檔。

```
D:\DSP> Python wav_AM.py
Input File: r2d2.wav
Output File: r2d2_AM.wav
Enter carrier frequency (Hz): 1000
```

邀請您錄製一段語音訊號，再透過調幅技術，同時調整載波頻率，聆聽一下結果，是不是覺得很有趣呢？

習題

💡 選擇題

1~5 若 DSP 系統的定義爲 $y[n] = \dfrac{1}{2}(x[n-1]+x[n])$，試回答下列問題：

(　) 1. 該系統是屬於下列何者？

　　　 (A) 靜態系統　 (B) 動態系統　 (C) 不一定

(　) 2. 該系統是屬於下列何者？

　　　 (A) 線性系統　 (B) 非線性系統　 (C) 不一定

(　) 3. 該系統是屬於下列何者？

　　　 (A) 時間不變性系統　 (B) 時變系統　 (C) 不一定

(　) 4. 該系統是屬於下列何者？

　　　 (A) 因果系統　 (B) 非因果系統　 (C) 不一定

(　) 5. 該系統是屬於下列何者？

　　　 (A) 穩定系統　 (B) 非穩定系統　 (C) 不一定

(　) 6. 若 DSP 系統的定義爲 $y[n] = x[2n]$，則該系統爲何？

　　　 (A) 上取樣　 (B) 下取樣　 (C) 調幅　 (D) 調頻　 (E) 以上皆非

觀念複習

1. 請定義下列專有名詞：

    (a) DSP 系統(DSP System)。

    (b) 靜態與動態系統(Static & Dynamic Systems)。

    (c) 線性與非線性系統(Linear & Nonlinear Systems)。

    (d) 時間不變性與時變性系統(Time-Invariant & Time-Varying Systems)。

    (e) 因果與非因果系統(Causal & Non-Causal Systems)。

    (f) 穩定與不穩定系統(Stable & Non-Stable Systems)。

2. 給定下列 DSP 系統，請判斷系統是否為靜態／動態、線性／非線性、時間不變性／時變性、因果／非因果、穩定／不穩定：

    (a) $y[n] = 10x[n]$。

    (b) $y[n] = \{x[n]\}^2$。

    (c) $y[n] = \dfrac{1}{3}(x[n-2] + x[n-1] + x[n])$。

    (d) $y[n] = \dfrac{1}{3}(x[n-1] + x[n] + x[n+1])$。

3. 假設輸入的數位訊號為：

    $$x = \{1, 2, 4, 1\}, n = 0, 1, \dots, 3$$

    求時間延遲訊號 $y[n] = x[n-2]$。

4. 已知某 DSP 系統為 LTI 系統，輸入為：

    $$x[n] = \delta[n]$$

    系統的輸出結果為：

    $$y = \{1, 2, -1\}$$

若輸入改為：

$$x[n] = \delta[n-2]$$

求系統的輸出結果。

5. 假設輸入的數位訊號為：

$$x = \{1, 3, 5, 3, 4, 2, 1, 1\}, n = 0, 1, \dots, 7$$

(a) 求以 2 下取樣(抽取法)的結果。

(b) 求以 2 下取樣(平均法)的結果。

6. 假設輸入的數位訊號為：

$$x = \{1, 4, 3, 2, 1\}, n = 0, 1, \dots, 4$$

(a) 求以 2 上取樣(零階保持內插法)的結果

(b) 求以 2 上取樣(線性內插法)的結果

7. 數位訊號的**一階導函數**(First Derivatives)可以用下列兩種方式近似：

(a) **前差分**(Forward Difference)：

$$y[n] = x[n+1] - x[n]$$

(b) **後差分**(Backward Difference)：

$$y[n] = x[n] - x[n-1]$$

請判斷系統是否為線性／非線性、時間不變性／時變性、因果／非因果。

8. 數位訊號的**二階導函數**(Second Derivatives)可以用下列方式近似：

$$y[n] = x[n-1] - 2x[n] + x[n+1]$$

請判斷系統是否為線性／非線性、時間不變性／時變性、因果／非因果。

專案實作

1. 使用 Python 程式實作下取樣與上取樣技術：

   (a) 使用 Audacity 錄製一段您自己的語音訊號，時間長度為 3 秒、取樣頻率為 44,100Hz。

   (b) 求以 2 下取樣(抽取法)結果，並存成 wav 檔。

   (c) 求以 2 下取樣(平均法)結果，並存成 wav 檔。

   (d) 求以 2 上取樣(零階保持法)結果，並存成 wav 檔。

   (e) 求以 2 上取樣(線性內插法)結果，並存成 wav 檔。

   (f) 求重新取樣的結果，取樣率為原來的 1.5 倍，並存成 wav 檔。

   (g) 請聆聽以上的 wav 檔，並概略說明其間的差異。

2. 使用 Python 程式實作振幅調變技術：

   (a) 使用 Audacity 錄製一段您自己的語音訊號，時間長度為 3 秒、取樣頻率為 44,100Hz。

   (b) 套用振幅調變技術，假設載波頻率分別為 1,000Hz、1,500Hz 與 2,000Hz，並存成 wav 檔案。

   (c) 請聆聽以上的 wav 檔，並概略說明其間的差異。

CHAPTER 07

卷積

本章的目的是介紹**卷積**(Convolution)，是 DSP 技術中具有代表性的核心技術，符合線性時間不變性的運算原則，因此構成典型的 LTI 系統。卷積運算最基本的應用是訊號的**濾波**(Filtering)，在 DSP 領域的應用非常廣泛。我們將討論兩種常見的濾波器，分別稱為：**平均濾波器**(Average Filters)與**高斯濾波器**(Gausslan FIlters)。

學習單元

- 卷積
- 卷積與濾波
- 音訊檔濾波

7-1　卷積

在數學領域中，**卷積**(Convolution)可以解釋成：「針對兩個時間函數 $x(t)$ 與 $h(t)$ 進行數學運算，藉以產生另一個時間函數 $y(t)$ 的過程」。**卷積**在某些文獻中，也經常翻譯成**摺積**或**旋積**[1]。

7-1-1　卷積

以下定義連續時間域的**卷積**(Convolution)運算。

定義　**卷積**

給定兩個函數 $x(t)$ 與 $h(t)$，則**卷積**(Convolution)可以定義為：

$$y(t) = \int_{-\infty}^{\infty} x(\tau) \cdot h(t-\tau)\, d\tau = \int_{-\infty}^{\infty} h(\tau) \cdot x(t-\tau)\, d\tau$$

或

$$y(t) = x(t) * h(t)$$

其中，星號 $*$ 為卷積運算符號。

根據卷積的定義：

$$\int_{-\infty}^{\infty} x(\tau) \cdot h(t-\tau) d\tau = \int_{-\infty}^{\infty} x(t-\tau) \cdot h(\tau) d\tau$$

因此，卷積運算符合**交換率**，即：

$$x(t) * h(t) = h(t) * x(t)$$

類比訊號可以用時間函數定義之，因此，卷積運算是類比訊號處理系統中重要的數學工具，系統方塊圖如圖 7-1，其中 $x(t)$ 為輸入的類比訊號，$h(t)$ 稱為**系統響應**(System Response)，$y(t)$ 則是輸出的類比訊號。卷積運算符合線性與時間不變性的原則，因此構成典型的 LTI 系統。

---

[1] **卷積**(Convolution)可以說是訊號處理最基本的技術。以目前當紅的**人工智慧**(Artificial Intelligence, AI)技術而言，**卷積神經網路**(Convolutional Neural Networks, CNN)結合卷積運算與深度神經網路架構，已成為影像物件辨識的重要核心技術。

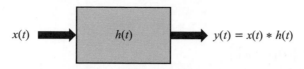

圖 7-1　類比訊號處理系統

　　由於 DSP 技術是以數位訊號為主，在此定義離散時間域的卷積運算，將上述定義中的時間 t 換成 n，積分則換成總和。

定義　卷積

給定數位訊號 $x[n]$ 與 $h[n]$，則**卷積**(Convolution)可以定義為：

$$y[n] = \sum_{k=-\infty}^{\infty} x[k] \cdot h[n-k] = \sum_{k=-\infty}^{\infty} h[k] \cdot x[n-k]$$

或

$$y[n] = x[n] * h[n]$$

其中，星號 $*$ 為卷積運算符號。

　　離散的卷積運算也符合交換率，即：

$$x[n] * h[n] = h[n] * x[n]$$

其中，星號*為卷積運算。

　　根據第三章的內容，任意的數位訊號均可以使用**單位脈衝**(Unit Impulse)表示成：

$$x[n] = \sum_{k=-\infty}^{\infty} x[k] \cdot \delta[n-k]$$

代入 DSP 系統可得：

$$y[n] = T\left\{ \sum_{k=-\infty}^{\infty} x[k] \cdot \delta[n-k] \right\} = \sum_{k=-\infty}^{\infty} x[k] \cdot T\left\{ \delta[n-k] \right\}$$

與卷積公式相比較：

$$y[n] = \sum_{k=-\infty}^{\infty} x[k] \cdot h[n-k]$$

可得下列公式：

$$h[n-k] = T\{\delta[n-k]\}$$

假設 DSP 系統具有時間不變性，則：

$$h[n] = T\{\delta[n]\}$$

如圖 7-2。

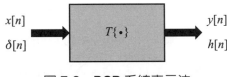

圖 7-2　DSP 系統表示法

換言之，若 DSP 系統的輸入訊號為**單位脈衝**(Unit Impulse) $\delta[n]$，則輸出訊號為 $h[n]$，因此，$h[n]$ 經常稱為**脈衝響應**(Impulse Response)，是 DSP 領域常見的專業術語。

根據以上的推導過程，DSP 系統也可以表示如圖 7-3，其中使用脈衝響應 $h[n]$ 進行卷積運算。

圖 7-3　DSP 系統表示法

若輸入的數位訊號為：

$$\{x(n)\}, n = 1, 2, ..., N$$

長度為 N。脈衝響應為：

$$\{h(n)\}, n = 1, 2, ..., M$$

長度為 M，則卷積運算的結果，長度為 $M + N - 1$。

7-1-2　卷積範例

範例　7-1

若數位訊號為：

$$x = \{1, 2, 4, 3, 2, 1, 1\}, n = 0, 1, ..., 6$$

脈衝響應為：

$$h = \{1, 2, 3, 1, 1\}, n = 0, 1, 2, 3, 4$$

求**卷積**(Convolution)運算結果。

答

數位訊號為：$x = \{1, 2, 4, 3, 2, 1, 1\}, n = 0, 1, ..., 6$，其中，$x[0] = 1$、$x[1] = 2$、$x[2] = 4$ 等，如圖 7-4。

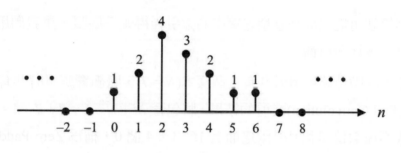

圖 7-4　數位訊號

脈衝響應為：$h = \{1, 2, 3, 1, 1\}, n = 0, 1, 2, 3, 4$，其中，$h[0] = 1$、$h[1] = 2$、$h[2] = 3$ 等，如圖 7-5。

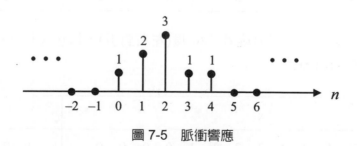

圖 7-5　脈衝響應

根據**卷積**(Convolution)運算公式：

$$y[n] = \sum_{k=-\infty}^{\infty} x[k] \cdot h[n-k]$$

可得：

$$y[0] = \sum_{k=-\infty}^{\infty} x[k] \cdot h[-k] = x[0] \cdot h[0] = 1$$

$$y[1] = \sum_{k=-\infty}^{\infty} x[k] \cdot h[1-k] = x[0] \cdot h[1] + x[1] \cdot h[0] = 1 \cdot 2 + 2 \cdot 1 = 4$$

$$y[2] = \sum_{k=-\infty}^{\infty} x[k] \cdot h[2-k] = x[0] \cdot h[2] + x[1] \cdot h[2] + x[2] \cdot h[0] = 1 \cdot 3 + 2 \cdot 2 + 4 \cdot 1 = 11$$

…

以此類推。相信您可能已經被卷積運算中的索引弄得頭昏腦脹，讓我們用以下的圖表解釋卷積運算，會比較直觀。

首先，輸入的數位訊號 $x[n]$ 共有 7 個樣本($N = 7$)，脈衝響應 $h[n]$ 共有 5 個樣本($M = 5$)，**全卷積**(Full Convolution) $y[n]$ 的結果，將包含 $M + N - 1 = 5 + 7 - 1 = 11$ 個樣本。

因此，我們在數位訊號 $x[n]$ 兩邊補上 $M - 1 = 4$ 個 0，稱為 Zero-Padding。數位訊號 x 與脈衝響應 h，分別列表如下：

x															h				
0	0	0	0	1	2	4	3	2	1	1	0	0	0	0	1	2	3	1	1

接著，我們將脈衝響應 $h[n]$ 旋轉 180 度(左右對調)，這也是為何稱為「卷」積的原因，並將 $x[0]$ 與 $h[0]$ 對齊。

x															h				
0	0	0	0	1	2	4	3	2	1	1	0	0	0	0	1	2	3	1	1

1　1　3　2　1

對齊之後，我們開始進行卷「積」運算。換言之，我們把對齊的樣本進行兩兩相乘，相加後即可得結果 $y[0]$。

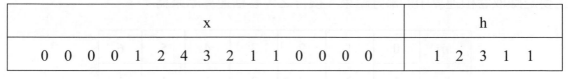

	x		h
0 0 0 0 1 2 4 3 2 1 1 0 0 0 0			1 2 3 1 1

1 1 3 2 1

$$y[0] = 0\cdot(1) + 0\cdot(1) + 0\cdot(3) + 0\cdot(2) + 1\cdot(1) = 1$$

接著，我們移動脈衝響應的位置(向右前進)。

	x		h
0 0 0 0 1 2 4 3 2 1 1 0 0 0 0			1 2 3 1 1

1 1 3 2 1

同理，我們把對齊的樣本進行兩兩相乘，相加後即可得結果 $y[1]$。

	x		h
0 0 0 0 1 2 4 3 2 1 1 0 0 0 0			1 2 3 1 1

1 1 3 2 1

$$y[1] = 0\cdot(1) + 0\cdot(1) + 0\cdot(3) + 1\cdot(2) + 2\cdot(1) = 4$$

以此類推。卷積運算結果如下：

n	0	1	2	3	4	5	6	7	8	9	10
$y[n]$	1	4	11	18	23	20	16	10	6	2	1

　　卷積運算可以使用 NumPy 提供的 convolve 函式計算全卷積。在 DSP 實作與應用時，通常是使用 'same' 的參數設定，使得輸入與輸出的數位訊號，總樣本數維持不變，主要是擷取卷積運算中的部分結果。換言之，卷積運算結果為：

n	0	1	2	3	4	5	6
$x[n]$	1	2	4	3	2	1	1
$y[n]$	11	18	23	20	16	10	6

❏

　　以上卷積運算的結果可以使用 Python 程式驗證之。您可能會覺得，我們針對卷積運算討論許多細節，結果 Python 程式設計只須幾行程式就搞定。筆者認為，卷積運算是 DSP 領域相當重要的核心技術，因此，建議您還是要了解卷積運算的進行方式。

　　Python 程式碼如下：

convolution.py

```
1   import numpy as np
2
3   x = np.array( [ 1, 2, 4, 3, 2, 1, 1 ] )
4   h = np.array( [ 1, 2, 3, 1, 1 ] )
5   y = np.convolve( x, h, 'full' )
6   y1 = np.convolve( x, h, 'same' )
7
8   print( "x =", x )
9   print( "h =", h )
10  print( "Full Convolution y =", y )
11  print( "Convolution y =", y1 )
```

7-1-3 卷積運算性質

以卷積運算為基礎的 DSP 系統，符合線性時間不變性，因此是典型的 LTI 系統。LTI 系統可以透過互相連接，進而組合成另一個 LTI 系統。LTI 系統的連接方式，分成**串聯**(Cascade Connection)或**並聯**(Parallel Connection)兩種。

串聯或**串接**(Cascade Connection)：若某 LTI 系統的輸出端是連接到另一個 LTI 系統的輸入端，則稱為**串聯**或**串接**，如圖 7-6。

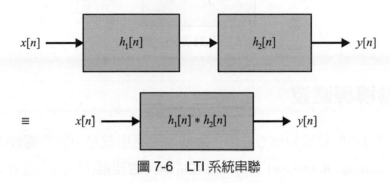

圖 7-6　LTI 系統串聯

若以數學式表示，則系統的**串聯**可以表示成：

$$y[n] = h_2[n] * (h_1[n] * x[n]) = (h_2[n] * h_1[n]) * x[n] = (h_1[n] * h_2[n]) * x[n]$$

換言之，卷積運算滿足結合率與交換率。兩個 LTI 系統經過串聯，則前後順序並不影響整個系統的脈衝響應。此外，可以證明兩個穩定的系統，經過串聯後，結果仍是穩定的系統。

並聯(Parallel Connection)：若輸入訊號連接到兩個 LTI 系統的輸入端，輸出端使用加法運算，則稱為**並聯**，如圖 7-7。

若以數學式表示，則系統的**並聯**可以表示成：

$$y[n] = h_1[n] * x[n] + h_2[n] * x[n] = (h_1[n] + h_2[n]) * x[n]$$

換言之，卷積運算滿足分配率。此外，也可以證明兩個穩定系統，經過並聯後，結果仍是穩定的系統。

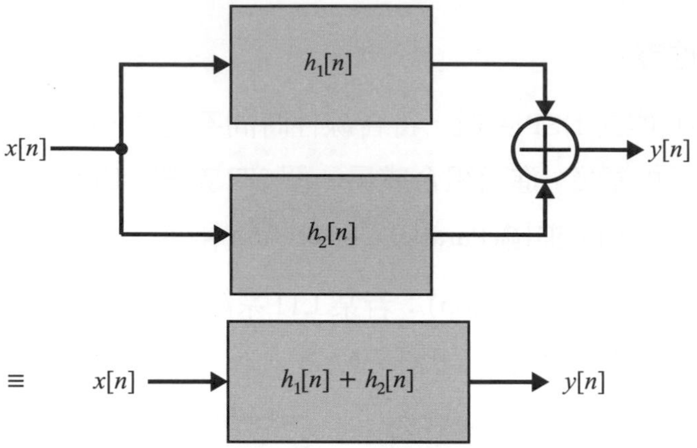

圖 7-7　LTI 系統並聯

7-2　卷積與濾波

卷積運算是 DSP 領域的核心技術，最基本的應用就是訊號的**濾波**(Filtering)。因此，**脈衝響應**(Impulse Response) $h[n]$，也經常稱為**濾波器**(Filter)。透過選取或設計不同的脈衝響應，可以達到不同的訊號濾波效果。本節介紹兩個常見的濾波器，分別為：**平均濾波器**(Average Filters)與**高斯濾波器**(Gaussian Filters)。

7-2-1　平均濾波器

> **定義**　平均濾波器
>
> **平均濾波器**(Average Filters)可以定義為：
>
> $$h[n] = \frac{1}{M}\{1, 1, ..., 1\}, n = 0, 1, ..., M-1$$
>
> 其中，M 為**濾波器大小**(Filter Size)。

平均濾波器是最簡單的濾波器，脈衝響應 $h[n]$ 為平均值，例如：

$$h[n] = \frac{1}{3}\{1, 1, 1\}, n = 0, 1, 2$$

濾波器的大小為 3，形成所謂的**移動平均**(Moving Average)運算。

範例 7-2

若輸入的數位訊號為：

$$x = \{1, 2, 4, 3, 2, 1, 1\}, n = 0, 1, \dots, 6$$

若使用平均濾波器，濾波器大小為 3，求輸出的數位訊號。

答

根據卷積運算，輸出的數位訊號為：

$$y = \{1, \frac{7}{3}, 3, 3, 2, \frac{4}{3}, \frac{2}{3}\}, n = 0, 1, \dots, 6$$

□

您可以將上述 Python 程式中的脈衝響應改為：

```
h = np.array( [ 1, 1, 1 ] ) / 3
```

進行卷積運算時，則是使用 'same' 的參數設定，即可驗證輸出訊號的結果。

平均濾波器最典型的應用為**去雜訊**(Noise Removal)，如圖 7-8。原始訊號的振幅 A = 10，頻率 f = 5；雜訊為**均勻分佈雜訊**(Uniform Noise)，振幅為 5。在此，採用平均濾波器：

$$h[n] = \frac{1}{7}\{1, 1, 1, 1, 1, 1, 1\}, 0 \leq n \leq 6$$

其中，濾波器的大小為 7。

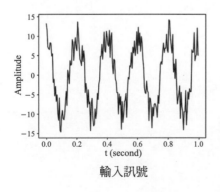
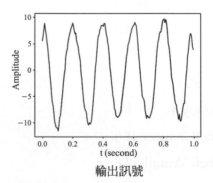

輸入訊號　　　　　　　　　輸出訊號

圖 7-8 平均濾波結果圖

　　由圖上可以發現，輸入訊號含有雜訊，使用平均濾波器後可以有效去除雜訊，這樣的過程也經常稱爲**平滑化**(Smoothing)。通常，我們設計平滑化的濾波器，脈衝響應的係數總和爲 1，即：

$$\sum_n h[n] = 1$$

目的是使得輸出訊號的數值範圍接近輸入訊號的數值範圍。

　　Python 程式碼如下：

average_filtering.py

```python
1    import numpy as np
2    import numpy.random as random
3    import matplotlib.pyplot as plt
4
5    t = np.linspace( 0, 1, 200, endpoint = False )
6    x = 10 * np.cos( 2 * np.pi * 5 * t )+ random.uniform( -5, 5, 200 )
7    h = np.ones(7)/ 7
8    y = np.convolve( x, h, 'same' )
9
10   plt.figure(1)
11   plt.plot( t, x )
12   plt.xlabel( 't(second)' )
13   plt.ylabel( 'Amplitude' )
14
15   plt.figure(2)
16   plt.plot( t, y )
17   plt.xlabel( 't(second)' )
18   plt.ylabel( 'Amplitude' )
19
20   plt.show( )
```

7-2-2　高斯濾波器

定義　高斯濾波器

高斯濾波器(Gaussian Filters)可以定義為：

$$g[n] = e^{-n^2/2\sigma^2}$$

其中，n 為濾波器的索引，σ 為**標準差**(Standard Deviation)。

　　高斯濾波器是取自高斯函數，平均值 $\mu = 0$。由於高斯函數的數值通常是介於 -3σ ～ 3σ 之間，因此我們設定高斯濾波器的大小為 $6\sigma+1$。例如：若高斯濾波器的標準差為 $\sigma = 1.0$，則選取高斯濾波器的數值，介於 -3～3 之間，濾波器的大小為 7。

　　在此，設計高斯濾波器時，也是希望脈衝響應的係數總和為 1，即：

$$\sum_n g[n] = 1$$

目的是使得輸出訊號的數值範圍接近輸入訊號的數值範圍。因此，通常在取高斯函數作為濾波器的係數後，再進一步正規化。

　　高斯濾波器最典型的應用也是**去雜訊**(Noise Removal)，如圖 7-9。原始訊號的振幅 $A = 10$，頻率 $f = 5$；雜訊為**均勻分佈雜訊**(Uniform Noise)，振幅為 5。在此採用高斯濾波器，標準差 $\sigma = 3$，濾波器大小為 19，如圖 7-10。由圖上可以觀察到，輸入訊號含有雜訊，使用高斯濾波器也可以有效去除雜訊。

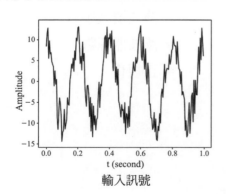　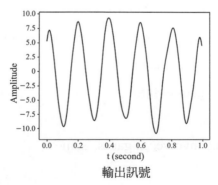

輸入訊號　　　　　　　　　　　　　　　輸出訊號

圖 7-9　高斯濾波結果圖

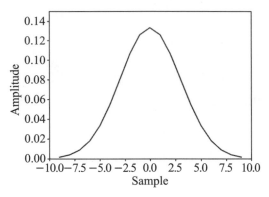

圖 7-10　高斯濾波器($\sigma = 3$)

Python 程式碼如下：

gaussian_filtering.py

```
1    import numpy as np
2    import numpy.random as random
3    import scipy.signal as signal
4    import matplotlib.pyplot as plt
5
6    t = np.linspace( 0, 1, 200, endpoint = False )
7    x = 10 * np.cos( 2 * np.pi * 5 * t )+ random.uniform( -5, 5, 200 )
8
9    sigma = 3                              # 標準差
10   filter_size = 6 * sigma + 1            # 濾波器大小
11   gauss = signal.gaussian( filter_size, sigma )    # 濾波器係數
12   sum = np.sum( gauss )                  # 正規化
13   gauss = gauss / sum
14
15   y = np.convolve( x, gauss, 'same' )
16
17   plt.figure(1)
18   plt.plot( t, x )
```

```
19   plt.xlabel( 't(second)' )
20   plt.ylabel( 'Amplitude' )
21
22   plt.figure(2)
23   plt.plot( t, y )
24   plt.xlabel( 't(second)' )
25   plt.ylabel( 'Amplitude' )
26
27   plt.show( )
```

7-3　音訊檔濾波

本節討論數位音訊檔的濾波，我們以 wav 檔為主，並使用兩種常見的卷積運算，分別為：**平均濾波器**(Average Filtering)與**高斯濾波器**(Gaussian Filtering)。

Python 程式碼如下：

wav_filtering.py

```
1    import numpy as np
2    import wave
3    from scipy.io.wavfile import read, write
4    import struct
5    import scipy.signal as signal
6
7    def average_filtering( x, filter_size ):
8        h = np.ones( filter_size )/ filter_size
9        y = np.convolve( x, h, 'same' )
10       return y
11
12   def gaussian_filtering( x, sigma ):
13       filter_size = 6 * sigma + 1
```

```
14        gauss = signal.gaussian( filter_size, sigma )
15        sum = np.sum( gauss )
16        gauss = gauss / sum
17        y = np.convolve( x, gauss, 'same' )
18        return y
19
20    def normalization( x, maximum ):
21        x_abs = abs( x )
22        max_value = max( x_abs )
23        y = x / max_value * maximum
24        return y
25
26    def main( ):
27        infile   = input( "Input File: " )
28        outfile = input( "Output File: " )
29
30        # ------------------------------------------------------
31        #   輸入模組
32        # ------------------------------------------------------
33        wav = wave.open( infile, 'rb' )
34        num_channels    = wav.getnchannels( )      # 通道數
35        sampwidth       = wav.getsampwidth( )      # 樣本寬度
36        fs              = wav.getframerate( )      # 取樣頻率(Hz)
37        num_frames      = wav.getnframes( )        # 音框數 = 樣本數
38        comptype        = wav.getcomptype( )       # 壓縮型態
39        compname        = wav.getcompname( )       # 無壓縮
40        wav.close( )
41
42        sampling_rate, x = read( infile )          # 輸入訊號
```

```
43
44          # --------------------------------------------------------
45          #    DSP  模組
46          # --------------------------------------------------------
47          print( "Filtering" )
48          print( "(1)Average Filtering" )
49          print( "(2)Gaussian Filtering" )
50
51          choice = eval( input( "Please enter your choice: " ))
52
53          if choice == 1:
54              filter_size = eval( input( "Filter Size = " ))
55              y = average_filtering( x, filter_size )
56          elif choice == 2:
57              sigma = eval( input( "Sigma = " ))
58              y = gaussian_filtering( x, sigma )
59          else:
60              print( "Your choice is not supported!" )
61              y = x
62
63          y = normalization( x, 30000 )
64
65          # --------------------------------------------------------
66          #    輸出模組
67          # --------------------------------------------------------
68          wav_file = wave.open( outfile, 'w' )
69          wav_file.setparams(( num_channels, sampwidth, fs, num_frames, comptype,
            compname ))
70
```

```
71        for s in y:
72            wav_file.writeframes( struct.pack( 'h', int( s )))
73
74        wav_file.close( )
75
76    main( )
```

本程式範例分成三大模組。在此,我們設計兩個濾波器,可以根據輸入訊號產生濾波後的輸出訊號。一般來說,平均濾波或高斯濾波的結果較為平滑,因此輸出的振幅會變小,使得輸出音量變小。因此,我們加入**正規化**(Normalization)的後處理,藉以調整音訊檔的輸出範圍,使其介於 –30,000～30,000 之間。

執行本程式範例,即可產生經過濾波的數位音訊檔,濾波器的大小以奇數為原則,例如:

```
D:\DSP>Python wav_filtering.py
Input File: r2d2.wav
Output File: r2d2_1.wav
Filtering
(1)Average Filtering
(2)Gaussian Filtering
Please select your choice: 1
Filter Size = 31
```

邀請您聆聽數位音訊檔在濾波後的效果。通常數位訊號在經過平滑濾波後,會濾除高頻範圍的聲音。

習題

選擇題

(　) 1.　**卷積**(Convolution)運算符合下列何種運算原則？
　　　 (A) 線性時間不變性　 (B) 線性時變性　 (C) 非線性時間不變性
　　　 (D) 非線性時變性

(　) 2.　典型的 DSP 系統可以表示成：
　　　 $y[n] = x[n] * h[n]$ 其中 $h[n]$ 經常稱為何？
　　　 (A) 脈衝響應　 (B) 步階響應　 (C) 振幅響應　 (D) 頻率響應
　　　 (E) 以上皆非

(　) 3.　若數位訊號與脈衝響應的樣本數皆為 5，則**全卷積**(Full Convolution)的總樣本數為何？
　　　 (A) 5　 (B) 9　 (C) 10　 (D) 14　 (E) 以上皆非

(　) 4.　承上題，**卷積**(Convolution)的總樣本數為何？
　　　 (A) 5　 (B) 9　 (C) 10　 (D) 14　 (E) 以上皆非

(　) 5.　平均濾波器的主要應用為何？
　　　 (A) 調整振幅　 (B) 調整頻率　 (C) 去除雜訊　 (D) 訊號調變
　　　 (E) 以上皆非

(　) 6.　高斯濾波器的主要應用為何？
　　　 (A) 調整振幅　 (B) 調整頻率　 (C) 去除雜訊　 (D) 訊號調變
　　　 (E) 以上皆非

觀念複習

1. 請定義下列專有名詞：

   (a) **連續時間域的卷積**(Convolution in Continuous-Time Domain)。

   (b) **離散時間域的卷積**(Convolution in Discrete-Time Domain)。

2. 已知某 DSP 系統為 LTI 系統，輸入為：

   $$x[n] = \delta[n]$$

   系統的輸出為：

   $$y = \{\,1, 2, 3, 2, 1\,\}$$

   求系統的脈衝響應。

3. 若數位訊號為：

   $$x = \{\,1, 4, 2, 1, 3\,\}, n = 0, 1, \dots, 4$$

   脈衝響應為：

   $$h = \{\,1, 2, 1\,\}, n = 0, 1, 2$$

   (a) 求**全卷積**(Full Convolution)運算結果。

   (b) 求**卷積**(Convolution)運算結果。

4. 若數位訊號為：

   $$x = \{\,1, 1, 4, 4, 2\,\}, n = 0, 1, \dots, 4$$

   脈衝響應為：

   $$h = \{\,1, 0, -1\,\}, n = 0, 1, 2$$

(a)　求**全卷積**(Full Convolution)運算結果。

(b)　求**卷積**(Convolution)運算結果。

5.　若已知某 LTI 系統的脈衝響應爲：

$$h = \{1, 2, -1\}$$

輸出訊號(全卷積)爲：

$$y = \{1, 4, 4, 3, 5, -3\}$$

求系統的輸入訊號。

註　根據系統的脈衝響應與輸出訊號，反過來求輸入訊號的過程，經常稱爲**反卷積** (Deconvolution)運算，在 DSP 領域的應用相當多。

6.　若已知某 DSP 系統爲 LTI 系統，採用卷積運算，其脈衝響應爲：

$$h = \frac{1}{4}\{1, 2, 1\}$$

稱爲**權重平均**(Weighted Average)濾波器，請問該系統是否爲因果系統？是否爲穩定系統？

7.　已知兩個 DSP 系統的脈衝響應爲：

$$h_1 = h_2 = \frac{1}{4}\{1, 2, 1\}$$

若將兩個系統串聯如下：

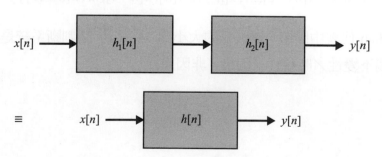

求串聯後系統的頻率響應 $h[n]$。

8. 已知兩個 DSP 系統的脈衝響應為：

$$h_1 = h_2 = \frac{1}{4}\{1, 2, 1\}$$

若將兩個系統並聯如下：

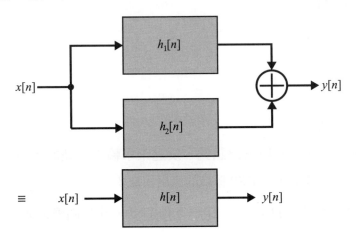

求並聯後系統的頻率響應 $h[n]$。

9. 若輸入的數位訊號為：

$$x = \{1, 5, 3, 4, 2\}, n = 0, 1, \ldots, 4$$

若使用平均濾波器，濾波器大小為 3，求輸出的數位訊號。

10. **中值濾波器**(Median Filter)經常被用來對訊號進行濾波，可以有效去除脈衝雜訊 (Impulse Noise)，可以定義為：

$$y[n] = \text{median}\{x[n-K], \ldots, x[n-1], x[n], x[n+1], \ldots, x[n+K]\}$$

其中，median 代表中間值，濾波器的大小為 $2K + 1$。請判斷系統是否為線性／非線性、時間不變性／時變性、因果／非因果。

⚙️ 專案實作

1. 使用 Python 程式實作，產生含有雜訊的弦波訊號。假設原始訊號的振幅 $A = 10$，頻率 $f = 10$；雜訊為**均勻分佈雜訊**(Uniform Noise)，振幅為 5。

   (a) 使用平均濾波器，濾波器大小為 13，並顯示結果。

   (b) 高斯濾波器，濾波器大小為 13($\sigma = 2$)，並顯示結果。

   (c) 比較以上結果，概略說明其間的差異。

2. 使用 Python 程式實作濾波技術：

   (a) 使用 Audacity 錄製一段您自己的語音訊號，時間長度為 3 秒、取樣率為 44,100 Hz。

   (b) 使用平均濾波器，濾波器的大小為 19，請產生輸出訊號，並存成 wav 檔。

   (c) 使用高斯濾波器，濾波器的大小為 19($\sigma = 3$)，請產生輸出訊號，並存成 wav 檔。

   (d) 請聆聽 wav 檔，概略說明濾波前後的差異。

CHAPTER 08

相關

本章的目的是介紹**相關**(Correlation)，包含：**交互相關**(Cross-Correlation)與**自相關**(Autocorrelation)等。最後，則介紹**自相關**(Autocorrelation)的應用。

學習單元

- 交互相關
- 自相關
- 自相關應用

8-1　交互相關

在機率與統計學中，**相關**(Correlation)是指兩個隨機變量之間，是否具有關聯性。以數學領域而言，**相關係數**(Correlation Coefficients)，例如：Pearson 相關係數等，是常用的數學工具，可以用來測量兩個隨機變數集合之間的相關性。通常相關係數的數值介於–1～1 之間，分別代表**負相關**或**正相關**。

在訊號處理領域中，**交互相關**(Cross-correlation)是用來測量兩個訊號間的關聯性，因此可以用來進行**訊號比對**(Signal Matching)，例如：在冗長的訊號中搜尋某一組短暫的訊號或特徵等。

8-1-1　基本定義

首先，我們定義連續時間域的**交互相關**(Cross-Correlation)運算。

定義　**交互相關**

給定兩個函數 $x(t)$ 與 $h(t)$，則**交互相關**(Cross-Correlation)可以定義為：

$$y(t) = \int_{-\infty}^{\infty} x^*(\tau) \cdot h(t+\tau) d\tau$$

或

$$y(t) = x(t) \otimes h(t)$$

其中，$\otimes$ 為**交互相關**的運算符號。

以上的公式中，$x^*(\tau)$ 是指函數的**共軛複數**(Complex Conjugate)。在 DSP 技術實作與應用時，輸入的數位訊號通常是以實數為主。因此，交互相關的運算方式與卷積其實非常相似。卷積公式為：

$$y(t) = \int_{-\infty}^{\infty} x(\tau) \cdot h(t-\tau) d\tau$$

其中，$h(t-\tau)$ 在交互相關運算中是換成 $h(t+\tau)$。

離散時間域的**交互相關**(Cross-Correlation)公式也是根據上述的定義，將時間 t 換成 n，積分則換成總和。

定義 交互相關

給定數位訊號 $x[n]$ 與 $h[n]$，則**交互相關**(Cross-Correlation)可以定義為：

$$y[n] = \sum_{k=-\infty}^{\infty} x^*[k] \cdot h[n+k]$$

或

$$y[n] = x[n] \otimes h[n]$$

其中，$\otimes$ 為**交互相關**的運算符號。

離散的**交互相關**(Cross-Correlation)運算與離散的**卷積**(Convolution)運算也非常相似。在此，$h[n]$ 可以視為是第二個數位訊號，用來進行訊號比對。

8-1-2 交互相關範例

範例 8-1

給定兩個數位訊號，分別為：

$$x = \{1, 2, 4, 3, 2, 1, 1\}, n = 0, 1, \ldots, 6$$

與：

$$h = \{1, 2, 3, 1, 1\}, n = 0, 1, 2, 3, 4$$

求**交互相關**(Cross-Correlation)的運算結果。

答

給定的數位訊號為：

$$x = \{1, 2, 4, 3, 2, 1, 1\}, n = 0, 1, \ldots, 6$$

其中，$x[0] = 1$、$x[1] = 2$、$x[2] = 4$ 等，如圖 8-1。

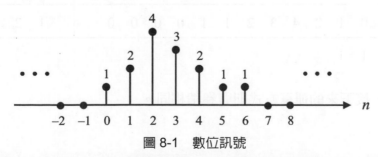

圖 8-1 數位訊號

另一個數位訊號為：

$$h = \{1, 2, 3, 1, 1\}, n = 0, 1, 2, 3, 4$$

其中，$h[0]=1$、$h[1]=2$、$h[2]=3$ 等，如圖 8-2。

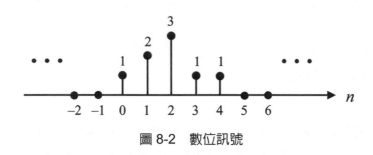

圖 8-2　數位訊號

交互相關(Cross-Correlation)與**卷積**(Convolution)的運算方式其實非常相似，在此，我們用直觀的方式介紹。

輸入訊號 $x[n]$ 共有 7 個樣本($N=7$)，脈衝響應 $h[n]$ 共有 5 個樣本($M=5$)，**全交互相關**(Full Cross-Correlation) $y[n]$ 的結果，將包含 $M+N-1=5+7-1=11$ 個樣本。

首先，我們在輸入訊號 $x[n]$ 兩邊補上 $M-1=4$ 個 0，稱為 Zero-Padding。兩個數位訊號 x 與 h，分別列表如下：

x	h
0 0 0 0 1 2 4 3 2 1 1 0 0 0 0	1 2 3 1 1

接下來的步驟與卷積運算相似，只是此時 $h[n]$ 不須旋轉 180 度(左右對調)，只須對 $x[0]$ 對齊即可。換言之，交互相關運算不須做「卷」的動作。

x	h
0 0 0 0 1 2 4 3 2 1 1 0 0 0 0	1 2 3 1 1

1 2 3 1 1

對齊之後，接下來的運算方式則與卷積相同。

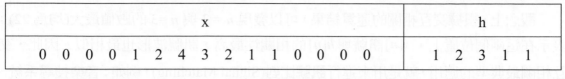

x															h				
0	0	0	0	1	2	4	3	2	1	1	0	0	0	0	1	2	3	1	1

1　2　3　1　1

$$y[0] = 0\cdot(1) + 0\cdot(2) + 0\cdot(3) + 0\cdot(1) + 1\cdot(1) = 1$$

接著，我們移動 h 的位置(向右前進)。

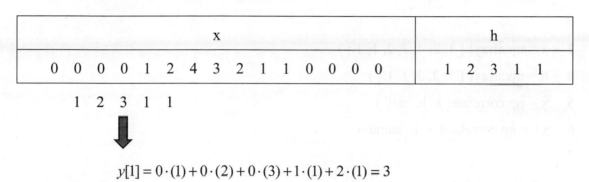

x															h				
0	0	0	0	1	2	4	3	2	1	1	0	0	0	0	1	2	3	1	1

1　2　3　1　1

$$y[1] = 0\cdot(1) + 0\cdot(2) + 0\cdot(3) + 1\cdot(1) + 2\cdot(1) = 3$$

以此類推，我們就可以得到交互相關的運算結果如下：

n	0	1	2	3	4	5	6	7	8	9	10
$y[n]$	1	3	9	15	22	22	18	11	7	3	1

在 DSP 實際應用時，通常交互相關也是使用 'same' 的參數設定，表示輸入與輸出的數位訊號，總樣本數維持不變。

n	0	1	2	3	4	5	6
$x[n]$	1	2	4	3	2	1	1
$y[n]$	9	15	22	22	18	11	7

❑

交互相關的運算結果可以使用 Python 程式驗證之，與卷積運算的程式碼相似。

　　　　觀念上，根據交互相關的運算結果，可以發現 $n = 2$ 與 $n = 3$ 的數值最大(均為 22)；表示在這兩個位置上，$x[n]$ 訊號與 $h[n]$ 的相關性最高，訊號波形也最相似。因此，交互相關最典型的應用，就是用來進行**訊號比對**(Signal Matching)，例如：音樂搜尋系統、聲紋比對系統等[1]。

　　　　Python 程式碼如下：

correlation.py

```
1    import numpy as np
2
3    x = np.array( [ 1, 2, 4, 3, 2, 1, 1 ] )
4    h = np.array( [ 1, 2, 3, 1, 1 ] )
5    y = np.correlate( x, h, 'full' )
6    y1 = np.correlate( x, h, 'same' )
7
8    print( "x =", x )
9    print( "h =", h )
10   print( "Full Correlation y =", y )
11   print( "Correlation y =", y1 )
```

　　　　值得一提的是，若 $h[n]$ 為左右對稱且輸入的數位訊號為實數，則交互相關與卷積運算的結果相同。本範例中的 $h[n]$ 不具對稱性，因此結果並不相同；但若 $h[n]$ 為前述的平均濾波器或高斯濾波器，具有對稱性，則結果相同。

　　　　此外，交互相關與卷積具有相同的運算性質，例如：交換率、結合率、分配率等，因此不再贅述。

---

[1] 阿里巴巴與四十大盜的故事中，裝著金銀財寶的山洞，岩壁可以聽懂指令：「芝麻開門」，應該是最早的聲紋比對系統。現在您應該會覺得這個系統，在那個時代確實是非常先進，只是系統可能須改良一下，不能也接受阿里巴巴的指令吧！

8-2 相關

在訊號處理領域中，**自相關**(Autocorrelation)是用來測量訊號與本身的關聯性。

8-2-1 基本定義

首先，我們定義連續時間域的**自相關**(Autocorrelation)運算。

> **定義** **自相關**
>
> 給定函數 $x(t)$，則**自相關**(Autocorrelation)可以定義為：
>
> $$R(\tau) = \int_{-\infty}^{\infty} x^*(t) \cdot x(t+\tau)\, dt$$
>
> 其中，τ 稱為**延遲**(Lag)。

以上公式中，$x^*(t)$ 是指**共軛複數**(Complex Conjugate)，因此自相關是延遲 τ 的函數。通常在 DSP 技術實作與應用時，討論的輸入訊號是以實數為主。因此，根據公式，**自相關**可以解釋成：「訊號與訊號本身的延遲訊號進行積分運算的結果」。

離散時間域的**自相關**(Autocorrelation)公式是根據上述的定義，將延遲 τ 換成 l，積分則換成總和。

> **定義** **自相關**
>
> 給定數位訊號 $x[n]$，則**自相關**(Autocorrelation)可以定義為：
>
> $$R[l] = \sum_{k=-\infty}^{\infty} x^*[k] \cdot x[k+l]$$
>
> 其中，l 稱為**延遲**(Lag)。

因此，數位訊號的**自相關**公式，是延遲 l 的函數，且 l 為正整數。觀念上，**自相關**可以用來偵測數位訊號是否具有週期性。一般來說，週期性的數位訊號，自相關較強；反之，非週期性的數位訊號，自相關較弱。以**雜訊**(Noise)而言，每個樣本在時間軸上均為獨立，因此不具自相關性。

8-2-2　自相關範例

範例 8-2

若數位訊號為：

$$x = \{1, 2, 1, 2, 1\}, n = 0, 1, ..., 4$$

求自相關(Autocorrelation)的運算結果。

答

輸入訊號為：

$$x = \{1, 2, 1, 2, 1\}, n = 0, 1, ..., 4$$

其中，$x[0] = 1$、$x[1] = 2$、$x[2] = 1$ 等，如圖 8-3。

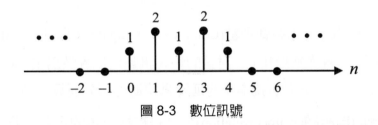

圖 8-3　數位訊號

　　輸入的數位訊號 $x[n]$ 共有 5 個樣本($N = 5$)，則自相關的結果也是 5 個樣本。為了方便說明，我們先在輸入訊號 $x[n]$ 後面補上 $N-1 = 4$ 個 0。

x	x
1　2　1　2　1　0　0　0　0	1　2　1　2　1

接著，我們將輸入訊號 $x[n]$ 與自己對齊。

x	x
1　2　1　2　1　0　0　0　0	1　2　1　2　1

1　2　1　2　1

對齊之後，接下來的運算方式與前述的交互相關相同。

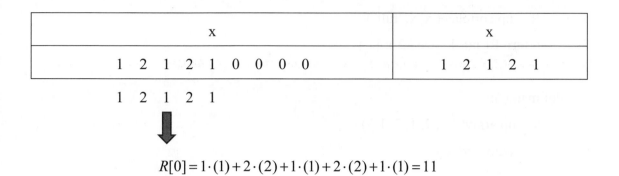

$$R[0] = 1 \cdot (1) + 2 \cdot (2) + 1 \cdot (1) + 2 \cdot (2) + 1 \cdot (1) = 11$$

接著，我們移動輸入訊號的位置，即是所謂的時間延遲，並進行乘法運算。

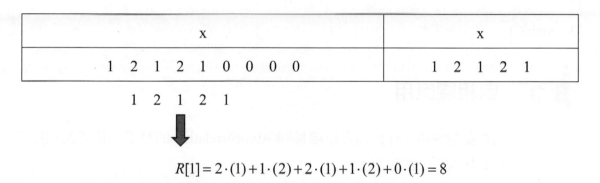

$$R[1] = 2 \cdot (1) + 1 \cdot (2) + 2 \cdot (1) + 1 \cdot (2) + 0 \cdot (1) = 8$$

以此類推，我們就可以得到自相關的運算結果如下：

n	0	1	2	3	4
$R[n]$	11	8	6	4	1

□

自相關的運算結果也可以使用 Python 程式驗證之，在此，我們使用交互相關的運算方式，並取其後半部，作為自相關的運算結果。

Python 程式碼如下：

autocorrelation.py

```
1    import numpy as np
2
3    def autocorr( x ):
```

```
4        R = np.correlate( x, x, 'full' )
5        return R[ int( R.size / 2 ): ]
6
7    def main( ):
8        x = np.array( [ 1, 2, 1, 2, 1 ] )
9        R = autocorr( x )
10       print( "x =", x )
11       print( "Autocorrelation =", R )
12
13   main( )
```

8-3 自相關應用

本節介紹相關的應用，在此僅介紹**自相關**(Autocorrelation)的應用。假設週期性的弦波訊號，我們加入均勻的雜訊：

$$y[n] = x[n] + \eta[n]$$

其中，$x[n]$ 的振幅 $A = 10$，頻率為 $f = 5$ Hz；$\eta[n]$ 為均勻雜訊，介於 $-2 \sim 2$ 之間。在此，我們分別求 $x[n]$、$\eta[n]$ 與 $y[n]$ 的**自相關**，結果如圖 8-4。

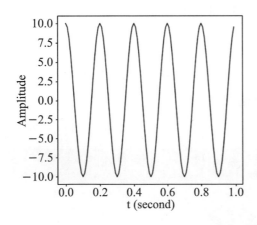
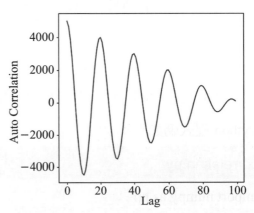

圖 8-4 自相關應用

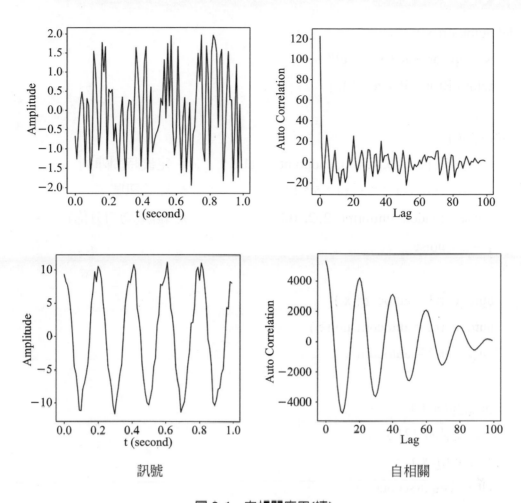

訊號   自相關

圖 8-4   自相關應用(續)

　　由圖 8-4 可以發現，週期性訊號的自相關性較強，雜訊則不具自相關性。因此，自相關適合用來偵測訊號的週期性。週期性的訊號，即使加入雜訊，自相關的結果不受影響。

　　Python 程式碼如下：

autocorrelation_application.py

```
1    import numpy as np
2    import numpy.random as random
3    import matplotlib.pyplot as plt
4
```

```
5    def autocorr( x ):
6        R = np.correlate( x, x, 'full' )
7        return R[ int( R.size / 2 ): ]
8
9    def main( ):
10       t = np.linspace( 0, 1, 100, endpoint = False )      # 定義時間陣列
11       x = 10 * np.cos( 2 * np.pi * 5 * t )                 # 原始訊號
12       noise = random.uniform( -2, 2, 100 )                 # 雜訊(均勻分佈)
13       y = x + noise
14
15       auto_corr1 = autocorr( x )
16       auto_corr2 = autocorr( noise )
17       auto_corr3 = autocorr( y )
18
19       plt.figure( 1 )
20       plt.subplot( 121 )
21       plt.plot( t, x )
22       plt.xlabel( 't(second)' )
23       plt.ylabel( 'Amplitude' )
24
25       plt.subplot( 122 )
26       plt.plot( auto_corr1 )
27       plt.xlabel( 'Lag' )
28       plt.ylabel( 'Auto Correlation' )
29
30       plt.figure( 2 )
31       plt.subplot( 121 )
32       plt.plot( t, noise )
33       plt.xlabel( 't(second)' )
```

```
34      plt.ylabel( 'Amplitude' )
35
36      plt.subplot( 122 )
37      plt.plot( auto_corr2 )
38      plt.xlabel( 'Lag' )
39      plt.ylabel( 'Auto Correlation' )
40
41      plt.figure( 3 )
42      plt.subplot( 121 )
43      plt.plot( t, y )
44      plt.xlabel( 't(second)' )
45      plt.ylabel( 'Amplitude' )
46
47      plt.subplot( 122 )
48      plt.plot( auto_corr3 )
49      plt.xlabel( 'Lag' )
50      plt.ylabel( 'Auto Correlation' )
51
52      plt.show( )
53
54  main( )
```

習題

選擇題

( ) 1. **相關**(Correlation)運算符合下列何種運算原則？
(A) 線性時間不變性　(B) 線性時變性　(C) 非線性時間不變性
(D) 非線性時變性

( ) 2. 若數位訊號與脈衝響應的樣本數皆為 5，則**全交互相關**(Full Cross-Correlation)
的總樣本數為何？
(A) 5　(B) 9　(C) 10　(D) 14　(E) 以上皆非

( ) 3. 承上題，**交互相關**(Cross-Convolution)的總樣本數為何？
(A) 5　(B) 9　(C) 10　(D) 14　(E) 以上皆非

( ) 4. **交互相關**(Cross-Correlation)的主要應用為何？
(A) 調整振幅　(B) 調整頻率　(C) 訊號比對　(D) 訊號調變
(E) 以上皆非

( ) 5. 下列何種運算適合用來偵測訊號的週期性？
(A) 平均濾波　(B) 高斯濾波　(C) 交互相關　(D) 自相關
(E) 以上皆非

🔆 觀念複習

1. 請定義下列專有名詞：

   (a) **連續時間域的交互相關**(Cross-Correlation in Continuous-Time Domain)。

   (b) **離散時間域的交互相關**(Cross-Correlation in Discrete-Time Domain)。

   (c) **連續時間域的自相關**(Autocorrelation in Continuous-Time Domain)。

   (d) **離散時間域的自相關**(Autocorrelation in Discrete-Time Domain)。

2. 給定兩個數位訊號，分別為：

   $$x = \{1, 4, 2, 1, 3\}, n = 0, 1, \dots, 4$$

   與：

   $$h = \{1, 2, 1\}, n = 0, 1, 2$$

   (a) 求**全交互相關**(Full Cross-Correlation)的運算結果。

   (b) 求**交互相關**(Cross-Correlation)的運算結果。

3. 若數位訊號為：

   $$x = \{1, 2, 1, 2\}, n = 0, 1, \dots, 3$$

   求**自相關**(Autocorrelation)的運算結果。

4. 下列敘述中，請判斷 True 或 False：

   (a) 交互相關經常用來進行訊號比對。

   (b) 自相關是「訊號與訊號本身的延遲訊號進行積分運算的結果」。

   (c) 給定某數位訊號，若脈衝響應的左右對稱，則卷積與交互相關的運算結果相同。

   (d) 週期性訊號的自相關性較弱、非週期性的自相關性較強。

   (e) 雜訊不具自相關性。

☀️ 專案實作

1.　使用 Python 程式實作，產生節拍波，其定義如下：

$$x(t) = \cos(2\pi \cdot (10) \cdot t) \cdot \cos(2\pi \cdot (100) \cdot t)$$

其中，振幅 $A = 1$、$f_1 = 10\ \text{Hz}$、$f_2 = 100\ \text{Hz}$。

(a)　假設節拍波的時間長度為 1 秒，顯示其波形。

(b)　擷取 1 個包絡的數位訊號，時間長度為 0.1 秒，顯示其波形。

(c)　求節拍波與 1 個包絡的交互相關，並顯示其波形。

(d)　概略說明本實作的結果與應用。

2.　使用 Python 程式實作，產生幾個含有雜訊的弦波訊號，假設振幅 $A = 10$，頻率則分別為 $f = 10$、20 或 40Hz，均勻雜訊的振幅為 5，取樣頻率為 100Hz。

(a)　請分別求自相關的結果，並以圖形顯示之。

(b)　研究與設計演算法，可以自動偵測輸入訊號的頻率(或週期)。

3.　搜尋與下載具有週期性的音樂，例如：節拍器或打擊樂器等，目前先以簡單且具有明顯節奏的音樂為主，請以自相關為核心技術，研究與設計節拍偵測(Beat Detection)演算法。

4.　參考 DSP 技術的相關文獻，探討所謂的聲紋比對系統，並說明具體的技術實現方式。

CHAPTER 09

傅立葉級數與轉換

本章介紹**傅立葉級數**(Fourier Series)與**傅立葉轉換**(Fourier Transforms)，是訊號處理領域中重要的數學工具，主要目的是進行訊號的**頻率分析**(Frequency Analysis)。

學習單元

- 傅立葉級數
- 傅立葉轉換
- 離散時間傅立葉轉換
- 離散傅立葉轉換

9-1　傅立葉級數

傅立葉級數(Fourier Series)是由法國數學與物理學家約瑟夫‧傅立葉(Joseph Fourier)所提出，源自傅立葉的熱傳導與振動研究。

傅立葉的基本理論為：「任意週期性函數，可以表示成不同頻率、不同振幅的餘弦函數或正弦函數，所加總而得的無窮級數」。這個無窮級數稱為傅立葉級數(Fourier Series)。

9-1-1　基本定義

定義　傅立葉級數

若函數 $x(t)$ 定義於區間 $-L \leq x \leq L$，則傅立葉級數(Fourier Series)可以定義為：

$$x(t) = \frac{1}{2}a_0 + \sum_{n=1}^{\infty}\left[a_n\cos\frac{n\pi t}{L} + b_n\sin\frac{n\pi t}{L}\right]$$

其中

$$a_0 = \frac{1}{L}\int_{-L}^{L}x(t)\,dt$$

$$a_n = \frac{1}{L}\int_{-L}^{L}x(t)\cos\frac{n\pi t}{L}\,dt$$

$$b_n = \frac{1}{L}\int_{-L}^{L}x(t)\sin\frac{n\pi t}{L}\,dt$$

上述定義中，函數 $x(t)$ 為週期性函數，滿足 $x(t) = x(t+T)$，其中週期 $T = 2L$。係數 a_0、a_n 與 b_n 稱為函數 $x(t)$ 的傅立葉係數(Fourier Coefficients)。由於傅立葉級數牽涉無窮級數，因此具有收斂性的問題；換言之，傅立葉級數必須收斂，方能用來表示函數 $x(t)$。

由於 $T = 2L$，因此傅立葉級數也可以表示成：

$$x(t) = \frac{1}{2}a_0 + \sum_{n=1}^{\infty}\left[a_n\cos\frac{n(2\pi)t}{T} + b_n\sin\frac{n(2\pi)t}{T}\right]$$

或

$$x(t) = \frac{1}{2}a_0 + \sum_{n=1}^{\infty}\left[a_n\cos(n\omega t) + b_n\sin(n\omega t)\right]$$

其中，角頻率 $\omega = 2\pi f = \dfrac{2\pi}{T}$。

　　觀察傅立葉級數，由於 n 為正整數，因此符合**諧波**的特性(即頻率為正整數倍數)，只是傅立葉級數包含無限多個弦波的總和。換言之，任意週期性函數，都可以表示成諧波，其中包含無限多個弦波(正弦或餘弦訊號)所構成。

　　傅立葉級數的公式中，$\dfrac{1}{2}a_0$ 為固定值，a_n 與 b_n 則可以視為是第 n 個弦波的**振幅**，對應的角頻率為 $n\omega$。因此，傅立葉級數也經常使用電學的術語如下：

$$x(t) = \frac{1}{2}a_0 + \sum_{n=1}^{\infty}\left[a_n\cos(n\omega t) + b_n\sin(n\omega t)\right]$$

　　　　直流分量　　　　　　　　交流分量

換言之，任意週期性函數，都可以分解成**直流分量**(DC Component)與**交流分量**(AC Components)兩部分。

9-1-2　傅立葉級數範例

範例 9-1

若函數是定義為：

$$x(t) = \begin{cases} -1 & \text{if } -1 < t < 0 \\ 1 & \text{if } 0 \le t < 1 \end{cases}$$

求函數的**傅立葉級數**(Fourier Series)。

答

函數 $x(t)$ 以圖形表示，如圖 9-1。在此假設 $x(t)$ 為**週期性函數**(Periodic Function)，滿足 $x(t) = x(t+2)$，因此向左右無限延伸，形成一個理想的**方波**(Square Wave)，週期 $T = 2$ (或 $L = 1$)。

　　首先，根據傅立葉級數的定義求係數，過程如下：

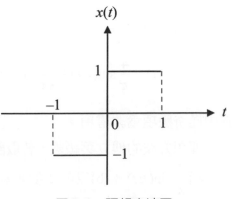

圖 9-1　理想方波圖

$$a_0 = \frac{1}{L}\int_{-L}^{L} x(t)dt = \int_{-1}^{1} x(t)dt = \int_{-1}^{0}(-1)dt + \int_{0}^{1}(1)dt = 0$$

$$a_n = \frac{1}{L}\int_{-L}^{L} x(t)\cos\frac{n\pi t}{L}\,dt = \int_{-1}^{1} x(t)\cos(n\pi t)dt$$

$$= \int_{-1}^{0}(-1)\cos(n\pi t)dt + \int_{0}^{1}(1)\cos(n\pi t)dt$$

$$= \left[-\frac{1}{n\pi}\sin(n\pi t)\right]_{-1}^{0} + \left[\frac{1}{n\pi}\sin(n\pi t)\right]_{0}^{1} = 0$$

$$b_n = \frac{1}{L}\int_{-L}^{L} f(t)\sin\frac{n\pi t}{L}\,dt = \int_{-1}^{1} x(t)\sin(n\pi t)dt$$

$$= \int_{-1}^{0}(-1)\sin(n\pi t)dt + \int_{0}^{1}(1)\sin(n\pi t)dt$$

$$= \left[\frac{1}{n\pi}\cos(n\pi t)\right]_{-1}^{0} + \left[-\frac{1}{n\pi}\cos(n\pi t)\right]_{0}^{1}$$

$$= \frac{2}{n\pi} - \frac{2}{n\pi}\cos(n\pi) = \frac{2}{n\pi}\left[1-(-1)^n\right]$$

因此，理想方波的傅立葉級數為：

$$x(t) = \frac{1}{2}a_0 + \sum_{n=1}^{\infty}\left[a_n\cos\frac{n\pi t}{L} + b_n\sin\frac{n\pi t}{L}\right]$$

根據上述的係數代入，則：

$$x(t) = \sum_{n=1}^{\infty}\frac{2}{n\pi}\left[1-(-1)^n\right]\sin(n\pi t)$$

❑

若將傅立葉級數展開，則：

$$x(t) = \frac{4}{\pi}\sin(\pi t) + \frac{4}{3\pi}\sin(3\pi t) + \frac{4}{5\pi}\sin(5\pi t) + ...$$

其中僅奇數項為非零項。

　　理想方波的傅立葉級數，若取**部分總和**(Partial Sums)，結果如圖 9-2，其中(a)僅含第 1 項 $\frac{4}{\pi}\sin(\pi t)$；(b)為前 2 項非零項 $\frac{4}{\pi}\sin(\pi t) + \frac{4}{3\pi}\sin(3\pi t)$；以此類推。由圖上可以觀察到，若取的項數愈多，加總後的波形愈趨近理想方波。

　　若根據傅立葉級數取 50 項非零項的部分總和，結果如圖 9-3。由圖上可以發現，在理想方波不連續處，產生跳動的現象，這個現象稱為 **Gibbs　現象**(Gibbs Phenomenon)。事實上，任何**分段連續**(Piecewise-Continuous)函數，例如：鋸齒波、三角波等，若以傅立葉級數表示時，在不連續處都會產生 Gibbs 現象。

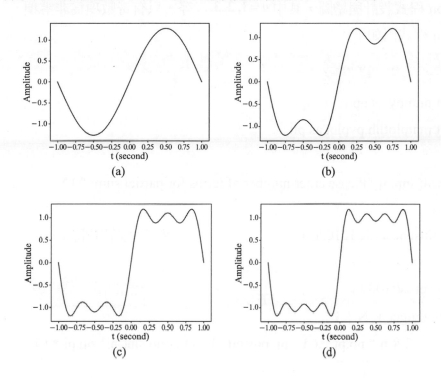

圖 9-2　理想方波的傅立葉級數(部分總和圖)

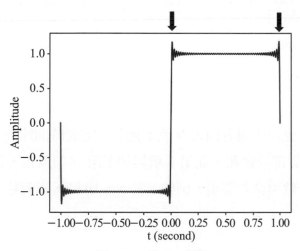

圖 9-3　Gibbs 現象

以下，我們根據理想方波的傅立葉級數：

$$x(t) = \sum_{n=1}^{\infty} \frac{2}{n\pi} \left[1 - (-1)^n \right] \sin(n\pi t)$$

進行 Python 程式設計與繪圖，其中 $n = 1, 2, 3, \ldots$ 等，只有奇數項為非零項。

Python 程式碼如下：

Fourier_series_example.py

```
1    import numpy as np
2    import matplotlib.pyplot as plt
3
4    N = eval( input( "Please enter number of terms for partial sum: " ) )
5
6    t = np.linspace( -1, 1, 1000 )                    # 定義時間陣列
7
8    x = np.zeros( 1000 )                              # 方波的傅立葉級數
9    for n in range( 1, N + 1 ):
10       x += 2 /( n * np.pi )*( 1 - np.power( -1, n ) )* np.sin( n * np.pi * t )
11
12   plt.plot( t, x )
13   plt.xlabel( 't(second)' )
14   plt.ylabel( 'Amplitude' )
15
16   plt.show( )
```

程式範例中，首先由使用者輸入 N 值；接著，定義時間陣列，介於 $-1 \sim 1$ 之間。我們使用 for 迴圈計算部分總和，從第 1 項累加至第 N 項為止，最後進行繪圖。請注意，傅立葉級數僅奇數項為非零項，例如：當 $N = 10$ 時，僅有第 1、3、5、7、9 項為非零項。

9-2　傅立葉轉換

　　傅立葉提出的傅立葉級數雖然僅適用於週期性函數，但是在觀念上，可以將任意的週期性函數，進而分解成不同振幅、不同頻率的弦波，因此成為**頻率分析**(Frequency Analysis)相當重要的數學工具。

　　傅立葉提出的傅立葉級數，受到後代數學家(科學家)的重視，進而發展出**傅立葉轉換**(Fourier Transforms)。**傅立葉轉換**(Fourier Transforms)其實是延伸傅立葉級數，不僅適用於週期性函數，同時也適用於非週期性的連續函數，因此應用範圍更為廣泛。

9-2-1　基本定義

> **定義**　**傅立葉轉換**
>
> 函數 $x(t)$ 的**傅立葉轉換**(Fourier Transform)可以定義為：
> $$X(\omega) = \mathcal{F}\{x(t)\} = \int_{-\infty}^{\infty} x(t)\, e^{-j\omega t} dt$$
>
> **反傅立葉轉換**(Inverse Fourier Transform)可以定義為：
> $$x(t) = \mathcal{F}^{-1}\{X(\omega)\} = \frac{1}{2\pi} \int_{-\infty}^{\infty} X(\omega)\, e^{j\omega t} d\omega$$
>
> 其中，$\int_{-\infty}^{\infty} |x(t)|\, dt$ 收斂，$j = \sqrt{-1}$。

　　觀念上，傅立葉轉換可以將**時間域**(Time-Domain)函數 $x(t)$，轉換成**頻率域**(Frequency Domain)函數 $X(\omega)$，其中，$\mathcal{F}\{\bullet\}$ 表示傅立葉轉換。傅立葉轉換符合**可逆性**，因此可以使用**反(逆)傅立葉轉換**(Inverse Fourier Transform)將函數 $X(\omega)$ 還原成函數 $x(t)$，其中 $\mathcal{F}^{-1}\{\bullet\}$ 表示反傅立葉轉換(或逆傅立葉轉換)，如圖 9-4[1]。

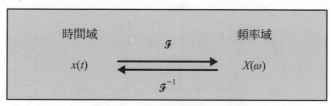

圖 9-4　傅立葉轉換示意圖

---

[1]　常見的傅立葉轉換表，請參閱本書附錄。

9-2-2　傅立葉轉換範例

範例　9-2

若弦波是定義為：

$$x(t) = A\cos(\omega_0 t)$$

其中，振幅為 A，角頻率為 ω_0，相位移 $\phi = 0$，求傅立葉轉換。

答

弦波的傅立葉轉換為：

$$X(\omega) = \mathcal{F}\{x(t)\} = \int_{-\infty}^{\infty} x(t)\, e^{-j\omega t} dt = \int_{-\infty}^{\infty} A\cos(\omega_0 t)\, e^{-j\omega t} dt$$

$$= A \int_{-\infty}^{\infty} \left(\frac{e^{j\omega_0 t} + e^{-j\omega_0 t}}{2} \right) e^{-j\omega t} dt$$

$$= \frac{A}{2} \left[\int_{-\infty}^{\infty} e^{j\omega_0 t} e^{-j\omega t} dt + \int_{-\infty}^{\infty} e^{-j\omega_0 t} e^{-j\omega t} dt \right]$$

$$= \frac{A}{2} \left[\mathcal{F}\{e^{j\omega_0 t}\} + \mathcal{F}\{e^{-j\omega_0 t}\} \right]$$

$$= A\pi \left[\delta(\omega - \omega_0) + \delta(\omega + \omega_0) \right]$$

其中，$\mathcal{F}\{e^{j\omega_0 t}\} = 2\pi\delta(\omega - \omega_0)$。

□

弦波的傅立葉轉換結果，如圖 9-5，稱為**頻率頻譜**(Frequency Spectrum)，或簡稱**頻譜**(Spectrum)。頻譜通常具有對稱性，以原點為中心。由於原始的弦波訊號，角頻率為 ω_0，在頻譜上對應的位置呈現波峰，因此可以根據頻譜分析訊號的頻率分量。換言之，傅立葉轉換是頻率分析時重要的數學工具。

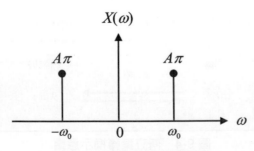

圖 9-5　弦波的傅立葉轉換

範例 9-3

若函數是定義爲:

$$x(t) = \begin{cases} A & \text{if } -T/2 < t < T/2 \\ 0 & \text{otherwise} \end{cases}$$

稱爲**理想脈波函數**(Ideal Pulse Function),求傅立葉轉換。

答

理想脈波函數,若以圖形表示,結果如圖 9-6。由於在此討論的理想脈波不具週期性(不向左右延伸),因此須使用傅立葉轉換進行頻率分析。

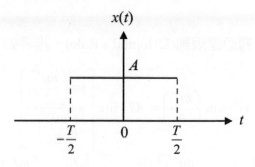

圖 9-6　理想脈波函數

根據定義,理想脈波函數的傅立葉轉換爲:

$$X(\omega) = \int_{-\infty}^{\infty} x(t)\, e^{-j\omega t} dt = \int_{-T/2}^{T/2} A\, e^{-j\omega t} dt = A \int_{-T/2}^{T/2} e^{-j\omega t} dt = A \cdot \left[-\frac{1}{j\omega} e^{-j\omega t} \right]_{-T/2}^{T/2}$$

$$= A \cdot \left[-\frac{1}{j\omega} e^{-\frac{j\omega T}{2}} + \frac{1}{j\omega} e^{\frac{j\omega T}{2}} \right] = \frac{A}{j\omega} \cdot \left[e^{\frac{j\omega T}{2}} - e^{-\frac{j\omega T}{2}} \right]$$

$$= \frac{A}{j\omega} \cdot \left[\cos\left(\frac{\omega T}{2}\right) + j\sin\left(\frac{\omega T}{2}\right) - \cos\left(\frac{\omega T}{2}\right) + j\sin\left(\frac{\omega T}{2}\right) \right]$$

$$= \frac{A}{\omega} \cdot \left[2\sin\left(\frac{\omega T}{2}\right) \right] = AT \cdot \left[\frac{\sin\left(\dfrac{\omega T}{2}\right)}{\left(\dfrac{\omega T}{2}\right)} \right]$$

$$= AT \cdot \text{sinc}\left(\frac{\omega T}{2\pi}\right)$$

□

在數學領域中，sinc 函數是定義為：

$$\text{sinc}(x) = \frac{\sin(x)}{x}$$

在工程領域中，sinc 函數則是定義為：

$$\text{sinc}(x) = \frac{\sin(\pi x)}{\pi x}$$

上述的傅立葉轉換結果中，sinc 函數是採用工程領域的定義，因此可以化簡為 $AT \cdot \text{sinc}\left(\dfrac{\omega T}{2\pi}\right)$。

當 $\omega = 0$ 時，須使用**羅必達規則**(L'Hôpital's Rule)，推導如下：

$$X(\omega = 0) = \lim_{\omega \to 0} AT \cdot \text{sinc}\left(\frac{\omega T}{2}\right) = AT \cdot \lim_{\omega \to 0}\left[\frac{\sin\left(\dfrac{\omega T}{2}\right)}{\left(\dfrac{\omega T}{2}\right)}\right]$$

$$= AT \cdot \lim_{\omega \to 0}\left[\frac{\dfrac{d}{d\omega}\sin\left(\dfrac{\omega T}{2}\right)}{\dfrac{d}{d\omega}\left(\dfrac{\omega T}{2}\right)}\right] = AT \cdot \lim_{\omega \to 0}\left[\frac{\dfrac{T}{2}\cdot\cos\left(\dfrac{\omega T}{2}\right)}{\dfrac{T}{2}}\right] = AT$$

理想脈波的傅立葉轉換結果，如圖 9-7。由圖上可以觀察到，理想脈波的寬度 T 愈大，則其傅立葉轉換後的 sinc 函數寬度愈小，形成反比關係。

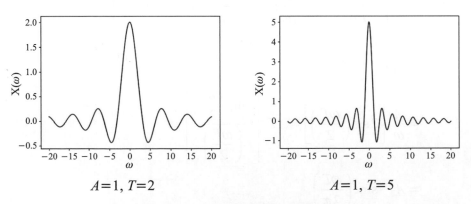

$A=1, T=2$　　　　　　　　　$A=1, T=5$

圖 9-7　理想脈波的傅立葉轉換

Python 程式碼如下：

fourier_transform_example.py

```
1   import numpy as np
2   import matplotlib.pyplot as plt
3
4   A = 1
5   T = 2
6   w = np.linspace( -20, 20, 1000 )
7   X = A * T * np.sinc( w * T / ( 2 * np.pi ))
8
9   plt.plot( w, X )
10  plt.xlabel( r'$\omega$' )
11  plt.ylabel( r'X($\omega$)' )
12
13  plt.show( )
```

本程式範例是採用 NumPy 提供的 sinc 函數，其中根據工程領域的 sinc 函數定義，藉以呈現理想脈波的傅立葉轉換結果。

9-2-3　平移定理

傅立葉轉換的**平移定理**(Fourier Transform Shifting Theorems)，包含：(1)**第一平移定理**；與(2)**第二平移定理**。

定理　第一平移定理

若 f 為時間函數，且 $\mathcal{F}$ 為傅立葉轉換，則：

$$\mathcal{F}\{f(t-t_0)\} = F(\omega) \cdot e^{j\omega t_0}$$

其中，t_0 為平移的時間，且 $t_0 > 0$。

　　　傅立葉轉換的第一平移定理，也稱爲**時間平移定理**(Time-Shifting Theorem)，可以描述爲：「函數 f 在時間域平移，若取其傅立葉轉換，則結果相當於原始函數的傅立葉轉換，另外乘上一個複數指數函數」。

範例 9-4

證明傅立葉轉換的第一平移定理。

證明

根據傅立葉轉換的定義：

$$\mathcal{F}\{f(t-t_0)\} = \int_{-\infty}^{\infty} f(t-t_0)\, e^{-j\omega t}dt$$

設 $\tau = t - t_0$，則 $t = \tau - t_0$，$d\tau = dt$，因此可得：

$$原式 = \int_{-\infty}^{\infty} f(\tau)\, e^{-j\omega(\tau-t_0)}d\tau = \int_{-\infty}^{\infty} f(\tau)\, e^{-j\omega\tau} \cdot e^{j\omega t_0}d\tau$$

$$= \left\{ \int_{-\infty}^{\infty} f(\tau)\, e^{-j\omega\tau}d\tau \right\} \cdot e^{j\omega t_0} = F(\omega) \cdot e^{j\omega t_0}$$

得證　　　　　　　　　　　　　　　　　　　　　　　　　　　　　　□

　　　上述的第一平移定理，也可以表示成：

$$\mathcal{F}\{f(t+t_0)\} = F(\omega) \cdot e^{-j\omega t_0}$$

其中，t_0 爲平移的時間，且 $t_0 > 0$。

定理　第二平移定理

若 f 爲時間函數，且 $\mathcal{F}$ 爲傅立葉轉換，則：

$$\mathcal{F}\{f(t) \cdot e^{j\omega_0 t}\} = F(\omega - \omega_0)$$

其中，ω_0 爲平移的角頻率，且 $\omega_0 > 0$。

　　　傅立葉轉換的第二平移定理，也稱爲**頻率平移定理**(Frequency-Shifting Theorem)，可以描述爲：「函數 f 的傅立葉轉換，其在頻率域的平移，則結果相當於原始的時間函數，另外乘上一個複數指數函數」。

範例 9-5

證明傅立葉轉換的第二平移定理。

證明

根據傅立葉轉換的定義：

$$\mathcal{F}\{f(t) \cdot e^{j\omega_0 t}\} = \int_{-\infty}^{\infty} f(t) \cdot e^{j\omega_0 t} \cdot e^{-j\omega t} dt = \int_{-\infty}^{\infty} f(t) \cdot e^{-j(\omega-\omega_0)t} dt$$

若與傅立葉轉換的定義比較：

$$\mathcal{F}\{f(t)\} = \int_{-\infty}^{\infty} f(t) \cdot e^{-j\omega t} dt = F(\omega)$$

即可得下列公式：

$$\mathcal{F}\{f(t) \cdot e^{j\omega_0 t}\} = \int_{-\infty}^{\infty} f(t) \cdot e^{-j(\omega-\omega_0)t} dt = F(\omega-\omega_0)$$

得證 □

上述的第二平移定理，也可以表示成：

$$\mathcal{F}\{f(t) \cdot e^{-j\omega_0 t}\} = F(\omega+\omega_0)$$

其中，ω_0 為平移的角頻率，且 $\omega_0 > 0$。

9-2-4 卷積定理

在數學領域中，**卷積定理**(Convolution Theorem)可以描述為：「時間域的卷積運算結果，與其在頻率域的點對點乘法運算的結果相同」。

定理 卷積定理

若 f 與 g 為兩個時間的函數，且 $\mathcal{F}$ 為傅立葉轉換，則：

$$\mathcal{F}\{f * g\} = \mathcal{F}\{f\} \cdot \mathcal{F}\{g\}$$

其中，星號*為卷積運算。

在 DSP 領域中，卷積定理是相當重要的定理，同時也是 DSP 系統在訊號處理時，可以採用時間域或頻率域兩種不同方式的主要理論依據。

範例 9-6

證明卷積定理：

$$\mathscr{F}\{f * g\} = \mathscr{F}\{f\} \cdot \mathscr{F}\{g\}$$

證明

根據卷積與傅立葉轉換的定義：

$$\mathscr{F}\{f * g\} = \int_{-\infty}^{\infty} \left[\int_{-\infty}^{\infty} f(\tau) g(t - \tau) \, d\tau \right] e^{-j\omega t} dt$$

$$= \int_{-\infty}^{\infty} f(\tau) \left[\int_{-\infty}^{\infty} g(t - \tau) \, e^{-j\omega t} \, dt \right] d\tau \quad \text{利用 Fubini 定理}$$

$$= \int_{-\infty}^{\infty} f(\tau) \left[\int_{-\infty}^{\infty} g(\hat{t}) \, e^{-j\omega(\hat{t}+\tau)} dt \right] d\tau \quad \text{設 } \hat{t} = t - \tau \text{，} d\hat{t} = dt$$

$$= \int_{-\infty}^{\infty} f(\tau) \, e^{-j\omega\tau} \left[\int_{-\infty}^{\infty} g(\hat{t}) \, e^{-j\omega\hat{t}} dt \right] d\tau$$

$$= G(\omega) \int_{-\infty}^{\infty} f(\tau) \, e^{-j\omega\tau} \, d\tau$$

$$= F(\omega) \cdot G(\omega) = \mathscr{F}\{f\} \cdot \mathscr{F}\{g\}$$

得證　　　　　　　　　　　　　　　　　　　　　　　　　　　　　　　　□

9-2-5　高斯函數的傅立葉轉換

在 DSP 領域中，高斯函數是相當特殊的函數。在此討論高斯函數的傅立葉轉換，推導過程較為複雜。

定理　高斯函數的傅立葉轉換

高斯函數的傅立葉轉換，形成另一個高斯函數：

$$\mathscr{F}\{e^{-\frac{t^2}{2\sigma^2}}\} = \sqrt{2\pi\sigma^2} \; e^{-\frac{1}{2}\sigma^2\omega^2}$$

其中，σ 為標準差。

證明

高斯函數的傅立葉轉換為：

$$X(\omega) = \mathscr{F}\{x(t)\} = \int_{-\infty}^{\infty} x(t) \, e^{-j\omega t} dt = \int_{-\infty}^{\infty} e^{-\frac{t^2}{2\sigma^2}} \, e^{-j\omega t} dt = \int_{-\infty}^{\infty} e^{-\left(\frac{t^2}{2\sigma^2} + j\omega t\right)} dt$$

在此，將指數的冪次方配成平方的型態：

$$\frac{t^2}{2\sigma^2} + j\omega t = \left(\frac{t}{\sqrt{2\sigma^2}} + \frac{\sqrt{2\sigma^2}}{2} j\omega\right)^2 + \frac{1}{2}\sigma^2\omega^2$$

因此，可得：

$$原式 = \int_{-\infty}^{\infty} e^{-\left(\frac{t}{\sqrt{2\sigma^2}} + \frac{\sqrt{2\sigma^2}}{2} j\omega\right)^2} \cdot e^{-\frac{1}{2}\sigma^2\omega^2} dt = e^{-\frac{1}{2}\sigma^2\omega^2} \cdot \int_{-\infty}^{\infty} e^{-\left(\frac{t}{\sqrt{2\sigma^2}} + \frac{\sqrt{2\sigma^2}}{2} j\omega\right)^2} dt$$

設 $u = \frac{t}{\sqrt{2\sigma^2}} + \frac{\sqrt{2\sigma^2}}{2} j\omega$，則 $du = \frac{1}{\sqrt{2\sigma^2}} dt$ 或 $dt = \sqrt{2\sigma^2}\, du$，分別代入：

$$原式 = e^{-\frac{1}{2}\sigma^2\omega^2} \cdot \int_{-\infty}^{\infty} e^{-u^2} \sqrt{2\sigma^2}\, du = \sqrt{2\sigma^2}\, e^{-\frac{1}{2}\sigma^2\omega^2} \cdot \int_{-\infty}^{\infty} e^{-u^2} du$$

$$= \sqrt{2\sigma^2}\, e^{-\frac{1}{2}\sigma^2\omega^2} \cdot 2\int_{0}^{\infty} e^{-u^2} du \ \text{其中已知} \int_{0}^{\infty} e^{-u^2} du = \frac{\sqrt{\pi}}{2}$$

$$= \sqrt{2\sigma^2}\, e^{-\frac{1}{2}\sigma^2\omega^2} \cdot 2 \cdot \frac{\sqrt{\pi}}{2} = \sqrt{2\pi\sigma^2}\, e^{-\frac{1}{2}\sigma^2\omega^2}$$

因此，可得下列傅立葉轉換的結果：

$$X(\omega) = \mathcal{F}\{e^{-\frac{t^2}{2\sigma^2}}\} = \sqrt{2\pi\sigma^2}\, e^{-\frac{1}{2}\sigma^2\omega^2}$$

得證　　　　　　　　　　　　　　　　　　　　　　　　　　□

　　因此，高斯函數的傅立葉轉換，形成另一個高斯函數。而且，兩個高斯函數的標準差之間，呈反比關係。換言之，若高斯函數在時間域的標準差愈大，則其在頻率域的高斯函數的標準差愈小；反之，若高斯函數在時間域的標準差愈小，則其在頻率域的高斯函數的標準差愈大。

　　若**高斯函數**是定義為：

$$x(t) = \frac{1}{\sqrt{2\pi\sigma^2}} e^{-\frac{t^2}{2\sigma^2}}$$

滿足下列的積分條件：

$$\int_{-\infty}^{\infty} x(t)\, dt = \int_{-\infty}^{\infty} \frac{1}{\sqrt{2\pi\sigma^2}} e^{-\frac{t^2}{2\sigma^2}}\, dt = 1$$

即積分結果為 1(或機率總和為 100%)，則其傅立葉轉換為：

$$X(\omega) = e^{-\frac{1}{2}\sigma^2\omega^2}$$

範例 9-7

若高斯函數是定義為：

$$x(t) = e^{-\frac{t^2}{2\sigma^2}}$$

其中，標準差 σ=1, 2, 3，請顯示時間域的高斯函數 $x(t)$ 與其在頻率域的傅立葉轉換 $X(\omega)$。

答

當高斯函數的標準差分別為 σ= 1, 2, 3 時，則時間域的高斯函數 $x(t)$ 與其在頻率域的傅立葉轉換 $X(\omega)$，如圖 9-8。由圖上可以發現，兩個高斯函數的標準差之間，形成反比關係。

❑

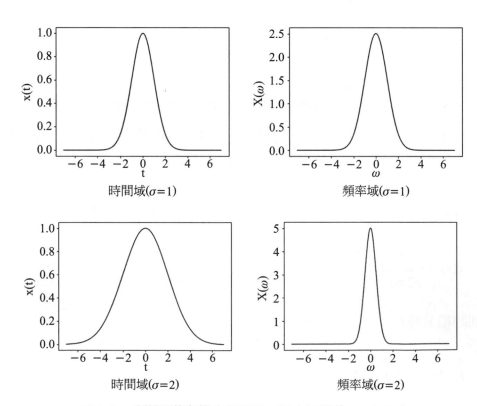

圖 9-8　高斯函數與傅立葉轉換，其中標準差 σ= 1, 2, 3

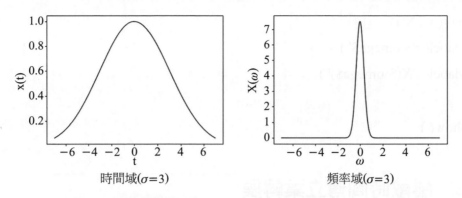

時間域($\sigma=3$)　　　　頻率域($\sigma=3$)

圖 9-8　高斯函數與傳立葉轉換，其中標準差$\sigma = 1, 2, 3$(續)

　　Python 程式碼如下：

gaussian_Fourier_transform.py

```
1    import numpy as np
2    import matplotlib.pyplot as plt
3
4    sigma = eval( input( "Enter sigma: " ))
5
6    t = np.linspace( -7, 7, 100 )
7    x = np.exp( - ( t * t ) / ( 2 * sigma * sigma ))
8
9    w = np.linspace( -7, 7, 1000 )
10   X = np.exp( - ( sigma * sigma * w * w ) / 2 )
11   X = np.sqrt( 2 * np.pi * sigma * sigma )* X
12
13   plt.figure( 1 )
14   plt.plot( t, x )
15   plt.xlabel( 't' )
16   plt.ylabel( 'x(t)' )
17
18   plt.figure( 2 )
```

```
19    plt.plot( w, X )
20    plt.xlabel( r'$\omega$' )
21    plt.ylabel( r'X($\omega$)' )
22
23    plt.show( )
```

9-3 離散時間傅立葉轉換

離散時間傅立葉轉換(Discrete-Time Fourier Transform)，簡稱 **DTFT**，為離散數位訊號的傅立葉轉換，目的是將離散的序列 $\{x[n]\}$ 表示成複數指數 $\{e^{-j\omega n}\}$ 的序列。

9-3-1 基本定義

> **定義**　離散時間傅立葉轉換
>
> 給定離散的序列 $x[n]$，則**離散時間傅立葉轉換**(Discrete-Time Fourier Transform, DTFT)可以定義為：
>
> $$X(e^{j\omega}) = \sum_{n=-\infty}^{\infty} x[n]\, e^{-j\omega n}$$
>
> **反離散時間傅立葉轉換**(Inverse DTFT)可以定義為：
>
> $$x[n] = \frac{1}{2\pi} \int_{-\infty}^{\infty} X(e^{j\omega n})\, e^{j\omega n} d\omega$$

一般來說，$X(e^{j\omega})$ 是 ω 的複數函數，可以表示成：

$$X(e^{j\omega}) = \left| X(e^{j\omega}) \right| \cdot e^{j\theta(\omega)}$$

其中，$\left| X(e^{j\omega}) \right|$ 稱為**強度**(Magnitude)；$\theta(\omega)$ 稱為**幅角**(Argument)或**相位角**(Phase Angle)。若以圖形表示之，則分別稱為**強度頻譜**(Magnitude Spectrum)與**相位頻譜**(Phase Spectrum)。

離散時間傅立葉轉換牽涉無窮級數，因此不一定收斂。若離散序列為**絕對可加總序列**(Absolutely Summable Sequence)，即：

$$\sum_{n=-\infty}^{\infty} |x[n]| < \infty$$

則 DTFT 的無窮級數才會收斂。換言之，下列條件必須成立，則 DTFT 才會存在：

$$\left| X(e^{j\omega}) \right| < \infty, \text{for all } \omega$$

$X(e^{j\omega})$ 是 ω 的複數函數，同時是週期性函數，週期為 2π。以下證明這個性質：

$$X(e^{j(\omega+2\pi k)}) = \sum_{n=-\infty}^{\infty} x[n]\, e^{-j(\omega+2\pi k)n} = \sum_{n=-\infty}^{\infty} x[n]\, e^{-j\omega n}\, e^{-j2\pi kn}$$

$$= \sum_{n=-\infty}^{\infty} x[n]\, e^{-j\omega n} = X(e^{j\omega})$$

9-3-2　離散時間傅立葉轉換範例

本小節列舉幾個離散時間傅立葉轉換(DTFT)的範例。

範例　9-8

若數位訊號 $x[n]$ 為：

$$x[n] = \delta[n]$$

其中 $\delta[n]$ 為單位脈衝，求離散時間傅立葉轉換(DTFT)。

答

離散時間傅立葉轉換(DTFT)為：

$$X(e^{j\omega}) = \sum_{n=-\infty}^{\infty} x[n]\, e^{-j\omega n} = \sum_{n=-\infty}^{\infty} \delta[n]\, e^{-j\omega n} = 1$$

❑

範例　9-9

若數位訊號 $x[n]$ 是定義為：

$$x[n] = (0.5)^n u[n]$$

其中 $u[n]$ 為單位步階，求離散時間傅立葉轉換(DTFT)。

答

離散時間傅立葉轉換(DTFT)為：

$$X(e^{j\omega}) = \sum_{n=-\infty}^{\infty} x[n]\, e^{-j\omega n} = \sum_{n=-\infty}^{\infty} (0.5)^n u[n]\, e^{-j\omega n}$$

$$= \sum_{n=0}^{\infty} (0.5)^n\, e^{-j\omega n} = \sum_{n=0}^{\infty} (0.5\, e^{-j\omega})^n = \frac{1}{1 - 0.5\, e^{-j\omega}}$$

❑

上述 DTFT 存在的條件為：

$$\sum_{n=-\infty}^{\infty} |\, x[n]\, | < \infty$$

在此驗證一下：

$$\sum_{n=-\infty}^{\infty} |\, x[n]\, | = \sum_{n=-\infty}^{\infty} |\, (0.5)^n u[n]\, | = \sum_{n=0}^{\infty} |\, (0.5)^n\, | = \frac{1}{1 - 0.5} = 2 < \infty$$

滿足 DTFT 存在的條件。若數位訊號的 DTFT 存在，則可根據**反離散時間傅立葉轉換**
(Inverse DTFT)，還原成原始的數位訊號。

9-4   離散傅立葉轉換

由於 DSP 技術是以數位訊號為主，因此在此討論**離散傅立葉轉換**(Discrete Fourier
Transform, DFT)。

9-4-1   基本定義

定義　**離散傅立葉轉換**

給定離散序列 $x[n], n = 0, 1, \cdots, N-1$，則**離散傅立葉轉換**(Discrete Fourier Transform,
DFT)可以定義為：

$$X[k] = \sum_{n=0}^{N-1} x[n]\, e^{-j2\pi kn/N}, k = 0, 1, \ldots, N-1$$

其**反轉換**為：

$$x[n] = \frac{1}{N} \sum_{k=0}^{N-1} X[k]\, e^{j2\pi kn/N}, n = 0, 1, 2, \ldots, N-1$$

根據離散時間傅立葉轉換公式：

$$X(e^{j\omega}) = \sum_{n=-\infty}^{\infty} x[n]\, e^{-j\omega n}$$

可以發現離散傅立葉轉換是以有限的離散序列為主，且在 ω 軸進行取樣：

$$X[k] = X(e^{j\omega})\Big|_{\omega=2\pi k/N} = \sum_{n=0}^{N-1} x[n]\, e^{-j2\pi kn/N}$$

離散傅立葉轉換符合**可逆性**。輸入的序列 $x[n]$，共有 N 個樣本，經過離散傅立葉轉換後，產生輸出的序列 $X[k]$，總樣本數維持不變，仍為 N 個樣本。相對而言，$X[k]$ 經過反轉換(或逆轉換)，可以還原成原始的序列 $x[n]$。

討論離散傅立葉轉換時，經常使用下列表示法：

$$W_N = e^{-j(2\pi/N)}$$

因此，離散傅立葉轉換也可以表示成：

$$X[k] = \sum_{n=0}^{N-1} x[n]\, W_N^{kn}, \; k = 0, 1, \ldots, N-1$$

其反轉換為：

$$x[n] = \frac{1}{N}\sum_{k=0}^{N-1} X[k]\, W_N^{kn}, \; n = 0, 1, 2, \ldots, N-1$$

範例 9-10

若數位訊號是定義為：

$$x = \{\, x[n]\,\}, n = 0, 1, 2, 3$$

或

$$x = \{\, 1, 2, 4, 3\,\}, n = 0, 1, 2, 3$$

其中，$N = 4$。求**離散傅立葉轉換**(DFT)。

答

根據離散傅立葉轉換公式：

$$X[k] = \sum_{n=0}^{N-1} x[n] \, e^{-j2\pi kn/N}, \, k = 0, 1, \ldots, N-1$$

因此可得：

$$X[0] = \sum_{n=0}^{N-1} x[n] \, e^{-j2\pi(0)n/N} = \sum_{n=0}^{3} x[n] = 1 + 2 + 4 + 3 = 10$$

$$X[1] = \sum_{n=0}^{N-1} x[n] \, e^{-j2\pi(1)n/N} = \sum_{n=0}^{3} x[n] \, e^{-j\pi n/2}$$

$$= 1 \cdot e^0 + 2 \cdot e^{-j(\pi/2)} + 4 \cdot e^{-j\pi} + 3 \cdot e^{-j(3\pi/2)}$$

$$= 1 \cdot (1) + 2 \cdot (-j) + 4 \cdot (-1) + 3 \cdot (j) = -3 + j$$

$$X[2] = \sum_{n=0}^{N-1} x[n] \, e^{-j2\pi(2)n/N} = \sum_{n=0}^{3} x[n] \, e^{-j\pi n}$$

$$= 1 \cdot e^0 + 2 \cdot e^{-j\pi} + 4 \cdot e^{-j(2\pi)} + 3 \cdot e^{-j(3\pi)}$$

$$= 1 \cdot (1) + 2 \cdot (-1) + 4 \cdot (1) + 3 \cdot (-1) = 0$$

$$X[3] = \sum_{n=0}^{N-1} x[n] \, e^{-j2\pi(3)n/N} = \sum_{n=0}^{3} x[n] \, e^{-j\pi(3)n/2}$$

$$= 1 \cdot e^0 + 2 \cdot e^{-j(3\pi/2)} + 4 \cdot e^{-j(3\pi)} + 3 \cdot e^{-j(9\pi/2)}$$

$$= 1 \cdot (1) + 2 \cdot (j) + 4 \cdot (-1) + 3 \cdot (-j) = -3 - j$$

因此，經過離散傅立葉轉換後，結果為：

$$X = \{10, -3 + j, 0, -3 - j\}$$

□

本範例中，$X[0]$ 稱為**直流分量**(DC Component)，$X[1] \sim X[3]$ 稱為**交流分量**(AC Components)，其中 $X[1]$ 與 $X[3]$ 互為共軛複數。

9-4-2　矩陣表示法

離散傅立葉轉換(Discrete Fourier Transform, DFT)的公式：

$$X[k] = \sum_{n=0}^{N-1} x[n] \, W_N^{kn}, \, k = 0, 1, \ldots, N-1$$

也可以用矩陣的型態表示為：

$$\mathbf{X} = \mathbf{D}_N \mathbf{x}$$

其中，$\mathbf{x}$ 為輸入向量：

$$\mathbf{x} = [\, x[0], x[1], \dots, x[N-1] \,]^T$$

$\mathbf{X}$ 為輸出向量：

$$\mathbf{X} = [\, X[0], X[1], \dots, X[N-1] \,]^T$$

$\mathbf{D}_N$ 為 $N \times N$ 的 **DFT 轉換矩陣**，可以定義為：

$$\mathbf{D}_N = \begin{bmatrix} 1 & 1 & 1 & \cdots & 1 \\ 1 & W_N^1 & W_N^2 & \cdots & W_N^{N-1} \\ 1 & W_N^2 & W_N^4 & \cdots & W_N^{2(N-1)} \\ \vdots & \vdots & \vdots & \ddots & \vdots \\ 1 & W_N^{N-1} & W_N^{2(N-1)} & \cdots & W_N^{(N-1)\times(N-1)} \end{bmatrix}$$

同理，**反離散傅立葉轉換**(Inverse Discrete Fourier Transform, Inverse DFT)可以表示成：

$$\mathbf{x} = \mathbf{D}_N^{-1} \mathbf{X}$$

其中，$\mathbf{D}_N^{-1}$ $N \times N$ 的 **DFT 反轉換矩陣**，可以定義為：

$$\mathbf{D}_N^{-1} = \frac{1}{N} \begin{bmatrix} 1 & 1 & 1 & \cdots & 1 \\ 1 & W_N^{-1} & W_N^{-2} & \cdots & W_N^{-(N-1)} \\ 1 & W_N^{-2} & W_N^{-4} & \cdots & W_N^{-2(N-1)} \\ \vdots & \vdots & \vdots & \ddots & \vdots \\ 1 & W_N^{-(N-1)} & W_N^{-2(N-1)} & \cdots & W_N^{-(N-1)\times(N-1)} \end{bmatrix}$$

根據離散傅立葉轉換公式，假設：

$$W_N = e^{-j(2\pi/N)}$$

若 $N = 4$，則 W_N^k $(k = 0 \sim 3)$ 推導如下：

$$W_4^0 = e^0 = 1$$

$$W_4^1 = e^{-j(2\pi/4)} = -j$$
$$W_4^2 = e^{-j(4\pi/4)} = -1$$
$$W_4^3 = e^{-j(6\pi/4)} = j$$

其在複數平面的表示法，如圖 9-9。因此，W_N^k 均落在單位圓上，且依順時針的方向旋轉。

　　同理，若 $N = 8$，則是將單位圓分成 8 等分，以此類推。相對而言，求反離散傅立葉轉換時，則是依逆時針的方向旋轉。

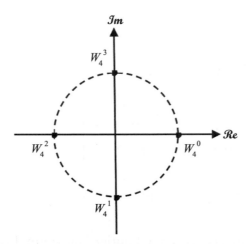

圖 9-9　W_N^k 的複數平面表示法($N = 4$)

範例 9-11

若數位訊號是定義為：

$$x = \{x[n]\}, n = 0, 1, 2, 3$$

或

$$x = \{1, 2, 4, 3\}, n = 0, 1, 2, 3$$

其中，$N = 4$。使用矩陣表示法求**離散傅立葉轉換**(DFT)。

答

使用矩陣表示法求離散傅立葉轉換，則：

$$\mathbf{X} = \begin{bmatrix} 1 & 1 & 1 & 1 \\ 1 & W_4^1 & W_4^2 & W_4^3 \\ 1 & W_4^2 & W_4^4 & W_4^6 \\ 1 & W_4^3 & W_4^6 & W_4^9 \end{bmatrix} \mathbf{x} = \begin{bmatrix} 1 & 1 & 1 & 1 \\ 1 & -j & -1 & j \\ 1 & -1 & 1 & -1 \\ 1 & j & -1 & -j \end{bmatrix} \begin{bmatrix} 1 \\ 2 \\ 4 \\ 3 \end{bmatrix} = \begin{bmatrix} 10 \\ -3+j \\ 0 \\ -3-j \end{bmatrix}$$

因此，經過離散傅立葉轉換後，結果爲：

$$X = \{10, -3+j, 0, -3-j\}$$

得到的結果與前述範例相同。

❑

　　上述的例子僅牽涉 $N = 4$ 的離散傅立葉轉換。根據離散傅立葉轉換的定義，時間複雜度爲 $O(N^2)$，在 DSP 實際應用時，N 值通常相當大，導致 DFT 的計算量過於龐大，進而限制其實用價值。

　　J. W. Cooley 與 John Tukey 修改 DFT 的演算法，採用**分而治之法**(Divide-and-Conquer)的設計策略，提出所謂的**快速傅立葉轉換**(Fast Fourier Transforms, FFT)。FFT 可以得到與 DFT 相同的結果，而且時間複雜度只有 $O(N \log_2 N)$，大幅提升傅立葉轉換的實用價值。

　　在 DSP 領域中，FFT 演算法是相當重要的演算法，牽涉複雜的數學運算與演算法設計。由於 FFT 演算法在 Python 軟體套件中已被充分實現，使用上相當便利，因此本書不作詳細討論。

9-4-3　反離散傅立葉轉換

　　離散傅立葉轉換符合**可逆性**，以下範例說明之。

範例 9-12

若傅立葉轉換的結果爲：

$$X = \{10, -3+j, 0, -3-j\}$$

其中，$N = 4$。求**反離散傅立葉轉換**(Inverse DFT)。

答

根據反離散傅立葉轉換公式：

$$x[n] = \frac{1}{N}\sum_{k=0}^{N-1} X[k]\, e^{j2\pi kn/N}, n = 0, 1, 2, \ldots, N-1$$

因此可得：

$$x[0] = \frac{1}{N}\sum_{k=0}^{N-1} X[k]\, e^{j2\pi k(0)/N} = \frac{1}{4}\sum_{k=0}^{3} X[k] = 10 + (-3+j) + 0 + (-3-j) = 1$$

$$x[1] = \frac{1}{N}\sum_{k=0}^{N-1}X[k]\,e^{j2\pi k(1)/N} = \frac{1}{4}\sum_{k=0}^{3}X[k]\,e^{j\pi k/2}$$

$$= \frac{1}{4}\Big(10\cdot e^0 + (-3+j)\cdot e^{j(\pi/2)} + 0\cdot e^{j\pi} + (-3-j)\cdot e^{j(3\pi/2)}\Big)$$

$$= \frac{1}{4}\Big(10\cdot(1) + (-3+j)\cdot(j) + 0\cdot(-1) + (-3-j)\cdot(-j)\Big) = 2$$

$$x[2] = \frac{1}{N}\sum_{k=0}^{N-1}X[k]\,e^{j2\pi k(2)/N} = \frac{1}{4}\sum_{k=0}^{3}X[k]\,e^{j\pi k}$$

$$= \frac{1}{4}\Big(10\cdot e^0 + (-3+j)\cdot e^{j\pi} + 0\cdot e^{j(2\pi)} + (-3-j)\cdot e^{j(3\pi)}\Big)$$

$$= \frac{1}{4}\Big(10\cdot(1) + (-3+j)\cdot(-1) + 0\cdot(1) + (-3-j)\cdot(-1)\Big) = 4$$

$$x[3] = \frac{1}{N}\sum_{k=0}^{N-1}X[k]\,e^{j2\pi k(3)/N} = \frac{1}{4}\sum_{k=0}^{3}X[k]\,e^{j\pi k(3)/2}$$

$$= \frac{1}{4}\Big(10\cdot e^0 + (-3+j)\cdot e^{j(3\pi/2)} + 0\cdot e^{j(3\pi)} + (-3-j)\cdot e^{j(9\pi/2)}\Big)$$

$$= \frac{1}{4}\Big(10\cdot(1) + (-3+j)\cdot(-j) + 0\cdot(-1) + (-3-j)\cdot(j)\Big) = 3$$

因此，經過反離散傅立葉轉換後，結果為：

$$x = \{1, 2, 4, 3\},\, n = 0, 1, 2, 3$$

即是還原成輸入的數位訊號。

□

範例 9-13

若傅立葉轉換的結果為：

$$X = \{10, -3+j, 0, -3-j\}$$

其中，$N = 4$。使用矩陣表示法，求反離散傅立葉轉換(Inverse DFT)。

答

使用矩陣表示法求反離散傅立葉轉換，則：

$$\mathbf{x} = \frac{1}{4}\begin{bmatrix}1 & 1 & 1 & 1\\1 & W_4^{-1} & W_4^{-2} & W_4^{-3}\\1 & W_4^{-2} & W_4^{-4} & W_4^{-6}\\1 & W_4^{-3} & W_4^{-6} & W_4^{-9}\end{bmatrix}\mathbf{X} = \frac{1}{4}\begin{bmatrix}1 & 1 & 1 & 1\\1 & j & -1 & -j\\1 & -1 & 1 & -1\\1 & -j & -1 & j\end{bmatrix}\begin{bmatrix}10\\-3+j\\0\\-3-j\end{bmatrix} = \begin{bmatrix}1\\2\\4\\3\end{bmatrix}$$

因此，經過反離散傅立葉轉換後，結果為：

$$x = \{ 1, 2, 4, 3 \}, n = 0, 1, 2, 3$$

與前述範例結果相同，即是還原成輸入的數位訊號。

❏

Python 程式碼如下：

FFT_example.py

```
1   import numpy as np
2   from numpy.fft import fft, ifft
3
4   x = np.array( [ 1, 2, 4, 3 ] )
5   X = fft( x )
6   Xm = abs( X )
7   xx = ifft( X )
8
9   print( "x =", x )
10  print( "X =", X )
11  print( "Magnitude of X =", Xm )
12  print( "Inverse FFT of X =", xx )
```

本程式範例是使用 Numpy 提供的快速傅立葉轉換程式庫：

```
from numpy.fft import fft, ifft
```

其中，導入快速傅立葉轉換(fft)與反轉換(ifft)，您可以比較 x 與 xx 的結果，驗證傅立葉轉換的可逆性。

事實上，SciPy 的科學運算程式庫，提供更完整的快速傅立葉轉換函式庫，稱為 fftpack。因此，上述 Python 程式碼中，也可以改用下列程式碼：

```
from scipy.fftpack import fft, ifft
```

得到的結果相同。

習題

選擇題

(　) 1. 誰提出的理論主要是用來進行**頻率分析**(Frequency Analysis)？
(A) 牛頓　(B) 歐拉　(C) 高斯　(D) 傅立葉　(E) 愛因斯坦

(　) 2. 任何週期性函數，可以表示成不同頻率、不同振幅的餘弦函數或正弦函數，所加總而得的無窮級數。這個無窮級數稱為何？
(A) 等差級數　(B) 等比級數　(C) 泰勒級數　(D) 傅立葉級數
(E) 以上皆非

(　) 3. 傅立葉級數在函數不連續處，會有明顯的波峰產生誤差，這個現象稱為何？
(A) Aliasing 現象　(B) Gibbs 現象　(C) Hysteresis 現象　(D) Latency 現象
(E) 以上皆非

(　) 4. 下列何種函數的傅立葉轉換是 sinc 函數？
(A) 脈衝函數　(B) 步階函數　(C) 脈波函數　(D) 高斯函數
(E) 以上皆非

(　) 5. 下列何種函數的傅立葉轉換是高斯函數？
(A) 脈衝函數　(B) 步階函數　(C) 脈波函數　(D) 高斯函數
(E) 以上皆非

(　) 6. 下列有關**卷積定理**(Convolution Theorem)的公式，何者正確？
(A) $\mathcal{F}\{f(t) \cdot g(t)\} = F(\omega) \cdot G(\omega)$　　(B) $\mathcal{F}\{f(t) * g(t)\} = F(\omega) \cdot G(\omega)$
(C) $\mathcal{F}\{f(t) \cdot g(t)\} = F(\omega) * G(\omega)$　　(D) $\mathcal{F}\{f(t) * g(t)\} = F(\omega) * G(\omega)$
(E) 以上皆非

觀念複習

1. 請定義下列專有名詞：

   (a) **傳立葉級數**(Fourier Series)

   (b) **傳立葉轉換**(Fourier Transforms)

   (c) **離散時間傅立葉轉換**(Discrete-Time Fourier Transforms)

   (d) **離散傅立葉轉換**(Discrete Fourier Transform)

2. 請簡述何謂傳立葉級數。

3. 請於下表中，填入**連續**(Continuous)或**離散**(Discrete)：

轉換	時間域	頻率域
傳立葉轉換		
離散時間傅立葉轉換		
離散傅立葉轉換		

4. 求下列週期性函數的傅立葉級數：

   (a) $x(t) = \begin{cases} -1 & \text{if } -\pi < t < 0 \\ 1 & \text{if } 0 \le t < \pi \end{cases}, x(t) = x(t+2\pi)$

   (b) $x(t) = t, -2 < t < 2, x(t) = x(t+4)$

   (c) $x(t) = |t|, -\pi < t < \pi, x(t) = x(t+2\pi)$

5. 求下列函數的傳立葉轉換：

   (a) $x(t) = 5\delta(t)$

   (b) $x(t) = \cos(2\pi t)$

   (c) $x(t) = \begin{cases} 1 & \text{if } -1/2 < t < 1/2 \\ 0 & \text{otherwise} \end{cases}$

   (d) $x(t) = \delta(t-2)$

   (e) $x(t) = e^{-t^2/2}$

6. 證明傅立葉轉換的第一平移定理：

$$\mathcal{F}\{f(t-t_0)\} = F(\omega) \cdot e^{j\omega t_0}$$

7. 證明傅立葉轉換的第二平移定理：

$$\mathcal{F}\{f(t) \cdot e^{j\omega_0 t}\} = F(\omega - \omega_0)$$

8. 證明卷積定理：

$$\mathcal{F}\{f * g\} = \mathcal{F}\{f\} \cdot \mathcal{F}\{g\}$$

9. 證明高斯函數的傅立葉轉換，形成另一個高斯函數：

$$\mathcal{F}\{e^{-\frac{t^2}{2\sigma^2}}\} = \sqrt{2\pi\sigma^2} \; e^{-\frac{1}{2}\sigma^2 \omega^2}$$

   其中，σ 為標準差。

10. 求下列數位訊號的**離散時間傅立葉轉換**(DTFT)：

   (a) $x(t) = 2\delta(t)$

   (b) $x(t) = \delta(t) + \delta(t-1)$

   (c) $x(t) = (0.2)^n u[n]$

11. 給定下列數位訊號，其中 $N = 4$，求**離散傅立葉轉換**(DFT)：

   (a) $x = \{1, 4, 3, 2\}, n = 0, 1, 2, 3$

   (b) $x = \{1, 2, -1, 0\}, n = 0, 1, 2, 3$

   (c) $x = \{1, 2, 1, 2\}, n = 0, 1, 2, 3$

12. 給定下列傅立葉轉換的結果，求反離散傅立葉轉換：

   (a) $X = \{10, -2 + 2j, -2, -2 - 2j\}$

   (b) $X = \{8, -3 - j, 2, -3 + j\}$

   (c) $X = \{3, 2 - j, -3, 2 + j\}$

💡 專案實作

1. 若週期性函數(三角波)是定義為：

   $$x(t) = t, -1 < t < 1, x(t) = x(t+2)$$

   (a) 求函數的 **傅立葉級數**(Fourier Series)。

   (b) 使用 Python 程式實作，繪製部分總和圖，包含：第 1 項、前 2 項非零項、前 3 項非零項與前 4 項非零項等。

   (c) 設計 Python 程式，繪製包含前 50 項非零項的部分總和圖。

   (d) 簡述您在三角波所觀察到的 Gibbs 現象。

2. 使用 Python 程式實作，根據下列數位訊號求**離散傅立葉轉換**(DFT)：

   (a) $x = \{1, 4, 3, 2\}, n = 0, 1, 2, 3$

   (b) $x = \{1, 2, -1, 0\}, n = 0, 1, 2, 3$

   (c) $x = \{1, 2, 1, 2\}, n = 0, 1, 2, 3$

3. 使用 Python 程式實作，驗證卷積定理。若數位訊號為：

   $$x = \{1, 2, 4, 3, 2, 1, 1\}, n = 0, 1, ..., 6$$

   脈衝響應為：

   $$h = \frac{1}{7}\{1, 1, 1, 1, 1, 1\}, n = 0, 1, ..., 6$$

   (a) 求卷積的結果：$f * g$。

   (b) 求卷積的離散傅立葉轉換：$\mathcal{F}\{f * g\} = \mathcal{F}\{f\} \cdot \mathcal{F}\{g\}$。

   (c) 分別求離散傅立葉轉換後，再求乘積：$\mathcal{F}\{f\} \cdot \mathcal{F}\{g\}$。

   (d) 比較以上的結果，說明是否符合卷積定理。

   (e) 根據(b)的結果求反離散傅立葉轉換，並與(a)的結果比較。

CHAPTER **10**

z 轉換

本章介紹 **z 轉換**(z Transform)，是將離散的數位訊號表示成複數指數函數的一種數學工具。我們將討論 z 轉換的基本定義，並列舉 z 轉換的範例，同時討論 z 轉換的基本性質。接著，使用 z 轉換求 LTI 系統的轉換函式，並求零點與極點等參數，藉以分析 LTI 系統的特性。最後，則介紹反 z 轉換。

學習單元

- z 轉換
- z 轉換範例
- z 轉換性質
- 轉換函式
- 零點與極點
- 反 z 轉換

10-1　z 轉換

在數學領域中，z 轉換源自**拉普拉斯轉換**(Laplace Transform)，主要是適用於**離散時間域**(Discrete-Time　Domain)的數位訊號分析[1]。若與**離散時間傅立葉轉換**(Discrete-Time Fourier Transform, DTFT)相比較，z 轉換提供更廣義的訊號表示法，因此可以用來分析 DSP 系統的操作特性。

進一步說明，DTFT 是針對**絕對可加總序列**(Absolute Summable Sequence)進行轉換，因此僅適合用來分析穩定的 LTI 系統；z 轉換的應用範圍較為廣泛，同時也可以用來分析不穩定的 LTI 系統。

定義　**z 轉換**

給定離散序列 $x[n]$，則 **z 轉換**(z Transform)可以定義為：

$$X(z) = \mathcal{Z}\{x[n]\} = \sum_{n=-\infty}^{\infty} x[n]\, z^{-n}$$

反 z 轉換(Inverse z Transform)可以定義為：

$$x[n] = \mathcal{Z}^{-1}\{X(z)\} = \frac{1}{2\pi j}\oint_C X(z)\, z^{n-1} dz$$

其中，C 是包含原點的逆時針封閉路徑，落在**收斂區域**內。

觀念上，**z 轉換**是將**離散時間域**(Discrete-Time Domain)的序列 $x[n]$，轉換成 **z 域**(z Domain)的函數 $X(z)$，其中，$\mathcal{Z}\{\bullet\}$ 表示 z 轉換。z 轉換符合**可逆性**，因此可以使用反(逆)**z 轉換**(Inverse z Transform)將函數 $X(z)$ 還原成原始的序列 $x[n]$，其中 $\mathcal{Z}^{-1}\{\bullet\}$ 表示反 z 轉換(或逆 z 轉換)，如圖 10-1。

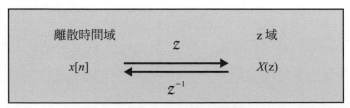

圖 10-1　z 轉換示意圖

---

[1]　**拉普拉斯轉換**(Laplace Transform)，簡稱**拉氏轉換**，是工程數學課程討論的主題，適合用來分析連續時間域的函數。由於本書是以離散時間域的數位訊號為主要對象，因此在此直接介紹 z 轉換。

若與**離散時間傅立葉轉換**(Discrete-Time Fourier Transform, DTFT)比較：

$$X(e^{j\omega}) = \sum_{n=-\infty}^{\infty} x[n]\, e^{-j\omega n}$$

可以發現：

$$z = e^{j\omega}$$

因此，z 轉換可以視為是 DTFT 的另一種表示法，在 DSP 系統的分析與設計過程中，是相當重要的數學工具。

定義　**收斂區域**

收斂區域(Region of Convergence, ROC)是指使得 z 轉換收斂的複數平面上的 z 點集合，定義如下：

$$ROC = \left\{ z : \left| \sum_{n=-\infty}^{\infty} x[n]\, z^{-n} \right| < \infty \right\}$$

其中，C 是包含原點的逆時針封閉路徑，落在**收斂區域**內。

10-2　z 轉換範例

本節介紹幾個典型的 **z 轉換**範例，並討論其**收斂區域**。

範例 10-1

給定單位脈衝 $\delta[n]$，求 z 轉換，並決定其**收斂區域**(ROC)。

答

單位脈衝 $\delta[n]$ 的 z 轉換為：

$$Z\{\delta[n]\} = \sum_{n=-\infty}^{\infty} \delta[n]\, z^{-n} = \delta[0]\, z^{-0} = 1$$

收斂區域為複數平面上所有的 z 點集合(all z)。

範例 10-2

給定單位步階 $u[n]$，求 z 轉換，並決定其**收斂區域**(ROC)。

答

單位步階 $u[n]$ 的 z 轉換為：

$$Z\{u[n]\} = \sum_{n=-\infty}^{\infty} u[n]\, z^{-n} = \sum_{n=0}^{\infty} z^{-n} = \frac{1}{1-z^{-1}}$$

收斂區域為：$\left| z^{-1} \right| < 1$ 或 $|z| > 1$。

範例 10-3

給定單位脈衝的時間延遲 $\delta[n-k]$，其中 $k>0$，求 z 轉換，並決定其**收斂區域**(ROC)。

答

單位脈衝的時間延遲 $\delta[n-k]$，其中 $k>0$，則 z 轉換為：

$$Z\{\delta[n-k]\} = \sum_{n=-\infty}^{\infty} \delta[n-k]\, z^{-n} = z^{-k}$$

收斂區域為複數平面上所有的 z 點集合，但不包含原點(all z, $z \neq 0$)。

範例 10-4

若數位訊號是定義如下：

$$x = \{x[n]\}, n = 0, 1, \dots, 5$$

或

$$x = \{1, 2, 4, 3, 2, 1\}, n = 0, 1, \dots, 5$$

求 z 轉換，並決定其**收斂區域**(ROC)。

答

數位訊號 $x[n]$，若以圖形表示，如圖 10-2。數位訊號的 z 轉換為：

$$X(z) = \sum_{n=-\infty}^{\infty} x[n]\, z^{-n} = 1 + 2z^{-1} + 4z^{-2} + 3z^{-3} + 2z^{-4} + z^{-5}$$

收斂區域為複數平面上所有的 z 點集合，但不包含原點(all z, $z \neq 0$)。

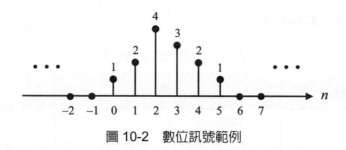

圖 10-2　數位訊號範例

範例 10-5

若數位訊號是定義如下：

$$x[n] = (0.5)^n u[n]$$

求 z 轉換，並決定其**收斂區域**(ROC)。

數位訊號的 z 轉換為：

$$X(z) = \sum_{n=-\infty}^{\infty} x[n] z^{-n} = \sum_{n=-\infty}^{\infty} (0.5)^n u[n] z^{-n} = \sum_{n=0}^{\infty} (0.5)^n z^{-n} = \sum_{n=0}^{\infty} (0.5\,z^{-1})^n = \frac{1}{1 - 0.5\,z^{-1}}$$

其中，使用等比級數公式：

$$\sum_{r=0}^{\infty} r^n = 1 + r + r^2 + \cdots = \frac{1}{1-r}$$

使得以上無窮級數收斂的條件為 $|r| < 1$。因此，z 轉換的收斂區域為：

$$\left| 0.5\,z^{-1} \right| < 1 \text{ 或 } |z| > 0.5$$

如圖 10-3。

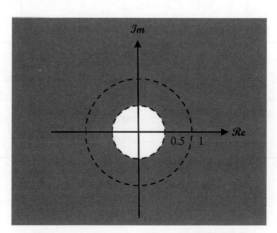

圖 10-3　$x[n] = (0.5)^n u[n]$的收斂區域

常見的 z 轉換，歸納如表 10-1。

表 10-1　常見的 z 轉換表

離散序列	z 轉換	ROC
$\delta[n]$	1	All z
$\delta[n-k]$	z^{-k}	$z \neq 0, k > 0$
$u[n]$	$\dfrac{1}{1-z^{-1}}$　或　$\dfrac{z}{z-1}$	$|z| > 1$
$-u[-n-1]$	$\dfrac{1}{1-z^{-1}}$　或　$\dfrac{z}{z-1}$	$|z| < 1$
$a^n u[n]$	$\dfrac{1}{1-a\,z^{-1}}$　或　$\dfrac{z}{z-a}$	$|z| > |a|$
$-a^n u[-n-1]$	$\dfrac{1}{1-a\,z^{-1}}$　或　$\dfrac{z}{z-a}$	$|z| < |a|$
$n\,u[n]$	$\dfrac{z^{-1}}{(1-z^{-1})^2}$　或　$\dfrac{z}{(z-1)^2}$	$|z| > 1$
$n^2 u[n]$	$z^{-1}\dfrac{(1+z^{-1})}{(1-z^{-1})^3}$　或　$\dfrac{z(z+1)}{(z-1)^3}$	$|z| > 1$
e^{-an}	$\dfrac{1}{1-e^{-a}z^{-1}}$　或　$\dfrac{z}{z-e^{-a}}$	$|z| > |e^{-a}|$
$\sin \omega_0 n$	$\dfrac{z \sin \omega_0}{z^2 - 2z \cos \omega_0 + 1}$	$|z| > 1$
$\cos \omega_0 n$	$\dfrac{z(z - \cos \omega_0)}{z^2 - 2z \cos \omega_0 + 1}$	$|z| > 1$

10-3　z 轉換的性質

定理　**線性運算原則**

z 轉換符合線性運算原則，即：
$$Z\{\alpha x_1[n]+\beta x_2[n]\}=\alpha X_1(z)+\beta X_2(z)$$

證明

$$Z\{\alpha x_1[n]+\beta x_2[n]\}=\sum_{n=-\infty}^{\infty}\left(\alpha x_1[n]+\beta x_2[n]\right)z^{-n}$$

$$=\alpha\sum_{n=-\infty}^{\infty}x_1[n]\,z^{-n}+\beta\sum_{n=-\infty}^{\infty}x_2[n]\,z^{-n}$$

$$=\alpha\,Z\{x_1[n]\}+\beta\,Z\{x_2[n]\}$$

$$=\alpha X_1(z)+\beta X_2(z)$$

❑

定理　**時間延遲**

若 $x[n]$ 的 z 轉換為 $X(z)$，則時間延遲 $x[n-k]$ 的 z 轉換為：
$$Z\{x[n-k]\}=z^{-k}X(z)$$

證明

$$Z\{x[n-k]\}=\sum_{n=-\infty}^{\infty}x[n-k]\,z^{-n}$$

$$=\sum_{n=-\infty}^{\infty}x[j]\,z^{-(j+k)}\quad 設\quad j=n-k,\,n=j+k$$

$$=\sum_{j=-\infty}^{\infty}x[j]\,z^{-j}z^{-k}$$

$$=z^{-k}\sum_{j=-\infty}^{\infty}x[j]\,z^{-j}=z^{-k}X(z)$$

❑

10-4   轉換函式

考慮 LTI 系統方塊圖，如圖 10-4。

輸入訊號與輸出訊號的關係為：

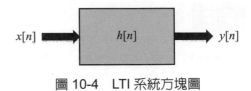

$$y[n] = h[n] * x[n]$$

圖 10-4   LTI 系統方塊圖

其中，$h[n]$ 稱為**脈衝響應**(Impulse Response)。在此，卷積定理也成立：

$$\mathcal{Z}\{y[n]\} = \mathcal{Z}\{h[n] * x[n]\} = \mathcal{Z}\{h[n]\} \cdot \mathcal{Z}\{x[n]\}$$

或

$$Y(z) = H(z) \cdot X(z)$$

因此可以表示成：

$$H(z) = \frac{Y(z)}{X(z)}$$

稱為 LTI 系統的**轉換函式**(Transform Function)或**系統函式**(System Function)。

10-5   零點與極點

LTI 系統的轉換函式，可以用**有理式函數**(Rational Function)的型態表示成一般型，分子與分母均為 z^{-1} 的多項式函數：

$$H(z) = \frac{b_0 + b_1 z^{-1} + \cdots + b_M z^{-M}}{a_0 + a_1 z^{-1} + \cdots + b_N z^{-N}}$$

其中，牽涉的係數包含 $\{a_k\}, k = 0, 1, 2, \ldots, N$ 與 $\{b_k\}, k = 0, 1, 2, \ldots, M$。系統的轉換函式可以進一步因式分解表示成：

$$H(z) = \frac{b_0}{a_0} z^{N-M} \frac{\prod_{l=1}^{M}(z - z_l)}{\prod_{l=1}^{N}(z - p_l)}$$

在此，使得分子多項式為 0 的所有根，即 $z = z_l, l = 1, 2, ..., M$ ，稱為**零點**(Zeros)；使得分母多項式為 0 的所有根，即 $z = p_l, l = 1, 2, ..., N$ ，稱為**極點**(Poles)；b_0 / a_0 稱為系統的**增益**(Gain)。

範例 10-6

若 LTI 系統的轉換函式是定義為：

$$H(z) = \frac{1}{1 - z^{-1}}$$

求收斂區域、零點與極點。

答

LTI 系統的轉換函式可以表示成：

$$H(z) = \frac{1}{1 - z^{-1}} \quad 或 \quad H(z) = \frac{z}{z - 1}$$

因此，收斂區域為 $|z| > 1$ ，零點為 $z = 0$ ，極點為 $z = 1$ ，如圖 10-5。

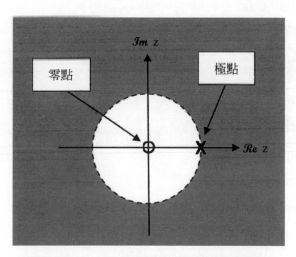

圖 10-5　$H(z)$的收斂區域、零點與極點

根據圖 10-5，ROC 為 $|z| > 1$ ，即是圖中的灰色區域，自**單位圓**(Unit Circle)向外延伸至 ∞。z 的複數平面中，**零點**是以符號 o 表示，**極點**則是以符號 x 表示。

| 定理 | 穩定系統與極點 |

若 LTI 系統的轉換函式 $H(z)$可以表示成有理式函數，則 LTI 系統為**穩定系統**，若且惟若 $H(z)$的所有極點均落在複數平面的單位圓內。

換言之，LTI 系統為穩定系統的充要條件為：「根據 LTI 系統的轉換函式，所有的極點均落在複數平面的單位圓內」。若條件不成立，則構成不穩定的 LTI 系統。上述範例 $H(z) = \dfrac{1}{1-z^{-1}}$ 的極點剛好落在單位圓上，因此是不穩定的系統。

舉例說明，若 LTI 系統的轉換函式是定義為：

$$H(z) = \frac{0.8 - 0.16z^{-1} - 0.64z^{-2}}{1 - 0.2z^{-1} - 0.2z^{-2} + z^{3}}$$

我們可以使用 Python 程式，協助我們求系統的**零點**(Zeros)、**極點**(Poles)與**增益**(Gain)等參數。在此，使用 SciPy 的 Signal 軟體套件，其中提供的 tf2zpk 函式，即是指 Transfer Function to Zeros / Poles / Gain。

Python 程式碼如下：

tf2zpk.py

```
1    import numpy as np
2    import scipy.signal as signal
3    import matplotlib.pyplot as plt
4    from matplotlib import patches
5    from matplotlib.markers import MarkerStyle
6
7    def zplane(z, p):
8        fig = plt.figure( )
9        ax = plt.subplot( 1, 1, 1 )
10
11       unit_circle = patches.Circle(( 0,0 ), radius = 1, fill = False, color = 'black', ls =
     'dashed' )
```

```
12          ax.add_patch( unit_circle )
13          plt.axvline( 0, color = 'black' )
14          plt.axhline( 0, color = 'black' )
15          plt.xlim(( -2, 2 ))
16          plt.ylim(( -1.5, 1.5 ))
17          plt.grid( )
18
19          plt.plot( z.real, z.imag, 'ko', fillstyle = 'none', ms = 12 )
20          plt.plot( p.real, p.imag, 'kx', fillstyle = 'none', ms = 12 )
21          return fig
22
23  def main( ):
24          b = np.array( [ 0.8, -0.16, -0.64 ] )
25          a = np.array( [ 1, -0.2, -0.2, 1 ] )
26          z, p, k = signal.tf2zpk( b, a )
27
28          print( "Zeros =", z )
29          print( "Poles =", p )
30          print( "Gain =", k )
31
32          zplane( z, p )
33          plt.show( )
34
35  main( )
```

　　除了求零點與極點之外，本程式範例定義 zplane 函式，模擬 Matlab 提供的功能，可以用來繪製零點與極點在複數平面上的分布情形，其中**零點**是以符號 o 表示，**極點**則是以符號 x 表示。此外，繪製單位圓以供參考。

執行 Python 程式的結果如下：

```
D:\DSP> Python tf2zpk.py
Zeros = [ 1.   -0.8]
Poles = [ 0.6+0.8j   0.6-0.8j -1.0+0.j ]
Gain = 0.8
```

使用 Python 程式繪製 $H(z)$ 的零點與極點，結果如圖 10-6。

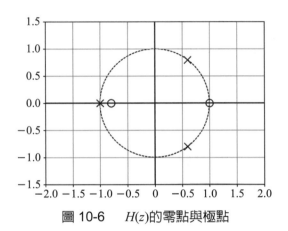

圖 10-6 　 $H(z)$的零點與極點

若是想根據零點與極點，求轉換函式的係數，可以使用 zp2tf 函式，即是指 Zeros / Poles to Transfer Function。

Python 程式碼如下：

zp2tf.py

```
1   import numpy as np
2   import scipy.signal as signal
3
4   z = np.array( [ -0.8, 1 ] )
5   p = np.array( [ 0.6 + 0.8j, 0.6 - 0.8j, -1 ] )
6   k = 0.8
7
8   b, a = signal.zpk2tf( z, p, k )
9
10  print( "Numerator Polynomial Coefficients =", b )
11  print( "Denominator Polynomial Coefficients =", a )
```

執行 Python 程式的結果如下：

```
D:\DSP> Python zp2tf.py
Numerator Polynomial Coefficients = [ 0.8    -0.16    -0.64]
Denominator Polynomial Coefficients = [ 1.    -0.2    -0.2    1. ]
```

10-6　反 z 轉換

反 z 轉換(Inverse z Transform)是將函數 $X(z)$ 還原成離散序列 $x[n]$，可以定義為：

$$x[n] = \mathcal{Z}^{-1}\{X(z)\} = \frac{1}{2\pi j}\oint_C X(z)\, z^{n-1}dz$$

其中 $\mathcal{Z}^{-1}\{\cdot\}$ 表示反 z 轉換(或逆 z 轉換)，C 為封閉曲線。雖然反 z 轉換的定義牽涉封閉曲線積分，在實際反 z 轉換過程中，通常是採用下列方式，包含：

(1) **長除法**(Long Division Method)。

(2) **部份分式展開法**(Partial Fraction Expansion Method)。

(3) **餘數法**(Residue Method)。

以下分別說明之。

10-6-1　長除法

訊號或系統的 z 轉換，通常是表示成兩個多項式相除的型態，因此可以表示成**冪級數**(Power Series)如下：

$$X(Z) = \frac{N(z)}{D(z)} = \sum_{n=0}^{\infty} a_n z^{-n} = a + a_1 z^{-1} + a_2 z^{-2} + \cdots$$

其中，$N(z)$ 為**分子**(Numerator)多項式，$D(z)$ 為**分母**(Denominator)多項式。因此，求反 z 轉換時，可以使用**長除法**(Long Division Method)求**冪級數**的係數。

範例 10-7

若訊號的 z 轉換函式為：

$$X(z) = \frac{1 + z^{-1} + 2z^{-2} - z^{-3} + 3z^{-4}}{1 - z^{-1} + z^{-2}}$$

求反 z 轉換。

答

使用長除法如下：

$$
\require{enclose}
\begin{array}{r}
1 + 2z^{-1} + 3z^{-2} \\
1 - z^{-1} + z^{-2}\enclose{longdiv}{\;1 + z^{-1} + 2z^{-2} - z^{-3} + 3z^{-4}} \\
1 - z^{-1} + z^{-2} \\
\hline
2z^{-1} + z^{-2} - z^{-3} \\
2z^{-1} - 2z^{-2} + 2z^{-3} \\
\hline
3z^{-2} - 3z^{-3} + 3z^{-4} \\
3z^{-2} - 3z^{-3} + 3z^{-4} \\
\hline
0
\end{array}
$$

因此，$X(z)$ 可以化簡為：

$$X(z) = \frac{1 + z^{-1} + 2z^{-2} - z^{-3} + 3z^{-4}}{1 - z^{-1} + z^{-2}} = 1 + 2z^{-1} + 3z^{-2}$$

若求反 z 轉換，可得下列結果：

$$x[n] = \mathcal{Z}^{-1}\{X(z)\} = \mathcal{Z}^{-1}\{1 + 2z^{-1} + 3z^{-2}\} = \delta[n] + 2\delta[n-1] + 3\delta[n-2]$$

或

$$x[n] = \{1, 2, 3\}, n = 0, 1, 2$$

□

若 $X(z)$ 是定義為：

$$X(z) = \frac{b_0 + b_1 z^{-1} + \cdots + b_M z^{-M}}{a_0 + a_1 z^{-1} + \cdots + b_N z^{-N}}$$

其中，牽涉的係數包含 $\{a_k\}, k = 0, 1, 2, \ldots, N$ 與 $\{b_k\}, k = 0, 1, 2, \ldots, M$。長除法可以使用遞迴公式表示成：

$$x[n] = \left[b_n - \sum_{i=1}^{n} x[n-i] \, a_i \right] / a_0, \ n = 1, 2, \cdots$$

其中，

$$x[0] = b_0 / a_0$$

因此，可以使用 Python 程式實現。

Python 程式碼如下：

long_division.py

```
1    import numpy as np
2
3    b = np.array( [ 1, 1, 2, -1, 3 ] )
4    a = np.array( [ 1, -1, 1, 0, 0 ] )
5
6    M = b.size
7    N = a.size
8    x = np.zeros( M )
9    x[0] = b[0] / a[0]
10   for n in range( 1, M ):
11       sum = 0
         k = n
12       if n > N:
13           k = N
14       for i in range( 1, k + 1 ):
15           sum = sum + x[n-i] * a[i]
16       x[n] = ( b[n] - sum ) / a[0]
17
18   print( x )
```

10-6-2 部份分式展開法

訊號或系統的 z 轉換中，若分母的多項式 $D(z)$ 可以進一步因式分解，則可以使用 **部份分式展開法**(Partial Fraction Expansion Method)求反 z 轉換。

範例 10-8

若訊號的 z 轉換函式為：

$$X(z) = \frac{1}{1 - 3z^{-1} + 2z^{-2}}$$

求反 z 轉換。

答

$X(z)$ 的分母多項式可以因式分解成：

$$1 - 3z^{-1} + 2z^{-2} = (1 - z^{-1})(1 - 2z^{-1})$$

因此，可以假設：

$$X(z) = \frac{1}{1 - 3z^{-1} + 2z^{-2}} = \frac{A}{1 - z^{-1}} + \frac{B}{1 - 2z^{-1}}$$

其中 A、B 為常係數。通分後可得：

$$1 = A(1 - 2z^{-1}) + B(1 - z^{-1})$$

其中 A、B 可以使用下列方法求得：

$$設\ z = 1 \Rightarrow 1 = A(1 - 2) + B(1 - 1) \Rightarrow A = -1$$

$$設\ z = 2 \Rightarrow 1 = A(1 - 1) + B(1 - \frac{1}{2}) \Rightarrow B = 2$$

因此，$X(z)$ 可以化簡為：

$$X(z) = \frac{1}{1 - 3z^{-1} + 2z^{-2}} = \frac{-1}{1 - z^{-1}} + \frac{2}{1 - 2z^{-1}}$$

若求反 z 轉換，可得下列結果：

$$x[n] = \mathcal{Z}^{-1}\{X(z)\} = \mathcal{Z}^{-1}\left\{ \frac{1}{1 - 3z^{-1} + 2z^{-2}} \right\} = \mathcal{Z}^{-1}\left\{ \frac{-1}{1 - z^{-1}} + \frac{2}{1 - 2z^{-1}} \right\}$$

$$= -u[n] + 2 \cdot (2)^n u[n] = \left[-1 + 2^{n+1} \right] u[n]$$

10-6-3　餘數法

反 z 轉換的公式是定義為：

$$x[n] = \mathcal{Z}^{-1}\{X(z)\} = \frac{1}{2\pi j}\oint_C X(z)\,z^{n-1}dz$$

其中，C 為包含 $X(z)$ 所有極點的封閉曲線。**餘數法**(Residue Method)是根據複變分析的基本定理，稱為**柯西餘數定理**(Cauchy's Residue Theorem)。

> **定理　柯西餘數定理**
>
> $$x[n] = \mathcal{Z}^{-1}\{X(z)\} = \frac{1}{2\pi j}\oint_C X(z)\,z^{n-1}dz$$
>
> $$= \text{封閉曲線 } C \text{ 內的所有極點，取 } z^{n-1}X(z) \text{ 的餘數總和}$$

若 $X(z)$ 的某個極點為 p_k，則該極點的**餘數**(Residue)為：

$$\text{Residue}\big[F(z),\,p_k\big] = (z - p_k)\,F(z)\big|_{z=p_k} = (z - p_k)\,z^{n-1}X(z)\big|_{z=p_k}$$

其中，$F(z) = z^{n-1}X(z)$。

範例 10-9

若訊號的 z 轉換函式為：

$$X(z) = \frac{z}{(z-0.75)(z+0.5)}$$

求反 z 轉換

答

$X(z)$ 的極點分別為 $z = 0.75$ 與 $z = -0.5$。

當 $z = 0.75\,(p_1 = 0.75)$時$\Rightarrow$

$$\text{Residue}\big[F(z),\,p_1\big]$$

$$= (z - p_1)\,z^{n-1}X(z)\big|_{z=p_1} = (z - 0.75)\,z^{n-1}\frac{z}{(z-0.75)(z+0.5)}\bigg|_{z=0.75}$$

$$= \frac{z^n}{(z+0.5)}\bigg|_{z=0.75} = \frac{(0.75)^n}{0.75+0.5} = \frac{4}{5}(0.75)^n$$

當 $z = -0.5(\,p_2 = -0.5\,)$時$\Rightarrow$

$$\text{Residue}\big[F(z),\, p_2\big]$$

$$= (z - p_2)\, z^{n-1} X(z)\Big|_{z=p_2} = (z + 0.5)\, z^{n-1} \frac{z}{(z - 0.75)(z + 0.5)}\bigg|_{z=-0.5}$$

$$= \frac{z^n}{(z - 0.75)}\bigg|_{z=-0.5} = \frac{(-0.5)^n}{-0.5 - 0.75} = -\frac{4}{5}(-0.5)^n$$

根據柯西餘數定理，反 z 轉換為餘數總和：

$$x[n] = \text{Residue}\big[F(z),\, p_1\big] + \text{Residue}\big[F(z),\, p_2\big]$$

因此，反 z 轉換的結果為：

$$x[n] = \left[\frac{4}{5}(0.75)^n - \frac{4}{5}(-0.5)^n\right] u[n]$$

❑

習題

選擇題

(　　) 1. 下列何種轉換提供廣義的訊號表示法，適合用來分析 DSP 系統的操作特性？
(A) 拉普拉斯轉換　(B) 傅立葉轉換　(C) z 轉換　(D) 希爾伯特轉換
(E) 以上皆非

(　　) 2. 單位脈衝 $\delta[n]$ 的 z 轉換，其收斂區域為何？
(A) All z　(B) All z, $z \neq 0$　(C) $|z| < 1$　(D) $|z| > 1$　(E) 以上皆非

(　　) 3. 單位步階 $u[n]$ 的 z 轉換，其收斂區域為何？
(A) All z　(B) All z, $z \neq 0$　(C) $|z| < 1$　(D) $|z| > 1$　(E) 以上皆非

(　　) 4. 若 LTI 系統的轉換函式 $H(z)$ 可以表示成有理式函數，則下列何種情形可以保證 LTI 系統為穩定系統？
(A) $H(z)$ 的所有極點均落在複數平面的單位圓內
(B) $H(z)$ 的所有極點均落在複數平面的單位圓外
(C) $H(z)$ 的所有零點均落在複數平面的單位圓內
(D) $H(z)$ 的所有零點均落在複數平面的單位圓外

(　　) 5. 若 LTI 系統的轉換函式為：
$$H(z) = \frac{1}{(1 - z^{-1})(1 - 2z^{-1})}$$ 則該系統為何種系統？
(A) 穩定系統　(B) 不穩定系統　(C) 不一定

(　　) 6. 已知 LTI 系統的極點分別為 -0.5、$0.3 + 0.4\,j$、$0.3 - 0.4\,j$，則該系統為何種系統？
(A) 穩定系統　(B) 不穩定系統　(C) 不一定

觀念複習

1. 請定義下列專有名詞：

   (a) **z 轉換**(z Transform)

   (b) **反 z 轉換**(Inverse z Transform)

   (c) **轉換函式**(Transfer Function)

2. 給定下列數位訊號，求 z 轉換，並決定其**收斂區域**(ROC)：

   (a) $x[n] = 5\delta[n]$

   (b) $x[n] = u[n]$

   (c) $x[n] = \delta[n-2]$

   (d) $x[n] = (0.2)^n u[n]$

   (e) $x[n] = \delta[n] + 3\delta[n-2]$

3. 若數位訊號是定義如下：

   $$x = \{1, 2, 3, 1\}, n = 0, 1, 2, 3$$

   求 z 轉換，並決定其**收斂區域**(ROC)

4. 給定下列系統的轉換函式，求**零點**(Zeros)與**極點**(Poles)：

   (a) $H(z) = \dfrac{1}{1 - z^{-2}}$

   (b) $H(z) = \dfrac{1}{1 + 0.4z^{-2}}$

   (c) $H(z) = \dfrac{1 - 0.2z^{-1}}{1 - 2z^{-1} + 1.25z^{-2}}$

   (d) $H(z) = \dfrac{1 - 0.1z^{-1}}{1 - 0.4z^{-1} + 0.2z^{-2}}$

   (e) $H(z) = \dfrac{1 - 0.5z^{-1}}{1 - 0.1z^{-1} + z^{-2} - 0.1z^{-3}}$

5. 給定下列系統的轉換函式，判斷系統是否為穩定：

(a) $H(z) = 1 - z^{-1}$

(b) $H(z) = \dfrac{1}{1 - z^{-2}}$

(c) $H(z) = \dfrac{1}{1 + 0.4z^{-2}}$

(d) $H(z) = \dfrac{1 - 0.1z^{-1}}{1 - 0.4z^{-1} + 0.2z^{-2}}$

6. 給定訊號的 z 轉換函式如下，試使用長除法，求反 z 轉換：

(a) $X(z) = \dfrac{1 + z^{-1} - 3z^{-2} - z^{-3} + 2z^{-4}}{1 - 2z^{-1} + z^{-2}}$

(b) $X(z) = \dfrac{1 + 3z^{-1} + 2z^{-2} - z^{-3} - z^{-4}}{1 + 2z^{-1} + z^{-2}}$

7. 給定訊號的 z 轉換函式如下，試使用部份分式展開法，求反 z 轉換：

(a) $X(z) = \dfrac{1}{1 - 5z^{-1} + 6z^{-2}}$

(b) $X(z) = \dfrac{1}{1 - 5z^{-1} + 4z^{-2}}$

(c) $X(z) = \dfrac{1}{(1 + z^{-1})(1 - z^{-1})^2}$

8. 給定訊號的 z 轉換函式如下，試使用餘數法，求反 z 轉換：

(a) $X(z) = \dfrac{z}{(z - 1)(z - 2)}$

(b) $X(z) = \dfrac{1}{(z - 0.25)(z - 0.5)}$

💡 專案實作

1. 使用 Python 程式實作，根據下列的 z 轉換函式，求零點與極點，並繪製圖形表示之。請同時繪製單位圓，以供比較。

    (a)　$H(z) = \dfrac{1 - 0.2z^{-1}}{1 - 2z^{-1} + 1.25z^{-2}}$

    (b)　$H(z) = \dfrac{1 - 0.1z^{-1}}{1 - 0.4z^{-1} + 0.2z^{-2}}$

    (c)　$H(z) = \dfrac{1 - 0.5z^{-1}}{1 - 0.1z^{-1} + z^{-2} - 0.1z^{-3}}$

2. 使用 Python 程式實作，根據下列的 z 轉換函式，並使用長除法，求反 z 轉換：

    (a)　$X(z) = \dfrac{1 + z^{-1} - 3z^{-2} - z^{-3} + 2z^{-4}}{1 - 2z^{-1} + z^{-2}}$

    (b)　$X(z) = \dfrac{1 + 3z^{-1} + 2z^{-2} - z^{-3} - z^{-4}}{1 + 2z^{-1} + z^{-2}}$

CHAPTER 11

FIR 濾波器

本章介紹**有限脈衝響應**(Finite Impulse Response)濾波器,簡稱 **FIR 濾波器**。DSP 技術中,FIR 濾波器為典型的**線性時間不變性**(Linear Time-Invariant, LTI)系統,而且是**因果系統**(Causal System),因此相當適合即時的 DSP 應用。

學習單元

- 基本概念
- FIR 濾波器
- FIR 濾波器應用

11-1　基本概念

移動平均(Moving Average)濾波器在 DSP 技術中，是相當簡單但也是相當有用的濾波器。我們在第六章已初步介紹 DSP 系統的基本概念，以數學式表示成：

$$y[n] = T\{x[n]\}$$

若**移動平均**(Moving Average)濾波器是定義為：

$$y[n] = \frac{1}{3}\big(x[n] + x[n+1] + x[n+2]\big)$$

輸入訊號為：

$$x = \{1, 2, 4, 3, 2, 1, 1\}, n = 0, 1, \dots, 6$$

如圖 11-1。

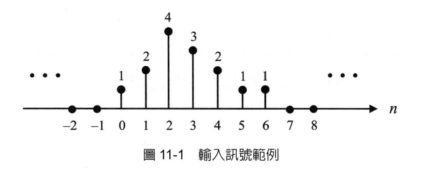

圖 11-1　輸入訊號範例

則輸出訊號為：

$$y[0] = \frac{1}{3}\big(x[0] + x[1] + x[2]\big) = \frac{1}{3}(1+2+4) = \frac{7}{3}$$

$$y[1] = \frac{1}{3}\big(x[1] + x[2] + x[3]\big) = \frac{1}{3}(2+4+3) = 3$$

…

以此類推。我們可以得到結果如下:

n	−2	−1	0	1	2	3	4	5	6	7	8
$x[n]$	0	0	1	2	4	3	2	1	1	0	0
$y[n]$	1/3	1	7/3	3	3	2	4/3	2/3	1/3		

如圖 11-2,若與輸入訊號相比較,結果較爲平滑。

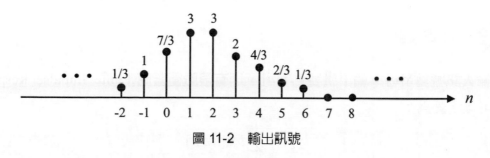

圖 11-2　輸出訊號

由於這個 DSP 系統在計算 $y[n]$ 的過程中,$x[n]$ 爲**目前**的輸入訊號,但 $x[n+1]$ 與 $x[n+2]$ 則是**未來**的輸入訊號,因此,上述移動平均的 DSP 系統屬於**非因果系統** (Non-Causal System),不適合即時性的 DSP 應用。

相對而言,若**移動平均**(Moving Average)濾波器是定義爲:

$$y[n] = \frac{1}{3}\big(x[n] + x[n-1] + x[n-2]\big)$$

在相同的輸入訊號情況下,可以得到結果如下:

n	−1	−2	0	1	2	3	4	5	6	7	8
$x[n]$	0	0	1	2	4	3	2	1	1	0	0
$y[n]$			1/3	1	7/3	3	3	2	4/3	2/3	1/3

如圖 11-3。

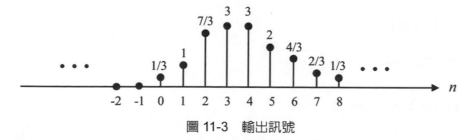

圖 11-3　輸出訊號

若仔細比較圖 11-2 與圖 11-3，您會發現兩者的結果其實是相同的，只是輸出訊號發生的時間點較慢。但是，第二種定義屬於**因果系統**(Causal System)，較適合即時性的 DSP 應用。

11-2　FIR 濾波器

| 定義 | FIR 濾波器 |

假設輸入訊號爲 $x[n]$，輸出訊號爲 $y[n]$，則**有限脈衝響應**(Finite Impulse Response, FIR)可以定義爲：

$$y[n] = \sum_{k=0}^{M} b_k x[n-k]$$

其中，$b_k, k = 0, 1, ..., M$ 稱爲 FIR 濾波器的**係數**(Coefficients)；M 稱爲濾波器的**階數**(Order)。

根據定義，FIR 濾波器可以展開成：

$$y[n] = b_0 x[n] + b_1 x[n-1] + ... + b_M x[n-M]$$

因此，輸出訊號 $y[n]$ 是根據目前的訊號 $x[n]$ 與過去的輸入訊號 $x[n-1]$、$x[n-2]$、…、$x[n-M]$ 進行**加權平均**(Weighted Average)運算而得。換言之，FIR 濾波器爲典型的**因果系統**(Causal System)，適合即時性的 DSP 應用。

通常 FIR 濾波器在輸入訊號當下，無法馬上產生輸出訊號，須等到第 $M + 1$ 個樣本時，才能開始產生輸出訊號。因此，FIR 濾波器須具備足夠的記憶能力。

假設輸入訊號爲**單位脈衝**(Unit Impulse)：

$$x[n] = \delta[n]$$

代入 FIR 濾波器可得：

$$y[n] = \sum_{k=0}^{M} b_k \cdot x[n-k]$$

可得

$$y[n] = \sum_{k=0}^{M} b_k \cdot \delta[n-k]$$

或

$$y[n] = b_0 \delta[n] + b_1 \delta[n-1] + \ldots + b_N \delta[n-M]$$

即是 FIR 濾波器的係數：

$$b_k, k = 0, 1, \ldots, M$$

如圖 11-4。

圖 11-4　FIR 濾波器的脈衝響應

換言之，給定 FIR 濾波器，若輸入訊號為**單位脈衝**(Unit Impulse) $\delta[n]$，則輸出訊號可得 FIR 濾波器的係數 $b_k, k = 0, 1, \ldots, M$，因此，也可以稱為是 FIR 濾波器的**脈衝響應**(Impulse Response)。

根據 FIR 濾波器的定義：

$$y[n] = \sum_{k=0}^{M} b_k x[n-k]$$

若取 z 轉換，則：

$$
\begin{aligned}
Y(z) = \mathcal{Z}\{y[n]\} &= \mathcal{Z}\left\{ \sum_{k=0}^{M} b_k x[n-k] \right\} \\
&= \mathcal{Z}\{b_0 x[n] + b_1 x[n-1] + \cdots b_M x[n-M]\} \\
&= \mathcal{Z}\{b_0 x[n]\} + \mathcal{Z}\{b_1 x[n-1]\} + \cdots + \mathcal{Z}\{b_M x[n-M]\} \\
&= b_0 \cdot \mathcal{Z}\{x[n]\} + b_1 \cdot \mathcal{Z}\{x[n-1]\} + \cdots + b_M \cdot \mathcal{Z}\{x[n-M]\} \\
&= b_0 X(z) + b_1 z^{-1} X(z) + \cdots + b_M z^{-M} X(z) \\
&= \left(b_0 + b_1 z^{-1} + \cdots + b_M z^{-M} \right) X(z)
\end{aligned}
$$

因此，FIR 濾波器的**轉換函式**為：

$$H(z) = b_0 + b_1 z^{-1} + \cdots + b_M z^{-M}$$

在複數平面上，FIR 濾波器僅有**零點**(Zeros)，並**無極點**(Poles)。因此，FIR 濾波器為**穩定**系統。

在討論 DSP 技術時，DSP 系統經常以方塊圖的型態表示之。基本的建構元件，包含：**加法器**(Adder)、**乘法器**(Multiplier)與**單位延遲**(Unit Delay)等，如圖 11-5。

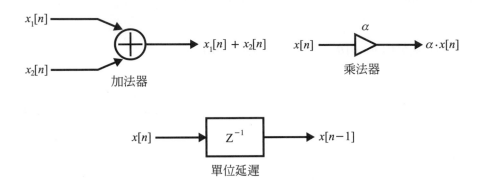

圖 11-5   DSP 系統的基本建構元件

根據 FIR 濾波器的定義：

$$y[n] = \sum_{k=0}^{M} b_k x[n-k]$$

或 z 轉換：

$$Y(z) = \left(b_0 + b_1 z^{-1} + \cdots + b_M z^{-M} \right) X(z)$$

若使用上述的建構元件，則 FIR 濾波器的系統方塊圖，如圖 11-6。

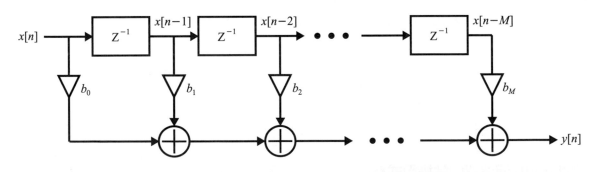

圖 11-6   FIR 濾波器的系統方塊圖

11-3　FIR 濾波器應用

本節討論 FIR 濾波器的典型應用，分別為：(1)**移動平均濾波**；與(2)**股價趨勢分析**；與(3)**歸零濾波器**。

11-3-1　移動平均濾波

移動平均(Moving Average)濾波器，即是最簡單的 FIR 濾波器，其中濾波器的係數為：

$$\{b_k\} = \left\{ \frac{1}{3}, \frac{1}{3}, \frac{1}{3} \right\}, k = 0, 1, 2$$

且階數 $M = 2$。

Python 程式碼如下：

FIR_example.py

```
1    import numpy as np
2    import scipy.signal as signal
3
4    x = np.array( [ 1, 2, 4, 3, 2, 1, 1 ] )
5    b = np.ones( 3 )/ 3
6    y = signal.lfilter( b, 1, x )
7
8    print( "x =", x )
9    print( "y =", y )
```

我們使用 SciPy 的 Signal 軟體套件中的 lfilter 函式。這個函式可以用來實作 FIR 濾波器，其中 b 陣列即是 FIR 濾波器的係數，在此採用平均值。

11-3-2　股價趨勢分析

股票投資人都知道，股票交易的策略是**買低賣高**。但是，每日的股價變化相當劇烈，對於中、長期的投資人而言，若僅根據每日的股價趨勢圖進行分析，確實不容易判斷正確的買進或賣出時機。

　　舉例說明，圖 11-7 為台積電股價行情圖，蒐集的資料為 2017 年所有交易日的股價，共 251 天，資料來源為 Yahoo Finance。雖然，台灣證卷交易有漲跌幅的限制，但是以台積電股價而言，每日波動的幅度還是相當劇烈。

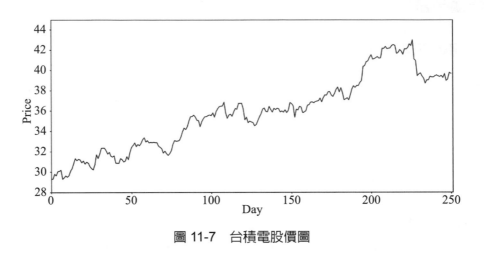

圖 11-7　台積電股價圖

　　在此，我們可以將股價趨勢視為是數位訊號，並套用 FIR 濾波器，產生所謂的均線，藉以觀察股價走勢。若選取的平均天數為 5 天，可以產生所謂的 5 日均線(或稱為週線)，如圖 11-8，其中同時包含每日股價，以供比較。

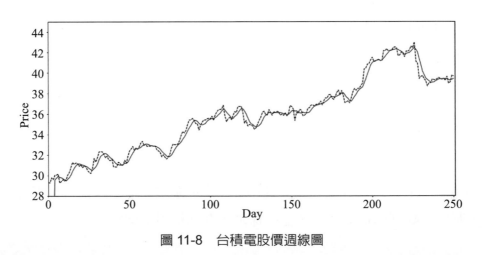

圖 11-8　台積電股價週線圖

　　若選取的平均天數為 20 天，則可產生所謂的 20 日均線(或稱為月線)，如圖 11-9，其中同時包含每日股價，以供比較。

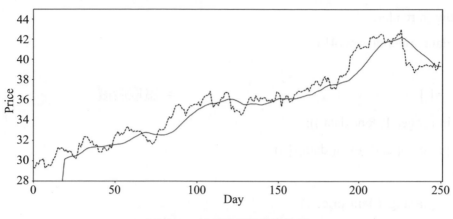

圖 11-9   台積電股價月線圖

以股價趨勢分析而言，常用的均線包含 5 日均線(週線)、10 日均線、20 日均線(月線)、60 日均線(季線)等。對於股票投資人而言，這些均線可以協助觀察股價漲跌趨勢，對於擬定穩健的投資策略，具有實質意義。

在此，我們使用 Python 實作股票行情分析。首先，自 Yahoo Finance 找到台積電 (Taiwan Semiconductor Manufacturing Company)的股價走勢圖。現以 2017 年的股票行情為例，下載並儲存為 csv 檔案，稱為 TSM2017.csv。若開啟這個文件，可以發現共有 7 個資料欄位，包含：**日期**(Date)、**開盤價**(Open)、**最高點**(High)、**最低點**(Low)、**收盤價**(Close)、**調整收盤價**(Adj Close)與**交易量**(Volume)等。

Python 程式碼如下：

stock_analysis.py

```
1    import numpy as np
2    import csv
3    import scipy.signal as signal
4    import matplotlib.pyplot as plt
5
6    csvDataFile = open( 'TSM2017.csv' )
7    reader = csv.reader( csvDataFile )
8
9    data = [ ]                              # 讀取收盤價資料
```

```
10   for row in reader:
11       data.append( row[4] )
12
13   price = [ ]                              # 讀取股價
14   for i in range( 1, len( data )):
15       price.append( eval( data[i] ))
16
17   day = np.arange( len( price ))
18   x = np.array( price )                    # 轉換成陣列
19
20   b1 = np.ones( 5 ) / 5                     # 週線
21   y1 = signal.lfilter( b1, 1, x )
22
23   b2 = np.ones( 20 ) / 20                   # 月線
24   y2 = signal.lfilter( b2, 1, x )
25
26   plt.figure( 1 )                          # 繪圖
27   plt.plot( day, x, '-', fillstyle = 'bottom' )
28   plt.xlabel( 'Day' )
29   plt.ylabel( 'Price' )
30   plt.axis( [ 0, len( price), 28, 45 ] )
31
32   plt.figure( 2 )
33   plt.plot( day, x, '--', day, y1, '-' )
34   plt.xlabel( 'Day' )
35   plt.ylabel( 'Price' )
36   plt.axis( [ 0, len( price), 28, 45 ] )
37
38   plt.figure( 3 )
```

```
39    plt.plot( day, x, '--', day, y2, '-' )
40    plt.xlabel( 'Day' )
41    plt.ylabel( 'Price' )
42    plt.axis( [ 0, len( price), 28, 45 ] )
43
44    plt.show()
```

本程式範例中，使用 csv 軟體套件讀取 TSM2017 檔案，我們僅讀取 row[4]，即**收盤價** Close 資料，並以 List 的資料結構儲存，稱為 data。這個 List 包含最前面的欄位名稱 Close，但在此僅需要股價，因此我們另外定義一個 List 資料結構，稱為 price，讀取 data 內的**字串**(String)資料，並使用 eval 轉換成數值。最後，則將 List 轉換為 NumPy 的陣列資料結構，以 x 儲存之。

因此，x 陣列是用來儲存台積電每日股市收盤價的數值。接著，我們設計兩個 FIR 濾波器，濾波器的大小分別為 5 與 20，用來對原始訊號 x 進行濾波，進而產生**週線**與**月線**的結果；繪圖時同時包含日線，以供比較。

有了上述的程式設計概念，請您進一步對感興趣的股票進行日線、週線與月線的分析工作。隨著**大數據**(Big Data)分析時代的來臨，我們也可以進一步擷取更多的股價資料，同時使用 Python 程式設計與 DSP 技術，建立更具智慧的投資策略。

11-3-3　歸零濾波器

定義　**歸零濾波器**

歸零濾波器(Nulling Filter)是指用來消除某個特定頻率的濾波器，也經常稱為**陷波濾波器**(Notch Filter)。

由於 FIR 濾波器在 z 轉換後，產生**零點**(Zeros)，可以使得某個特定頻率歸零，因此相當適合用來消除特定的**干擾訊號**(Jamming Signals)。舉例說明，來自電源線的干擾訊號，通常是 60 Hz 的弦波訊號，因此可以在訊號處理系統中，加入**歸零濾波器**(Nulling Filter)，用來消除特定頻率的干擾訊號。以頻率域而言，濾波器的頻率響應呈現特定的陷波，因此也經常稱爲**陷波濾波器**(Notch Filter)。

假設我們想要消除的干擾訊號可以定義爲：

$$\hat{x}(t) = \cos(\hat{\omega}t)$$

其中，$\hat{\omega}$ 爲干擾訊號的角頻率，且 $\hat{\omega} = 2\pi\hat{f}$。假設取樣頻率爲 f_s，則干擾訊號的數位訊號可以定義爲：

$$\hat{x}[n] = \cos(2\pi\hat{f}n / f_s)$$

根據反歐拉公式可得：

$$\cos(2\pi\hat{f}n / f_s) = \frac{1}{2}\left(e^{j2\pi\hat{f}n/f_s} + e^{-j2\pi\hat{f}n/f_s}\right)$$

其中，我們使用兩個一階的 FIR 濾波器，並串接成二階的 FIR 濾波器，藉以消除這兩個複數指數訊號。

因此，二階 FIR 濾波器的設計，須包含兩個零點，分別爲：

$$z_1 = e^{j2\pi\hat{f}n/f_s} \quad 與 \quad z_2 = e^{-j2\pi\hat{f}n/f_s}$$

對應的一階 FIR 濾波器分別爲：

$$H_1(z) = 1 - z_1 z^{-1} \quad 與 \quad H_2(z) = 1 - z_2 z^{-1}$$

串接後的二階 FIR 濾波器爲：

$$\begin{aligned}
H(z) = H_1(z)H_2(z) &= (1 - z_1 z^{-1})(1 - z_2 z^{-1}) \\
&= 1 - (z_1 + z_2)z^{-1} + (z_1 z_2)z^{-2} \\
&= 1 - (e^{j2\pi\hat{f}n/f_s} + e^{-j2\pi\hat{f}n/f_s})z^{-1} + (e^{j2\pi\hat{f}n/f_s}e^{-j2\pi\hat{f}n/f_s})z^{-2} \\
&= 1 - 2\cos(2\pi\hat{f}n / f_s)z^{-1} + z^{-2}
\end{aligned}$$

範例 11-1

若輸入訊號爲：

$$x(t) = \cos(2\pi \cdot (10) \cdot t) + \cos(2\pi \cdot (20) \cdot t)$$

其中，假設 $\cos(2\pi \cdot (10) \cdot t)$ 爲原始訊號，$\cos(2\pi \cdot (20) \cdot t)$ 爲干擾訊號，取樣頻率爲 100 Hz。請設計歸零濾波器，藉以消除干擾訊號。

答

根據題意，干擾訊號的頻率 $\hat{f} = 20\,\text{Hz}$，取樣頻率 $f_s = 100$。為了消除干擾訊號，濾波器的轉換函式為：

$$H(z) = 1 - 2\cos(2\pi\hat{f}n/f_s)z^{-1} + z^{-2}$$

分別代入 $\hat{f}$ 與 f_s 之後，形成：

$$H(z) = 1 - 2\cos(2\pi\cdot(20)\cdot n/100)z^{-1} + z^{-2}$$

輸入訊號在套用歸零濾波器後，產生的輸出訊號，如圖 11-10。

❑

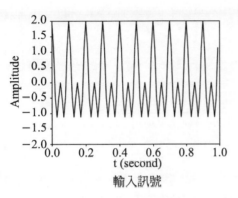
輸入訊號

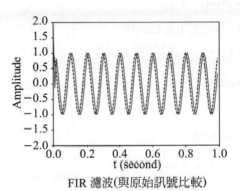
FIR 濾波(與原始訊號比較)

圖 11-10　歸零濾波器範例

由圖 11-10 可以發現，輸入訊號包含原始訊號(10 Hz)與干擾訊號(20 Hz)，在套用歸零濾波器之後，可以消除干擾訊號。與原始訊號相比較，套用歸零濾波器的輸出訊號產生時間延遲現象。

Python 程式碼如下：

nulling_filter.py

```
1    import numpy as np
2    import scipy.signal as signal
3    import matplotlib.pyplot as plt
4
5    fs = 100
6    t = np.linspace( 0, 1, fs, endpoint = False )        # 定義時間陣列
```

```
7    x1 = np.cos( 2 * np.pi * 10 * t )                    # 原始訊號
8    x2 = np.cos( 2 * np.pi * 20 * t )                    # 干擾訊號
9    x = x1 + x2
10
11   b = np.array( [ 1, -2 * np.cos( 2 * np.pi * 20 / fs ), 1 ] )
12   y = signal.lfilter( b, 1, x )                         # FIR 濾波
13
14   plt.figure( 1 )                                       # 繪圖
15   plt.plot( t, x )
16   plt.xlabel( 't(second)' )
17   plt.ylabel( 'Amplitude' )
18   plt.axis( [ 0, 1, -2, 2 ] )
19
20   plt.figure( 2 )
21   plt.plot( t, x1, '--', t, y, '-' )
22   plt.xlabel( 't(second)' )
23   plt.ylabel( 'Amplitude' )
24   plt.axis( [ 0, 1, -2, 2 ] )
25
26   plt.show( )
```

習題

選擇題

(　) 1. 若 DSP 系統是採用 FIR 濾波器，屬於下列何種系統？
(A) 穩定的因果系統　(B) 不穩定的因果系統　(C) 穩定的非因果系統
(D) 不穩定的非因果系統　(E) 不一定

(　) 2. FIR 濾波器的**極點**(Poles)個數為何？
(A) 0　(B) 1　(C) 2　(D) 3　(E) 不一定

(　) 3. 在討論 DSP 技術時，DSP 系統經常以方塊圖的型態表示之。下列的系統方塊為何？

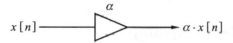

(A) 加法器　(B) 乘法器　(C) 單位延遲　(D) 以上皆非

(　) 4. 股市行情的均線，可以使用下列何種濾波器產生？
(A) FIR 濾波器　(B) IIR 濾波器　(C) 以上皆非

(　) 5. 下列何種濾波器可以用來消除某特定頻率的干擾訊號？
(A) 低通濾波器　(B) 高通濾波器　(C) 歸零濾波器　(D) 以上皆非

(　) 6. **歸零濾波器**(Nulling Filter)是屬於下列何種濾波器？
(A) FIR 濾波器　(B) IIR 濾波器　(C) 以上皆非

💡觀念複習

1. 請定義下列專有名詞：

   (a) **FIR 濾波器**(FIR Filter)

   (b) **歸零濾波器**(Nulling Filter)

2. 若**移動平均**(Moving Average)濾波器是定義為：

$$y[n] = \frac{1}{3}\big(x[n-1] + x[n] + x[n+1]\big)$$

   判斷系統是否為靜態/動態、線性／非線性、時間不變性／時變性、因果／非因果、穩定／不穩定？

3. 承上題，若**移動平均**(Moving Average)濾波器是定義為：

$$y[n] = \frac{1}{3}\big(x[n-2] + x[n-1] + x[n]\big)$$

   判斷系統是否為靜態／動態、線性／非線性、時間不變性／時變性、因果／非因果、穩定／不穩定？

4. 給定下列的系統方程式，判斷是否為 FIR 濾波器：

   (a) $y[n] = 5 \cdot x[n]$

   (b) $y[n] = \frac{1}{2}(x[n] + x[n-1])$

   (c) $y[n] = \frac{1}{3}\big(x[n-1] + x[n] + x[n+1]\big)$

   (d) $y[n] = \frac{1}{7}(4x[n] + 2x[n-1] + x[n-2])$

   (e) $y[n] = \big(x[n]\big)^2$

5. 若輸入的數位訊號為：

$$x = \{1, 5, 3, 2, 1\}, n = 0, 1, ..., 4$$

FIR 濾波器的脈衝響應為：

$$h = \frac{1}{3}\{1, 1, 1\}$$

求輸出的數位訊號。

6. 請實現下列 FIR 濾波器的系統方塊圖：

$$y[n] = x[n] + 2x[n-1] + 3x[n-2]$$

☀ 專案實作

1. 使用 Python 程式實作 FIR 濾波器的股價趨勢分析：

   (a) 選取您感興趣的上市公司股票，蒐集 1 年的股價行情，資料來源為 Yahoo Finance；蒐集的資料，包含：日期、開盤價、最高點、最低點、收盤價與交易量等，並存成 csv 檔。

   (b) 設計 FIR 濾波器，根據收盤價計算週線與月線，並以圖形表示；圖形須包含日線，以供比較。

2. 使用 Python 程式實作歸零濾波器。若輸入訊號為：

$$x(t) = \cos(2\pi \cdot (10) \cdot t) + \cos(2\pi \cdot (60) \cdot t)$$

其中，假設 $\cos(2\pi \cdot (10) \cdot t)$ 為原始訊號，$\cos(2\pi \cdot (60) \cdot t)$ 為干擾訊號，取樣頻率為 200 Hz。試設計歸零濾波器，藉以消除干擾訊號。請以圖形表示原始訊號與歸零濾波的結果。

CHAPTER 12

IIR 濾波器

本章介紹**無限脈衝響應**(Infinite Impulse Response)濾波器，簡稱 **IIR 濾波器**。DSP 技術中，IIR 濾波器為典型的**線性時間不變性**(Linear Time-Invariant, LTI)系統，而且是**因果系統**(Causal System)，因此相當適合即時的 DSP 應用。

學習單元

- 基本概念
- 脈衝響應
- 步階響應
- IIR 濾波器應用

12-1　基本概念

一般來說，因果的 LTI 系統，可以使用**常係數差異方程式**(Constant Coefficient Difference Equation)予以定義與特性化。

定義　**差異方程式**

常係數差異方程式(Constant Coefficient Difference Equation)可以定義為：

$$\sum_{k=0}^{N} a_k y[n-k] = \sum_{k=0}^{M} b_k x[n-k]$$

其中，$\{a_k\}, k = 0, 1, ..., N$、$\{b_k\}, k = 0, 1, ..., M$ 為常係數。

IIR 濾波器主要是根據上述的常係數差異方程式定義之，是典型的**線性時間不變性**(Linear Time-Invariant, LTI)系統，相對於 FIR 濾波器，其所包含的濾波器種類更為廣泛。

定義　**IIR 濾波器**

若輸入訊號為 $x[n]$，輸出訊號為 $y[n]$，則**無限脈衝響應**(Infinite Impulse Response, IIR)濾波器可以定義為：

$$y[n] = -\sum_{k=1}^{N} a_k y[n-k] + \sum_{k=0}^{M} b_k x[n-k]$$

其中，$\{a_k\}, k = 1, ..., N$、$\{b_k\}, k = 0, 1, ..., M$ 稱為 IIR 濾波器的**係數**。

根據定義，IIR 濾波器也可以表示成：

$$y[n] = -a_1 y[n-1] - a_2 y[n-2] - ... - a_N y[n-N] +$$
$$b_0 x[n] + b_1 x[n-1] + ... + b_M x[n-M]$$

因此，IIR 濾波器在產生輸出訊號時，不僅牽涉輸入訊號 $x[n]$，同時也牽涉輸出訊號 $y[n]$ 先前運算的結果。由於輸出訊號在運算過程中是**回饋**(Feedback)並與輸入訊號進行組合，因此，IIR 濾波器是典型的**回饋系統**(Feedback System)。以電腦演算法而言，由於輸出結果的數值是根據之前已經計算好的數值而定，因此 IIR 濾波器也經常稱爲**遞迴濾波器**(Recursive Filter)。

IIR 濾波器的係數包含 $\{b_k\}$ 與 $\{a_k\}$，其中 $\{b_k\}$ 稱爲**前饋**(Feed-Forward)係數；$\{a_k\}$ 則稱爲**回饋**(Feedback)係數，總共需要 $M+N+1$ 個係數。若 $\{a_k\}$ 的係數均爲 0，則 IIR 濾波器降爲 FIR 濾波器。

在 FIR 濾波器的定義中，M 稱爲**階數**(Order)，但在 IIR 濾波器中，M 與 N 都與牽涉的計算量相關。爲了避免混淆，我們是以數值 N 代表 IIR 濾波器的**階數**(Order)。

根據**差異方程式**的定義：

$$\sum_{k=0}^{N} a_k y[n-k] = \sum_{k=0}^{M} b_k x[n-k]$$

若取 z 轉換，則：

$$Z\left\{\sum_{k=0}^{N} a_k y[n-k]\right\} = Z\left\{\sum_{k=0}^{M} b_k x[n-k]\right\}$$

因此

$$\left(a_0 + a_1 z^{-1} + \cdots + a_N z^{-N}\right) Y(z) = \left(b_0 + b_1 z^{-1} + \cdots + b_M z^{-M}\right) X(z)$$

因此，可得系統的**轉換函式**(Transfer Function)爲：

$$H(z) = \frac{Y(z)}{X(z)} = \frac{b_0 + b_1 z^{-1} + \cdots + b_M z^{-M}}{a_0 + a_1 z^{-1} + \cdots + b_N z^{-N}}$$

稱爲**有理式函數**表示法，即分子與分母的函數均爲**多項式**。通常，假設 $a_0 = 1$，即是所謂的 **IIR 濾波器**。

舉例說明，若 IIR 濾波器爲：

$$y[n] = 0.8 y[n-1] + x[n]$$

其中，濾波器的係數 $\{a_k\} = \{1, -0.8\}$，$l = 1$ 且 $\{b_k\} = \{1\}$，稱爲**一階 IIR 濾波器**(First-Order IIR Filter)。

範例 12-1

若 IIR 濾波器是定義爲：

$$y[n] = 0.8 y[n-1] + x[n]$$

求 IIR 濾波器的轉換函式(Transfer Function)。

答

IIR 濾波器可以表示成：

$$y[n] - 0.8y[n-1] = x[n]$$

取 z 轉換：

$$\mathcal{Z}\{y[n] - 0.8y[n-1]\} = \mathcal{Z}\{x[n]\}$$

可得：

$$(1 - 0.8z^{-1})Y(z) = X(z)$$

因此，系統的轉換函式為：

$$H(z) = \frac{Y(z)}{X(z)} = \frac{1}{1 - 0.8z^{-1}}$$

❑

　　IIR 濾波器的系統方塊圖，如圖 12-1。

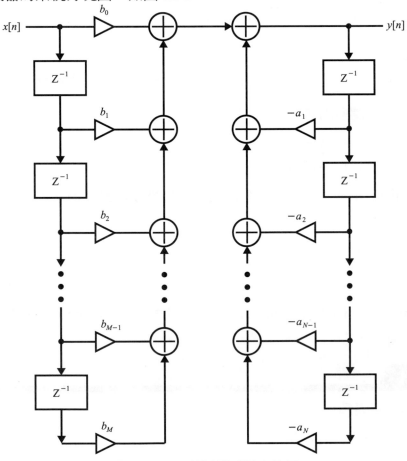

圖 12-1　IIR 濾波器系統方塊圖

若輸入的數位訊號爲：

$$x = \{ 1, 2, 1, -1, -2, -1 \}, n = 0, 1, \dots, 5$$

其中，$x[0] = 1$、$x[1] = 2$ 等，如圖 12-2。

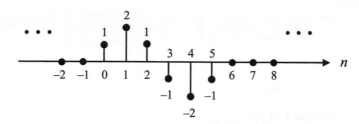

圖 12-2　輸入訊號範例圖

接著，我們產生輸出訊號，從 $n = 0$ 開始，則：

$$y[0] = 0.8y[-1] + x[0]$$

可以發現 IIR 濾波器的運算馬上就產生問題，因爲 $y[-1]$ 並未定義；接下來的步驟就更不用說了。

爲了解決這個問題，通常我們是根據下列兩個假設：

1. 在某個時間的初始點 n_0 之前，輸入訊號是設爲 0，即 $x[n] = 0, n < n_0$。輸入訊號在這個時間的起始點是突然發生的。

2. 在時間初始點 n_0 之前，輸出訊號也是設爲 0，即 $y[n] = 0, n < n_0$，也就是說，系統剛開始爲靜止狀態。

這兩個假設稱爲**初始靜止條件**(Initial Rest Conditions)。

基於**初始靜止條件**的假設，我們就可以進行 IIR 濾波器的運算如下：

$$y[0] = 0.8y[-1] + x[0] = 0.8 \cdot (0) + 1 = 1$$
$$y[1] = 0.8y[0] + x[1] = 0.8 \cdot (1) + 2 = 2.8$$
$$y[2] = 0.8y[1] + x[2] = 0.8 \cdot (2.8) + 1 = 3.24$$
$$y[3] = 0.8y[2] + x[3] = 0.8 \cdot (3.24) + (-1) = 1.592$$
$$y[4] = 0.8y[3] + x[4] = 0.8 \cdot (1.592) + (-2) = -0.7264$$

$$\dots$$

以此類推。在此,您可以注意到,接下來的輸入訊號為 0(或輸入訊號已關閉),但系統的輸出訊號並未因此而結束,產生所謂的**無限脈衝響應**(Infinite Impulse Response, IIR),因此而得名。

Python 程式碼如下:

IIR_example.py

```
1   import numpy as np
2   import scipy.signal as signal
3   import matplotlib.pyplot as plt
4
5   n = np.array( [ 0, 1, 2, 3, 4, 5, 6, 7, 8, 9 ] )
6   x = np.array( [ 1, 2, 1, -1, -2, -1, 0, 0, 0, 0 ] )
7
8   b = np.array( [ 1 ] )
9   a = np.array( [ 1, -0.8 ] )
10  y = signal.lfilter( b, a, x )
11
12  print('x =', x )
13  print('y =', y )
14
15  plt.figure( 1 )
16  plt.stem( n, x )
17  plt.xlabel( 'n' )
18  plt.ylabel( 'x[n]' )
19
20  plt.figure( 2 )
21  plt.stem( n, y )
22  plt.xlabel( 'n' )
23  plt.ylabel( 'y[n]' )
24
25  plt.show( )
```

本程式範例中，我們在輸入訊號後多加幾個 0，以便觀察後續的輸出訊號。請注意：使用 SciPy 提供的 Signal 軟體套件時，a 陣列為 [1, -0.8]，b 陣列為 [1]，並使用 lfilter 函式進行 IIR 濾波。執行 Python 程式的結果，如圖 12-3，結果與上述推導過程相同。

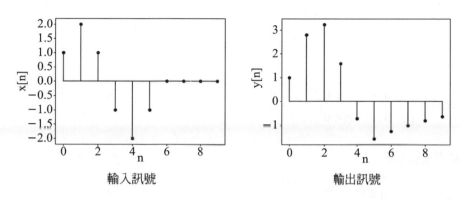

圖 12-3　IIR 濾波器範例

12-2 脈衝響應

若 DSP 系統的輸入訊號為**單位脈衝**(Unit Impulse) $\delta[n]$，則輸出訊號為 $h[n]$，如圖 12-4。

考慮 IIR 濾波器，定義如下：

$$y[n] = a_1 y[n-1] + b_0 x[n]$$

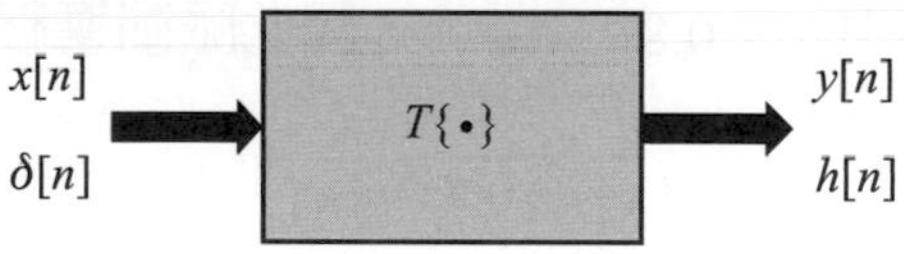

若輸入訊號為**單位脈衝**(Unit Impulse)：

$$x[n] = \delta[n]$$

圖 12-4　DSP 系統的脈衝響應

代入 IIR 濾波器求脈衝響應：

$$h[n] = a_1 h[n-1] + b_0 \delta[n]$$

則可依序求得：

$$h[0] = a_1 h[-1] + b_0 \delta[0] = b_0$$
$$h[1] = a_1 h[0] + b_0 \delta[1] = a_1 b_0$$
$$h[2] = a_1 h[1] + b_0 \delta[2] = a_1(a_1 b_0) = (a_1)^2 b_0$$
$$\cdots$$

因此，可以一般式表示成：

$$h[n] = \begin{cases} b_0(a_1)^n & n \geq 0 \\ 0 & n < 0 \end{cases}$$

若根據單位步階訊號：

$$u[n] = \begin{cases} 1 & n \geq 0 \\ 0 & n < 0 \end{cases}$$

則可進一步表示成：

$$h[n] = b_0(a_1)^n u[n]$$

由於上一節中，我們討論的 IIR 濾波器為：

$$y[n] = 0.8y[n-1] + x[n]$$

其中 $a_1 = 0.8$、$b_0 = 1$，因此**脈衝響應**為：

$$h[n] = (0.8)^n u[n]$$

就 IIR 濾波器而言，雖然輸入訊號為有限，但由於回饋的緣故，產生的輸出訊號具有無限的特性。以上 IIR 濾波器的脈衝響應，也可以透過系統轉換函式的反 z 轉換求得。

範例 12-2

若 IIR 濾波器是定義為：

$$y[n] = 0.8y[n-1] + x[n]$$

求 IIR 濾波器的脈衝響應(Impulse Response)。

答

系統的轉換函式為：

$$H(z) = \frac{1}{1 - 0.8z^{-1}}$$

根據反 z 轉換，則：

$$h[n] = \mathcal{Z}^{-1}\left\{ \frac{1}{1 - 0.8z^{-1}} \right\} = (0.8)^n u[n]$$

❑

Python 程式碼如下：

IIR_impulse_response.py

```python
1   import numpy as np
2   import scipy.signal as signal
3   import matplotlib.pyplot as plt
4
5   n = np.array( [ 0, 1, 2, 3, 4, 5, 6, 7, 8, 9 ] )
6   x = np.array( [ 1, 0, 0, 0, 0, 0, 0, 0, 0, 0 ] )
7
8   b = np.array( [ 1 ] )
9   a = np.array( [ 1, -0.8 ] )
10  y = signal.lfilter( b, a, x )
11
12  print( "x =", x )
13  print( "y =", y )
14
15  plt.figure( 1 )
16  plt.stem( n, x )
17  plt.xlabel( 'n' )
18  plt.ylabel( 'x[n]' )
19
```

20   plt.figure(2)

21   plt.stem(n, y)

22   plt.xlabel('n')

23   plt.ylabel('y[n]')

24

25   plt.show( )

在此，我們也是在輸入訊號中多加幾個 0，以便觀察後續的輸出訊號。執行 Python
程式的結果，如圖 12-5。

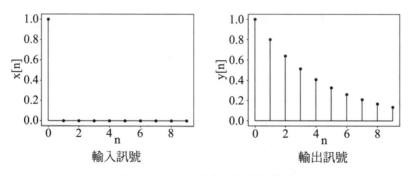

輸入訊號   輸出訊號

圖 12-5   IIR 濾波器的脈衝響應

12-3   步階響應

延續前一節的討論內容，考慮 IIR 濾波器：

$$y[n] = a_1 y[n-1] + b_0 x[n]$$

假設輸入訊號為**單位步階**(Unit Step)：

$$x[n] = u[n]$$

其中

$$u[n] = \begin{cases} 1 & n \geq 0 \\ 0 & n < 0 \end{cases}$$

代入 IIR 濾波器求**步階響應**(Step Response)：

$$y[n] = a_1 y[n-1] + b_0 u[n]$$

可依序求得：

$$y[0] = a_1 y[-1] + b_0 u[0] = b_0$$

$$y[1] = a_1 y[0] + b_0 u[1] = a_1 b_0 + b_0 = b_0(1 + a_1)$$

$$y[2] = a_1 y[1] + b_0 u[2] = a_1(b_0(1 + a_1)) + b_0 = b_0(1 + a_1 + a_1^2)$$

$$\ldots$$

因此，可以一般式表示成：

$$y[n] = b_0(1 + a_1 + a_1^2 + \ldots + a_1^n) = b_0 \sum_{k=0}^{n} a_1^k$$

根據等比級數的公式：

$$\sum_{k=0}^{N} r^k = 1 + r + r^2 + \ldots + r^N = \frac{1 - r^{N+1}}{1 - r}$$

因此可得：

$$y[n] = b_0 \sum_{k=0}^{n} a_1^k = b_0 \frac{1 - a_1^{n+1}}{1 - a_1}, \, n \geq 0, \, a_1 \neq 1$$

　　讓我們探討一下 IIR 濾波器可能發生的幾種情形：

1. 當 $|a_1| > 1$ 時，則 a_1^{n+1} 將會主導輸出訊號，使得 $y[n]$ 的數值呈指數成長，因此很快就可能超出範圍，形成**不穩定系統**。

2. 當 $|a_1| < 1$ 時，則 a_1^{n+1} 會逐漸衰減為 0，即：

$$\lim_{n \to \infty} y[n] = \lim_{n \to \infty} b_0 \frac{1 - a_1^{n+1}}{1 - a_1} = \frac{b_0}{1 - a_1}$$

形成**穩定系統**。

3. 當 $|a_1| = 1$ 時，則可能會發生兩種情形：

(a) 當 $a_1 = 1$ 時，則輸出訊號為：

$$y[n] = (n+1) \cdot b_0, \, n \geq 0$$

$y[n]$ 的數值呈線性成長，還是可能超出範圍，形成不穩定系統。

(b) 當 $a_1 = -1$ 時，則輸出訊號為：

$$y[n] = \begin{cases} b_0 & n \, even \\ 0 & n \, odd \end{cases}$$

依 n 為奇數或偶數形成振盪情形。

在此，我們根據 IIR 濾波器：

$$y[n] = 0.8\,y[n-1] + x[n]$$

其中，$a_1 = 0.8$、$b_0 = 1$，並運用 Python 程式，求**步階響應**(Step Response)。結果如圖 12-6。

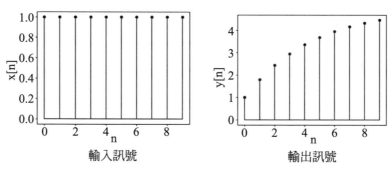

圖 12-6   IIR 濾波器的步階響應

Python 程式碼如下：

IIR_step_response.py

```
1    import numpy as np
2    import scipy.signal as signal
3    import matplotlib.pyplot as plt
4
```

```
5    n = np.array( [ 0, 1, 2, 3, 4, 5, 6, 7, 8, 9 ] )
6    x = np.ones( 10 )
7
8    b = np.array( [ 1 ] )
9    a = np.array( [ 1, -0.8 ] )
10   y = signal.lfilter( b, a, x )
11
12   print( "x =", x )
13   print( "y =", y )
14
15   plt.figure( 1 )
16   plt.stem( n, x )
17   plt.xlabel( 'n' )
18   plt.ylabel( 'x[n]' )
19
20   plt.flgure( 2 )
21   plt.stem( n, y )
22   plt.xlabel( 'n' )
23   plt.ylabel( 'y[n]' )
24
25   plt.show( )
```

12-4　IIR 濾波器應用

　　IIR 濾波器屬於**回饋系統**(Feedback System)，因此在**訊號處理系統、自動控制系統**等，是常見的 DSP 技術，應用範圍相當廣泛。

12-4-1　迴音系統

　　IIR 濾波器在數位音訊處理中，典型的應用稱為**迴音系統**(Echo System)。**迴音**(Echo)是指講話者(聽話者)所發出的聲音，在聲波傳遞過程中發生反射，回傳時所產生的時間延遲現象，延遲時間通常與距離成正比。在此，我們運用 IIR 濾波器，藉以模擬迴音效果。

假設輸入訊號為指數衰減的淡出弦波，定義為：

$$x(t) = Ae^{-t}\sin(2\pi f t)$$

其中，振幅 $A = 1$，頻率 $f = 5$ Hz。首先，我們產生時間長度 1 秒的淡出弦波，其中取樣頻率設為 100 Hz。我們預計產生時間長度 5 秒的輸出訊號，因此先在輸入訊號後面**補零**(Zero Padding)，使得總樣本數為 500。

接著，我們套用 IIR 濾波器，目的是每隔 1 秒產生一次回饋訊號，振幅則逐漸變小，並與原始的輸入訊號進行疊加，藉以產生輸出的迴音訊號。在此，總共產生的**迴音次數**(Number of Echos)為 5；為了方便 Python 程式設計，假設迴音次數包含輸入訊號。

IIR 濾波器可以設計為：

$$y[n] = -0.8y[n-100] - 0.6y[n-200] - 0.4y[n-300] - 0.2y[n-400] + x[n]$$

因此，IIR 濾波器的**轉換函式**可以表示成：

$$H(z) = \frac{1}{1 + 0.8\,z^{-100} + 0.6z^{-200} + \cdots + 0.2z^{-400}}$$

其中，$a_0 = 1$、$a_{100} = 0.8$、$\cdots$，且 $b_0 = 1$。**迴音系統**的輸入與輸出訊號，結果如圖 12-7。

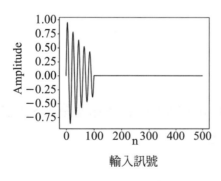

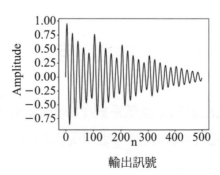

輸入訊號   輸出訊號

圖 12-7   迴音系統範例

人類的聽力範圍約為 20～20 kHz，因此，調整原始訊號的頻率為 200 Hz，使用 Python 程式設計產生淡出弦波，並透過 IIR 濾波器產生迴音的輸出訊號。

Python 程式碼如下：

sinusoid_echo_wave.py

```
1    import numpy as np
2    import wave
3    import struct
4    import scipy.signal as signal
5
6    file = "sinusoid_echo.wav"                    # 檔案名稱
7
8    amplitude = 20000                             # 振幅
9    frequency = 200                               # 頻率(Hz)
10   duration = 5                                  # 時間長度(秒)
11   fs = 44100                                    # 取樣頻率(Hz)
12   num_samples = duration * fs                   # 樣本數
13
14   num_channels = 1                             # 通道數
15   sampwidth = 2                                 # 樣本寬度
16   num_frames = num_samples                      # 音框數 ＝ 樣本數
17   comptype = "NONE"                             # 壓縮型態
18   compname = "not compressed"                   # 無壓縮
19
20   t = np.linspace( 0, 1, fs, endpoint = False )
21   x = np.exp( -t )* amplitude * np.sin( 2 * np.pi * frequency * t )
22   x = np.pad( x,( 0, 4 * fs ), 'constant' )
23
24   b = np.array( [ 1 ] )
25   a = np.zeros( duration * fs )
```

```
26
27   num_echos = 5
28   for i in range( num_echos ):
29       a[ int( i * fs * 5 / num_echos )] = 1 - i / num_echos
30
31   y = signal.lfilter( x, b, a )
32   y = np.clip( y, -30000, 30000 )
33
34   wav_file = wave.open( file, 'w' )
35   wav_file.setparams(( num_channels, sampwidth, fs, num_frames, comptype,
     compname ))
36
37   for s in y :
38       wav_file.writeframes( struct.pack( 'h', int( s )))
39
40   wav_file.close( )
```

　　請您聆聽產生的數位音訊檔，是不是很有趣呢？在了解 Python 程式後，您可以自行調整參數，藉以產生不同的迴音效果。

習題

選擇題

( ) 1. 若 DSP 系統是採用 IIR 濾波器，屬於下列何種系統？

(A) 穩定的因果系統　(B) 不穩定的因果系統　(C) 穩定的非因果系統

(D) 不穩定的非因果系統　(E) 不一定

( ) 2. IIR 濾波器的**極點**(Poles)個數為何？

(A) 0　(B) 1　(C) 2　(D) 3　(E) 不一定

( ) 3. 通常迴音系統是使用下列何種濾波器？

(A) FIR 濾波器　(B) IIR 濾波器　(C) 以上皆非

觀念複習

1. 請定義下列專有名詞：

(a) **差異方程式**(Difference Equation)　　　(b) **IIR 濾波器**(IIR Filter)

2. 給定下列系統的差異方程式，判斷是 FIR 或 IIR 濾波器，同時決定階數：

(a) $y[n] = 0.5x[n] + 0.5x[n-1]$

(b) $y[n] - 0.8y[n-1] = x[n]$

(c) $y[n] = \dfrac{1}{3}(x[n] + x[n-1] + x[n-2])$

(c) $y[n] - 0.5y[n-1] = 0.5x[n] + 0.5x[n-1]$

(d) $y[n] - 4y[n-1] + 3y[n-2] = x[n]$

3. 給定下列系統的差異方程式，求系統的轉換函式 $H(z)$：

(a) $y[n] - 3y[n-1] - 4y[n-2] = x[n] + 2x[n-1]$

(b) $y[n] - 0.5y[n-1] = x[n] - x[n-1]$

(c) $y[n] - 0.4y[n-1] + 0.03y[n-2] = x[n] + 0.5x[n-1]$

4. 若數位訊號為：

$$x = \{1, 2, 1\}, n = 0, 1, 2$$

IIR 濾波器為：

$$y[n] = 0.5y[n-1] + x[n]$$ 　　　　　求輸出的數位訊號(求前 6 個樣本即可)。

5. 請實現下列 IIR 濾波器的系統方塊圖：

$$y[n] - 0.5y[n-1] - 0.2y[n-2] = 0.5x[n] + 0.3x[n-1] + 0.2x[n-2]$$

6. 若系統的差異方程式為：

$$y[n] = 0.6y[n-1] + x[n]$$ 　　　　　求系統的脈衝響應。

☀ 專案實作

1. 使用 Python 程式實作 IIR 濾波器。若數位訊號為：

$$x = \{1, 2, 1, 2, 1\}$$

IIR 濾波器為：

$$y[n] = 0.8y[n-1] + x[n]$$

求輸出的數位訊號(至少求前 10 個樣本)，並進行繪圖。

2. 使用 Python 程式實作 IIR 濾波器。若數位訊號為：

$$x = \{1, 2, 1, 2, 1\}$$

IIR 濾波器為：

$$y[n] = 0.8y[n-1] + 0.5x[n] + 0.5x[n-1]$$

求輸出的數位訊號(至少求至前 10 個樣本)，並進行繪圖。

3. 使用 Python 程式實作 IIR 濾波器應用(迴音系統)：

(a) 使用 Audacity 錄製一段您自己的語音訊號，時間長度為 2 秒、取樣率為 44,100 Hz。

(b) 設計 IIR 濾波器，每隔 1 秒產生一次回饋訊號，振幅則逐漸變小，藉以產生迴音訊號，迴音次數為 5。輸出的數位訊號，時間總長度為 10 秒，並存成 wav 檔。

(c) 修改 Python 程式，改變迴音訊號的參數，例如：每隔 0.5 秒產生一次回饋訊號、迴音次數為 10 等，輸出的數位訊號，時間總長度為 10 秒，並存成 wav 檔。

4. 使用 Python 程式設計實現即時的迴音系統。

CHAPTER 13

頻譜分析

本章介紹**頻譜分析**(Spectrum Analysis / Spectral Analysis)，目的是用來分析訊號在不同頻率下的分量，並以圖形表示之。頻譜分析的方法可以分成兩大類型，包含：**傅立葉頻譜**(Fourier Spectrum)與**功率頻密度**(Power Spectral Density, PSD)等。

學習單元

- 基本概念
- 傅立葉頻譜
- 功率頻密度

13-1　基本概念

定義　頻譜分析

頻譜分析(Spectrum Analysis)是指分析訊號的頻率，並以圖形表示之。

根據傅立葉的基本理論：「任意週期性函數，均可表示成不同頻率、不同振幅的正弦函數或餘弦函數，所加總而得的無窮級數」。進一步而言，傅立葉轉換同時也適用於非週期性函數。因此，**頻譜分析**(Spectrum Analysis)的目的是將訊號分解成不同頻率的分量，並以圖形表示之，稱為**頻譜**(Spectrum)。

換言之，**頻譜**可以用來分析訊號中所蘊含的頻率分量，因此在 DSP 技術中扮演相當重要的角色。舉例說明，男生的語音訊號，通常聲音較為低沉，屬於低頻的範圍；女生或兒童的語音訊號，聲音則較為高亢，屬於高頻的範圍。因此，DSP 系統在接收某個語音訊號後，就可以透過頻譜分析的方式，自動辨識講話者是男生、女生或兒童。

若弦波是定義為：

$$x(t) = A\cos(\omega_0 t + \phi)$$

或

$$x(t) = A\cos(2\pi f_0 t + \phi)$$

其中，振幅為 A，角頻率為 ω_0(頻率為 f_0)。

根據**反歐拉公式**：

$$\cos\theta = \frac{e^{j\theta} + e^{-j\theta}}{2}$$

代入可得下列結果：

$$x(t) = A\cos(\omega_0 t + \phi)$$
$$= A\left[\frac{e^{j(\omega_0 t+\phi)} + e^{-j(\omega_0 t+\phi)}}{2}\right] = \frac{A}{2}e^{j(\omega_0 t+\phi)} + \frac{A}{2}e^{-j(\omega_0 t+\phi)}$$

　　因此，弦波 $x(t)$包含兩個**振幅**(Amplitude)的分量，當頻率為 ω_0 與 $-\omega_0$ 時，振幅均為 $\dfrac{A}{2}$ ，若以圖形表示之，稱為**振幅頻譜**(Amplitude Spectrum)。弦波 $x(t)$同時也包含兩個**相位移**(Phase Shift)的分量，當頻率為 ω_0 與 $-\omega_0$ 時，相位移分別為 ϕ 與 $-\phi$ ，若以圖形表示之，稱為**相位頻譜**(Phase Spectrum)。振幅頻譜與相位頻譜，通稱為**傅立葉頻譜**(Fourier Spectrum)或**頻率頻譜**(Frequency Spectrum)，簡稱**頻譜**(Spectrum)，如圖 13-1。

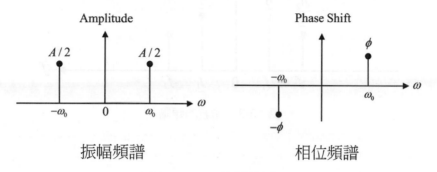

振幅頻譜　　　　　　　　　　相位頻譜

圖 13-1　弦波的頻譜

　　由於頻譜是以原點為中心分成兩邊，因此經常稱為**雙邊頻譜**(Double-Sided Spectrum)。頻譜的橫軸是以角頻率 ω 為主，通常介於 $-\pi \sim \pi$ 之間，單位為弧度／秒(Radians/Second)。此外，頻譜的橫軸也經常以頻率 f 為主，單位為 Hz，如圖 13-2。

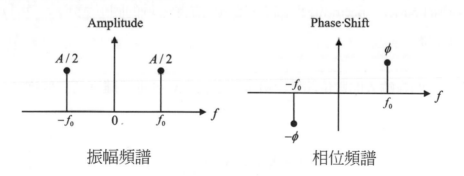

振幅頻譜　　　　　　　　　　相位頻譜

圖 13-2　弦波的頻譜

　　若諧波是定義為：

$$x(t) = \sum_{k=1}^{N} A_k \cos(2\pi f_k t)$$

其中，$f_k = k \cdot f_1$，f_1 稱為基礎頻率。同理，我們也可以使用反歐拉公式展開，得到的振幅頻譜，如圖 13-3。諧波由許多弦波所組成，頻率為基礎頻率的整數倍數，我們可以在頻譜上觀察到對應於不同頻率的分量，且對應的頻率分量是弦波振幅的一半。

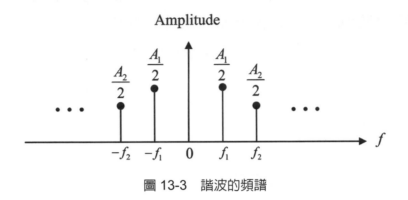

圖 13-3　諧波的頻譜

13-2　傳立葉頻譜

定義　傳立葉頻譜

傳立葉頻譜(Fourier Spectrum)是指時間域訊號在頻率域的圖形表示法，可以使用傅立葉轉換而得。

首先，我們對輸入的數位訊號 $x[n], n = 0, 1, \ldots, N-1$ 進行**離散傳立葉轉換**，公式如下：

$$X[k] = \sum_{n=0}^{N-1} x[n]\, e^{-j2\pi kn/N}, k = 0, 1, \ldots, N-1$$

輸出結果為 $X[k], k = 0, 1, \ldots, N-1$，結果是複數所構成的離散序列。在 DSP 技術實作與應用時，通常是採用**快速傳立葉轉換**(Fast Fourier Transforms, FFT)，藉以縮短離散傳立葉轉換所需的時間。

快速傅立葉轉換的結果爲**複數**，若求複數的**強度**：

$$|X[k]|, k = 0, 1, \dots, N-1$$

並以圖形表示之，稱爲**強度頻譜**(Magnitude Spectrum)，即是前述的**振幅頻譜**(Amplitude Spectrum)。若求複數的**幅角**(Argument)或**相位角**(Phase Angle)：

$$\arg(X[k]), k = 0, 1, \dots, N-1$$

並以圖形表示之，稱爲**相位頻譜**(Phase Spectrum)。

範例 13-1

若數位訊號爲：

$$x = \{1, 2, 4, 3\}, n = 0, 1, 2, 3$$

求強度頻譜(Magnitude Spectrum)，並以圖形表示之。

答

數位訊號的離散傅立葉轉換，結果爲：

$$X = \{10, -3+j, 0, -3-j\}$$

離散傅立葉轉換後的結果爲複數，若取複數的強度(Magnitude)，則 $|X[0]| = 10$ 、 $|X[1]| = \sqrt{(-3)^2 + 1^2} = \sqrt{10}$ 等，以圖形表示之，結果如圖 13-4，稱爲強度頻譜(Magnitude Spectrum)。

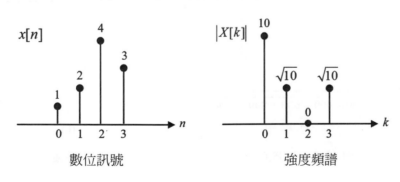

圖 13-4　數位訊號與強度頻譜

13-2-1　弦波

範例 13-2

若弦波是定義為：

$$x(t) = \cos(2\pi \cdot (100) \cdot t)$$

其中，振幅為 $A = 1$，頻率為 $f = 100$，相位移 $\phi = 0$。在此，我們在 $t = 0 \sim 1$ 秒間擷取 1,000 個樣本，取樣頻率為 1,000 Hz，求弦波的傅立葉頻譜。

答

弦波的傅立葉頻譜，結果如圖 13-5(a)，在此我們先以強度頻譜為主，暫時不討論相位頻譜。由圖上可以發現，傅立葉頻譜在 $k = 100$ 與 $k = 900$ 處出現峰值(Peaks)，形成所謂的雙邊頻譜(Double-Sided Spectrum)的對稱結構，但不是以原點為中心。其中 $k = 100$ 的峰值即是弦波的頻率，振幅則是 $\left(\dfrac{A}{2}\right) \cdot N = 500$。

為了方便傅立葉頻譜的觀察與分析，通常會對快速傅立葉轉換的結果進行平移 (Shift)，使得頻譜是以原點為中心呈現。NumPy 提供的 fftshift 函式，即是用來實現平移的功能，結果如圖 13-5(b)。以 $N = 1,000$ 而言，我們可能分析的最大頻率為 500 Hz，稱為 Nyquist 頻率。

❑

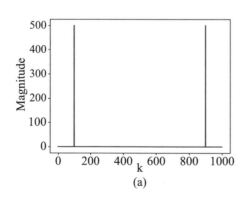 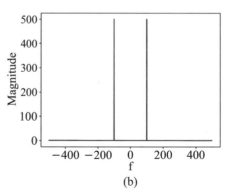

圖 13-5　弦波的傅立葉頻譜：(a)平移前；(b)平移後

Python 程式碼如下：

```
sinusoid_spectrum1.py

1    import numpy as np
2    from numpy.fft import fft
3    import matplotlib.pyplot as plt
4
5    t = np.linspace( 0, 1, 1000, endpoint = False )
6    x = np.cos( 2 * np.pi * 100 * t )
7
8    X = fft(( x ))
9    Xm = abs( X )
10
11   plt.plot( Xm )
12   plt.xlabel( 'k' )
13   plt.ylabel( 'Magnitude' )
14
15   plt.show( )
```

本程式範例中，我們使用**快速傅立葉轉換**(Fast Fourier Transforms, FFT)技術。雖然，快速傅立葉轉換的演算法是以 2 的冪次方為原則，但 NumPy 的 FFT 函式可以接受任意 N 值。

Python 程式碼如下：

```
sinusoid_spectrum2.py

1    import numpy as np
2    from numpy.fft import fft, fftshift, fftfreq
3    import matplotlib.pyplot as plt
4
5    t = np.linspace( 0, 1, 1000, endpoint = False )
6    x = np.cos( 2 * np.pi * 100 * t )
```

```
7
8    f = fftshift( fftfreq( 1000, 0.001 ))
9    X = fftshift( fft( x ))
10   Xm = abs( X )
11
12   plt.plot( f, Xm )
13   plt.xlabel( 'f' )
14   plt.ylabel( 'Magnitude' )
15
16   plt.show( )
```

本程式範例中，使用下列函式定義傅立葉頻譜的頻率取樣：

numpy.fft.fftfreq(n, d = 1.0)

其中，n 為樣本數，d 為取樣週期。在此分別為 1,000 與 0.001。經過平移以後，傅立葉頻譜是以原點為中心呈現。

13-2-2　諧波

若諧波是定義為：

$$x(t) = A_0 + \sum_{k=1}^{N} A_k \cos(2\pi f_k t)$$

其中包含直流分量與交流分量，是廣義的諧波定義。

範例 13-3

若諧波是定義為：

$$x(t) = 10 + 10\cos(2\pi \cdot (100) \cdot t) + 2\cos(2\pi \cdot (200) \cdot t)$$

其中包含直流分量 $A_0 = 10$；交流分量是由兩個不同振幅、不同頻率的弦波構成，取樣頻率為 1,000 Hz，求諧波的傅立葉頻譜。

答

諧波的傅立葉頻譜，如圖 13-6。由圖上可以發現，直流分量在頻率 $f = 0$ 呈現峰值，強度為 $A_0 \cdot N$，交流分量則分別在對應的頻率 $f = 100$ 與 $f = 200$ 呈現峰值，強度為 $(A_k / 2) \cdot N$。

❑

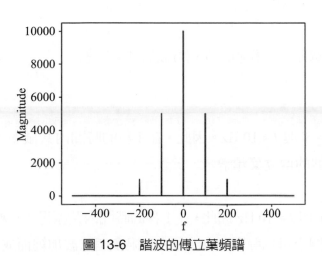

圖 13-6　諧波的傅立葉頻譜

Python 程式碼如下：

harmonic_spectrum.py

```
1   import numpy as np
2   from numpy.fft import fft, fftshift, fftfreq
3   import matplotlib.pyplot as plt
4
5   t = np.linspace( 0, 1, 1000, endpoint = False )
6   x = 10 + 10 * np.cos( 2 * np.pi * 100 * t ) + 2 * np.cos( 2 * np.pi * 200 * t )
7
8   f = fftshift( fftfreq( 1000, 0.001 ))
9   X = fftshift( fft( x ))
10  Xm = abs( X )
11
12  plt.plot( f, Xm )
```

```
13    plt.xlabel( 'f' )
14    plt.ylabel( 'Magnitude' )
15
16    plt.show( )
```

13-2-3　方波

在訊號生成的章節中，我們已介紹方波的基本定義。

範例 13-4

若方波的參數爲 $A = 1$ 與 $f = 10$ Hz。因此，在 1 秒的時間內共振盪 10 次。若取樣頻率爲 1,000 Hz，求方波的傳立葉頻譜。

答

方波的參數爲 $A = 1$ 與 $f = 10$ Hz 因此，在 1 秒的時間內共振盪 10 次。方波的傳立葉頻譜，如圖 13-7。由圖上可以發現，方波是由無限多個弦波加總而成，因此也可以視爲是一種諧波，基礎頻率爲 10 Hz，同時也是方波的頻率。回顧傳立葉級數的推導過程，這個結果是相符的。

❑

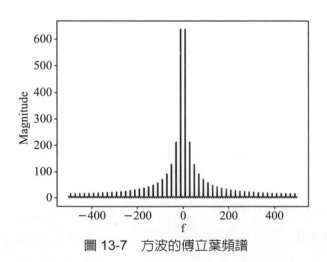

圖 13-7　方波的傳立葉頻譜

Python 程式碼如下：

square_spectrum.py

```
1   import numpy as np
2   import scipy.signal as signal
3   from numpy.fft import fft, fftshift, fftfreq
4   import matplotlib.pyplot as plt
5
6   t = np.linspace( 0, 1, 1000, endpoint = False )
7   x = signal.square( 2 * np.pi * 10 * t )
8
9   f = fftshift( fftfreq( 1000, 0.001 ))
10  X = fftshift( fft( x ))
11  Xm = abs( X )
12
13  plt.plot( f, Xm )
14  plt.xlabel( 'f' )
15  plt.ylabel( 'Magnitude' )
16
17  plt.show( )
```

13-2-4　節拍波

節拍波(Beat Wave)是由兩個不同頻率的弦波進行乘法運算而得，可以定義為：

$$x(t) = A \cdot \cos(2\pi f_1 t) \cdot \cos(2\pi f_2 t)$$

通常，f_1 為低頻訊號的頻率(Hz)；f_2 高頻訊號的頻率(Hz)，稱為**載波頻率**(Carrier Frequency)，因此經常表示成 f_c。數位訊號的乘法運算，同時也是**調變**(Modulation)技術的主軸，因此被廣泛應用於通訊系統。

範例 13-5

若節拍波是定義為：

$$x(t) = \cos(2\pi \cdot (20) \cdot t) \cdot \cos(2\pi \cdot (200) \cdot t)$$

其中，$A = 1$，$f_1 = 20\,\text{Hz}$，$f_2 = 200\,\text{Hz}$。若取樣頻率為 1,000 Hz，求節拍波的傅立葉頻譜。

答

節拍波的傅立葉頻譜，如圖 13-8。由圖上可以發現，傅立葉頻譜在 $f_2 \pm f_1$ 的頻率，即 180 Hz 與 220 Hz，呈現波峰。同理，調變技術會將原始訊號的頻率範圍，調整到載波頻率的範圍。

□

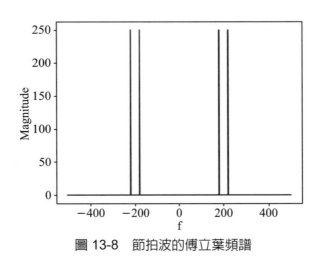

圖 13-8   節拍波的傅立葉頻譜

Python 程式碼如下：

beat_spectrum.py

```
1    import numpy as np
2    import scipy.signal as signal
3    from numpy.fft import fft, fftshift, fftfreq
4    import matplotlib.pyplot as plt
5
6    f1 = 20
7    f2 = 200
```

```
8    t = np.linspace( 0, 1, 1000, endpoint = False )

9    x = np.cos( 2 * np.pi * f1 * t )* np.cos( 2 * np.pi * f2 * t )

10

11   f = fftshift( fftfreq( 1000, 0.001 ))

12   X = fftshift( fft( x ))

13   Xm = abs( X )

14

15   plt.plot( f, Xm )

16   plt.xlabel( 'f' )

17   plt.ylabel( 'Magnitude' )

18

19   plt.show( )
```

13-2-5   啁啾訊號

除了週期性訊號之外，傅立葉轉換同時也可以用來進行非週期性訊號的頻譜分析。

範例 13-5

若啁啾訊號在時間 0 ~1 秒之間，頻率的範圍是從 0 Hz 線性遞增爲 100 Hz。若取樣頻率爲 1,000 Hz，求啁啾訊號的傅立葉頻譜。

答

啁啾訊號的傅立葉頻譜，如圖 13-9。由於頻率是從 0 Hz 線性遞增爲 100 Hz，這個頻率範圍所呈現的振幅其實應該要相等，但頻譜呈現漣漪(Ripple)現象，與我們預期的結果略有不同。

□

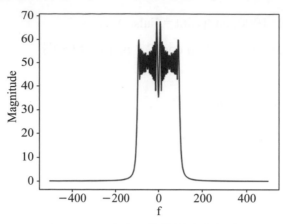

圖 13-9　啁啾訊號的傅立葉頻譜

Python 程式碼如下：

chirp_spectrum.py

```
1    import numpy as np
2    import scipy.signal as signal
3    from numpy.fft import fft, fftshift, fftfreq
4    import matplotlib.pyplot as plt
5
6    t = np.linspace( 0, 1, 1000, endpoint = False )
7    x = signal.chirp( t, 0, 1, 100, 'linear' )
8
9    f = fftshift( fftfreq( 1000, 0.001 ))
10   X = fftshift( fft( x ))
11   Xm = abs( X )
12
13   plt.plot( f, Xm )
14   plt.xlabel( 'f' )
15   plt.ylabel( 'Amplitude' )
16
17   plt.show( )
```

13-3　功率頻密度

定義　能量

類比訊號 $x(t)$ 的**能量**(Energy)可以定義爲：

$$E = \int_{-\infty}^{\infty} |x(t)|^2 dt$$

顯然的，上述的能量公式僅適合用來描述有限的訊號。當訊號的能量集中在有限的時間區間內，總能量爲有限，因此可以透過積分計算而得。以離散時間域而言，則數位訊號 $x(n)$ 的能量可以根據下列公式計算：

$$E = \sum_{n=-\infty}^{\infty} x^2[n]$$

定理　帕塞瓦爾定理

若訊號 $x(t)$ 的傅立葉轉換爲 $X(f)$，即：

$$X(f) = \int_{-\infty}^{\infty} x(t)\, e^{-j(2\pi ft)} dt$$

則訊號的**能量**滿足下列公式：

$$E = \int_{-\infty}^{\infty} |x(t)|^2 dt = \int_{-\infty}^{\infty} |X(f)|^2 df$$

稱爲**帕塞瓦爾定理**(Parseval's Theorem)。

帕塞瓦爾定理是指：「時間域訊號，若取平方總和(或積分)，則結果與傅立葉轉換後頻率域訊號的平方總和(或積分)相等」。換言之，若想分析訊號的能量，除了在時間域下進行積分運算之外，也可以在頻率域下進行積分運算，結果相同。

範例 13-6

證明帕塞瓦爾定理。

證明

根據反傳立葉轉換:

$$x(t) = \frac{1}{2\pi}\int_{-\infty}^{\infty} X(\omega)\, e^{j\omega t}\, d\omega$$

可得:

$$E = \int_{-\infty}^{\infty} x(t) \left[\frac{1}{2\pi}\int_{-\infty}^{\infty} X(\omega)\, e^{j\omega t}\, d\omega \right] dt$$

$$= \frac{1}{2\pi}\int_{-\infty}^{\infty} X(\omega) \left[\int_{-\infty}^{\infty} x(t)\, e^{j\omega t}\, dt \right] d\omega$$

$$= \frac{1}{2\pi}\int_{-\infty}^{\infty} X(\omega)\, X(-\omega)\, d\omega$$

$$= \frac{1}{2\pi}\int_{-\infty}^{\infty} X(\omega)\, X^{*}(\omega)\, d\omega \quad X^{*}(\omega)\text{代表}X(\omega)\text{的共軛複數}$$

$$= \frac{1}{2\pi}\int_{-\infty}^{\infty} |X(\omega)|^{2}\, d\omega$$

$$= \frac{1}{2\pi}\int_{-\infty}^{\infty} |X(f)|^{2}\, df$$

❑

定義 能量譜密度

若類比訊號 $x(t)$ 的傅立葉轉換為 $X(f)$,則**能量譜密度**(Energy Spectral Density)可以定義為:

$$S_{xx}(f) = |X(f)|^{2}$$

因此,**能量譜密度**的目的是用來描述訊號在不同頻率下的能量分布情形,並以圖形表示之。

能量頻密度可以根據**自相關**(Autocorrelation)取其傅立葉轉換而得。假設訊號 $x(t)$ 的自相關是定義為:

$$R(\tau) = \int_{-\infty}^{\infty} x^{*}(t) \cdot x(t+\tau)\, dt$$

則其**傅立葉轉換**為：

$$\mathcal{F}\{R(\tau)\} = \int_{-\infty}^{\infty} R(\tau) \, e^{-j2\pi f \tau} d\tau$$

$$= \int_{-\infty}^{\infty} \left[\int_{-\infty}^{\infty} x^*(t) \cdot x(t+\tau) \, dt \right] e^{-j2\pi f \tau} d\tau$$

$$= \int_{-\infty}^{\infty} x^*(t) \left[\int_{-\infty}^{\infty} x(t+\tau) \, e^{-j2\pi f \tau} d\tau \right] dt \quad \text{設 } \hat{\tau} = t + \tau \text{ , } d\hat{\tau} = d\tau$$

$$= \int_{-\infty}^{\infty} x^*(t) \left[\int_{-\infty}^{\infty} x(\hat{\tau}) \, e^{-j2\pi f \hat{\tau}} \cdot e^{j2\pi f t} d\hat{\tau} \right] dt$$

$$= \int_{-\infty}^{\infty} x^*(t) \left[\int_{-\infty}^{\infty} x(\hat{\tau}) \, e^{-j2\pi f \hat{\tau}} d\hat{\tau} \right] e^{j2\pi f t} dt$$

$$= \int_{-\infty}^{\infty} x^*(t) \, X(f) \, e^{j2\pi f t} dt$$

$$= X(f) \left[\int_{-\infty}^{\infty} x^*(t) \, e^{j2\pi f t} dt \right]$$

$$= X(f) \, X^*(f)$$

$$= |X(f)|^2$$

$$= S_{xx}(f)$$

定義　**功率頻密度**

功率頻密度(Power Spectral Density)是指訊號在不同頻率下的功率分布圖。

以上能量譜密度的定義，僅適用於能量集中在某時間區間內的訊號，例如：脈衝訊號等。對於持續存在的連續訊號，或是**平穩過程**(Stationary Process)的訊號，就必須定義**功率頻密度**(Power Spectral Density)，簡稱 PSD，用來描述訊號在不同頻率下，**功率**(Power)的分布情形。

評估**功率頻密度**的方法，下列兩種方法最具代表性：

● **週期圖**(Periodogram)：週期圖是用來評估功率頻密度最基本的方法，主要是根據傅立葉轉換的結果，取平方而得。

● **Welch 方法**(Welch's Method)：Welch 方法是由 P. D. Welch 所提出，也是用來評估數位訊號的功率頻密度。以技術層面而言，Welch 方法其實是基於**週期圖**(Periodogram)的方法，同時參考 **Bartlett 方法**(Barlett's Method)，牽涉功率的平均值運算，因此又稱為**平均週期圖法**(Method of Averaged Periodograms)。

範例 13-7

若產生時間介於 0～1 秒之間的均勻雜訊,其值介於–1～1 之間,取樣率為 1,000 Hz。試使用週期圖與 Welch 方法求功率頻密度(PSD)。

答

均勻雜訊的值介於–1～1 之間,時間介於 0～1 秒之間,取樣率為 1000 Hz。因此,共 1000 個樣本。若使用週期圖與 Welch 方法求功率頻密度或 PSD,結果如圖 13-10。由圖上可以發現,這兩種方法所得到的功率頻密度,頻率範圍為 0～500 Hz(即 Nyquist 頻率)。在不同的頻率下,均勻雜訊都含有少量的功率。

❑

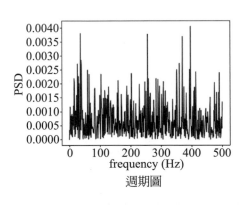
週期圖

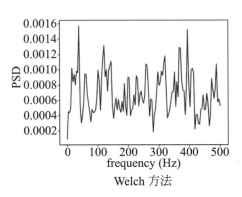
Welch 方法

圖 13-10　雜訊的功率頻密度圖

若以較嚴謹的定義而言,理想的**白雜訊**(White Noise),其**功率頻密度**在不同的頻率下為固定常數值。因此目前的均勻雜訊,其實並不完全符合白雜訊的條件。

Python 程式碼如下:

noise_PSD.py

```
1    import numpy as np
2    import numpy.random as random
3    import scipy.signal as signal
4    import matplotlib.pyplot as plt
5
6    fs = 1000
7    t = np.linspace( 0, 1, fs, endpoint = False )
```

```
8    noise = random.uniform( -1, 1, fs )

9

10   f1, pxx1 = signal.periodogram( noise, fs )

11   f2, pxx2 = signal.welch( noise, fs )

12

13   plt.figure( 1 )

14   plt.plot( f1, pxx1 )

15   plt.xlabel( 'frequency(Hz)' )

16   plt.ylabel( 'PSD' )

17

18   plt.figure( 2 )

19   plt.plot( f2, pxx2 )

20   plt.xlabel( 'frequency(Hz)' )

21   plt.ylabel( 'PSD' )

22

23   plt.show( )
```

範例 13-8

若訊號是定義為：

$$x(t) = 10\cos(2\pi \cdot (100) \cdot t) + 5\cos(2\pi \cdot (200) \cdot t) + \eta(t)$$

其中包含兩個弦波，$\eta(t)$ 是介於 $-1\sim1$ 之間的均勻雜訊，取樣率為 1,000 Hz。試使用週期圖與 Welch 方法求功率頻密度(PSD)。

答

訊號包含兩個弦波，若使用週期圖與 Welch 方法求功率頻密度，結果如圖 13-11。由圖上可以發現，這兩種方法所呈現的功率頻密度均為單邊頻譜(Single-Sided Spectrum)，頻率範圍為 0～500 Hz(即 Nyquist 頻率)。雖然有雜訊的干擾，PSD 在 $f=100$ Hz 與 $f=200$ Hz 呈現功率的峰值，合乎預期。概括而言，Welch 方法在頻率域上的解析度略差，但具有較好的抗雜訊能力。

❑

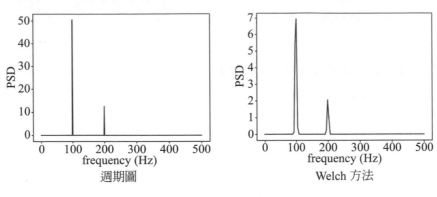

週期圖 Welch 方法

圖 13-11 功率頻密度圖

Python 程式碼如下:

signal_PSD.py

```
1   import numpy as np
2   import numpy.random as random
3   import scipy.signal as signal
4   import matplotlib.pyplot as plt
5
6   fs = 1000
7   t = np.linspace( 0, 1, fs, endpoint = False )
8   x = 10 * np.cos( 2 * np.pi * 100 * t ) + 5 * np.cos( 2 * np.pi * 200 * t )
9   noise = random.uniform( -1, 1, fs )
10  y = x + noise
11
12  f1, pxx1 = signal.periodogram( y, fs )
13  f2, pxx2 = signal.welch( y, fs )
14
15  plt.figure( 1 )
16  plt.plot( f1, pxx1 )
17  plt.xlabel( 'frequency(Hz)' )
18  plt.ylabel( 'PSD' )
```

```
19
20   plt.figure( 2 )
21   plt.plot( f2, pxx2 )
22   plt.xlabel( 'frequency(Hz)' )
23   plt.ylabel( 'PSD' )
24
25   plt.show( )
```

以上的功率頻譜圖，也經常對 PSD 取對數，除了訊號中的主要頻率之外，方便同時觀察其他頻率的功率分布情形，如圖 13-12。

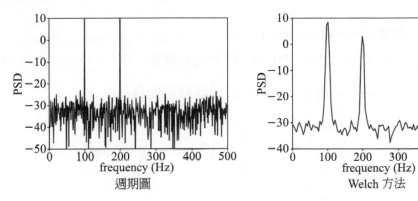

週期圖　　　　　　　　　　Welch 方法

圖 13-12　功率頻密度圖(取對數)

習題

選擇題

( ) 1. 若弦波的定義為 $x(t) = A\cos(\omega_0 t + \phi)$ ，其振幅頻譜如下圖：

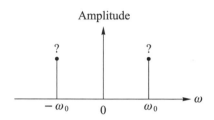

則圖中的**振幅**(Amplitude)為何？

(A) $A / 2$　(B) A　(C) $2A$　(D) $A\pi$　(E) 以上皆非

( ) 2. 若某訊號的傅立葉頻譜如下圖，則該訊號最可能為何？

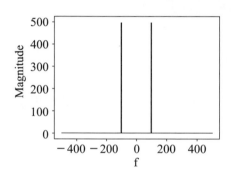

(A) 弦波　(B) 方波　(C) 諧波　(D) 節拍波　(E) 啁啾訊號

( ) 3. 若某訊號的傅立葉頻譜如下圖，則該訊號最可能為何？

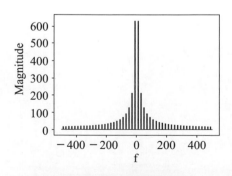

(A) 弦波　(B) 方波　(C) 諧波　(D) 節拍波　(E) 啁啾訊號

(　) 4.　若某訊號的傅立葉頻譜如下圖，則該訊號最可能爲何？

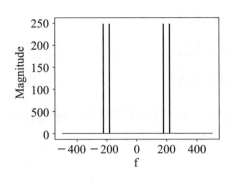

　　　　(A) 弦波　(B) 方波　(C) 諧波　(D) 節拍波　(E) 啁啾訊號

(　) 5.　若訊號 $x(t)$ 的傅立葉轉換爲 $X(f)$，則訊號的能量滿足下列公式：

$$E = \int_{\infty}^{\infty} |x(t)|^2 dt = \int_{\infty}^{\infty} |X(f)|^2 df$$

稱爲什麼定理？

(A) Nyquist-Shannon Theorem　　(B) Convolution Theorem

(C) Parseval's Theorem　　(D) Cayley-Hamilton Theorem　　(E) 以上皆非

觀念複習

1.　請定義下列專有名詞：

　(a)　頻譜分析(Spectrum Analysis)

　(b)　傅立葉頻譜(Fourier Spectrum)

　(c)　功率頻密度(Power Spectral Density)

2.　若弦波是定義爲：

$$x(t) = 10\cos(2\pi(5)t + \frac{\pi}{4})$$

請以圖形表示弦波的強度頻譜(Magnitude Spectrum)與相位頻譜(Phase Spectrum)。

3. 給定下列的數位訊號，求**強度頻譜**(Magnitude Spectrum)，並以圖形表示之。

   (a) $x = \{\,1, 4, 3, 2\,\}$, $n = 0, 1, 2, 3$

   (b) $x = \{\,1, 2, -1, 0\,\}$, $n = 0, 1, 2, 3$

   (c) $x = \{\,1, 2, 1, 2\,\}$, $n = 0, 1, 2, 3$

4. 給定下列的傅立葉頻譜，判斷其在時間域的訊號可能為弦波、諧波、方波、節拍波或啁啾訊號：

   (a)

   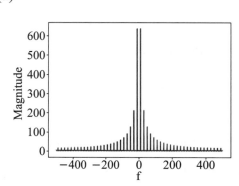

   (b)

   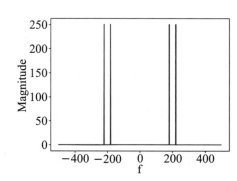

   (c)

   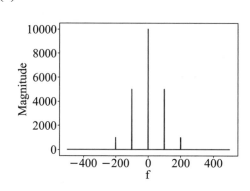

   (d)

   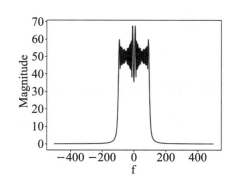

5. 請解釋何謂**帕塞瓦爾定理**(Parseval's Theorem)。

6. 請解釋自相關的傅立葉轉換為何？

7. 請列舉兩種評估**功率頻密度**(Power Spectral Density, PSD)的方法。

☼ 專案實作

1. 使用 Python 程式實作頻譜分析。給定下列數位訊號，請以圖形表示強度頻譜與相位頻譜：

   (a) $x = \{1, 4, 3, 2\}$, $n = 0, 1, 2, 3$

   (b) $x = \{1, 2, 3, 4, 1, 2, 3, 4\}$, $n = 0, 1, \ldots, 7$

   (c) $x = \{1, 2, 3, 4, 3, 2, 1, 2\}$, $n = 0, 1, \ldots, 7$

2. 使用 Python 程式實作頻譜分析。給定下列數位訊號，請以圖形表示強度頻譜與相位頻譜：

   (a) 若弦波是定義為：

   $$x(t) = \cos(2\pi \cdot (200) \cdot t)$$

   其中，振幅為 $A = 1$，頻率為 $f = 200$，相位移 $\phi = 0$，時間長度為 1 秒，取樣頻率為 1,000 Hz。

   (b) 若諧波是定義為：

   $$x(t) = 10 + 8\cos(2\pi \cdot (50) \cdot t) + 4\cos(2\pi \cdot (150) \cdot t)$$

   其中包含直流分量 $A_0 = 10$ 與交流分量。

   (c) 若方波的參數為 $A = 1$ 與 $f = 100$ Hz，時間長度為 1 秒，取樣頻率為 1,000 Hz。

   (d) 若節拍波是定義為：

   $$x(t) = \cos(2\pi \cdot (25) \cdot t) \cdot \cos(2\pi \cdot (50) \cdot t)$$

   其中，$A = 1$，$f_1 = 25\,\mathrm{Hz}$，$f_2 = 50\,\mathrm{Hz}$，時間長度為 1 秒，取樣頻率為 1,000 Hz。

3. 使用 Python 程式實作頻譜分析：

   (a) 使用 Audacity 錄製一段您自己的語音訊號，時間長度為 1 秒、取樣率為 44,100 Hz，請顯示波形。

   (b) 請以圖形表示強度頻譜與相位頻譜。

4. 使用 Python 程式實作頻譜分析：

　(a) 使用 Audacity 自行錄製語音訊號，例如：中文語音「1」、「2」等，時間長度均為 1 秒、取樣率為 44,100 Hz。

　(b) 請以圖形表示強度頻譜。

　(c) 設計 Python 程式，判斷與記錄各個語音的主要頻率。

5. 探討 Yanny or Laurel 的聲音幻覺事件。本事件於 2018 年 5 月受到廣泛的注意與討論，其中牽涉一段短暫的錄音檔，根據超過 500,000 人的 Twitter 投票結果，53% 認為說話者的語音為 Laurel，47% 認為說話者的語音為 Yanny。請使用 Google 搜尋與下載本錄音檔，並進行頻譜分析。

CHAPTER 14

頻率響應

本章介紹 LTI 系統的**頻率響應**(Frequency Response)。首先,介紹頻率響應的基本定義,並根據頻率響應介紹各種不同的濾波器種類。最後,則列舉頻率響應的範例。

學習單元

- 基本概念

- 濾波器分類

- 頻率響應範例

14-1 基本概念

　　訊號處理系統中，例如：音響設備、通訊系統等，目的是希望達到無失真的要求，在輸出端重現原始的輸入訊號。因此，理想的訊號處理系統，在不同的頻率範圍，須表現均勻的強度響應。**頻率響應**(Frequency Response)即是用來衡量系統在特定頻率範圍的操作特性[1]。

定義 **頻率響應**

頻率響應(Frequency Response)是指系統對於輸入訊號在特定頻率範圍的響應情形，可以定義為頻率的函式，響應則包含**強度**(Magnitude)與**相位角**(Phase Angle)等量化數據，通常是以頻譜的方式呈現，用來表示系統的操作特性。

　　典型的 DSP 系統(或 LTI 系統)，如圖 14-1，其中 $x[n]$ 為輸入訊號，$y[n]$ 為輸出訊號；$h[n]$ 則稱為**脈衝響應**(Impulse Response)，也經常稱為**濾波器**(Filters)。

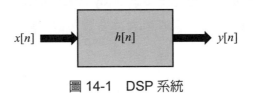

$$x[n] \quad\longrightarrow\quad \boxed{\quad h[n] \quad} \quad\longrightarrow\quad y[n]$$

圖 14-1　DSP 系統

　　若 DSP 系統牽涉卷積運算：

$$y[n] = h[n] * x[n]$$

其中，星號*為卷積運算。根據**卷積定理**(Convolution Theorem)，則：

$$\mathcal{F}\{y[n]\} = \mathcal{F}\{h[n] * x[n]\} = \mathcal{F}\{h[n]\} \cdot \mathcal{F}\{x[n]\}$$

或以離散時間傅立葉轉換表示成：

$$Y(e^{j\omega}) = H(e^{j\omega}) \cdot X(e^{j\omega})$$

---

[1]　高品質的音響設備，通常可以根據其**頻率響應**來衡量。例如：理想的喇叭設備，在人類的聽力範圍，即聲音的頻率範圍 20 Hz～20 kHz 之間，應該具備接近等值的頻率響應，藉以達到原音重現。因此，在選購音響設備時，其實可以檢視一下**頻率響應**的技術資料。

因此系統的**頻率響應**可以表示成：

$$H(e^{j\omega}) = \frac{Y(e^{j\omega})}{X(e^{j\omega})}$$

根據 z 轉換(z Transform)，系統的**頻率響應**(Frequency Response)與其**轉換函式**(Transfer Function)之間的關係可以表示成：

$$H(e^{j\omega}) = H(z)\big|_{z=e^{j\omega}}$$

因此，系統的**頻率響應**(Frequency Response)也可以表示成：

$$H(z) = \frac{Y(z)}{X(z)}$$

其中，$X(z)$ 與 $Y(z)$ 分別為輸入訊號與輸出訊號的 z 轉換結果。

定義　DSP 系統的頻率響應

DSP 系統的**頻率響應**(Frequency Response)可以定義為：

$$H(e^{j\omega}) = \sum_{n=-\infty}^{\infty} h[n]\, e^{-j\omega n}$$

LTI 系統中，卷積運算為：

$$y[n] = \sum_{k=-\infty}^{\infty} h[k] \cdot x[n-k]$$

其中，$x[n]$ 與 $y[n]$ 分別為輸入訊號與輸出訊號。假設輸入訊號 $x[n]$ 為複數指數訊號如下：

$$x[n] = e^{j\omega n}$$

則輸出訊號為：

$$y[n] = \sum_{k=-\infty}^{\infty} h[k] \cdot e^{j\omega(n-k)} = \left(\sum_{k=-\infty}^{\infty} h[k] \cdot e^{j\omega k} \right) e^{j\omega n}$$

可以改寫為：

$$y[n] = H(e^{j\omega})\, e^{j\omega n}$$

因此，可得下列公式：

$$H(e^{j\omega}) = \sum_{n=-\infty}^{\infty} h[n]\, e^{-j\omega n}$$

稱為 DSP 系統的**頻率響應**(Frequency Response)。可以注意到，頻率響應 $H(e^{j\omega})$ 即是對脈衝響應 $h[n]$ 求**離散時間傅立葉轉換**(Discrete-Time Fourier Transform, DTFT)的結果。

由於上述 DTFT 的結果通常為複數，因此經常取其**強度**(Magnitude)與**相位角**(Phase Angle)，即：

$$\left| H(e^{j\omega}) \right| \quad 與 \quad \arg\left\{ H(e^{j\omega}) \right\}$$

結果均為實數，若以圖形表示，稱為**強度頻譜**(Magnitude Spectrum)與**相位頻譜**(Phase Spectrum)，藉以表示系統在頻率域的操作特性。

此外，**頻率響應**也經常以**分貝**(Decibels, dB)的單位表示成：

$$\mathcal{G}(\omega) = 20\log_{10}\left| H(e^{j\omega}) \right| (\text{dB})$$

稱為系統的**增益**(Gain)。

14-2 濾波器分類

若根據系統(或濾波器)的頻率響應，大致可以分成下列幾種：

● **低通濾波器**(Lowpass Filter)：低通濾波器是使得低頻範圍的訊號通過，同時抑制高頻範圍的訊號。頻率的閾值稱為**截止頻率**(Cutoff Frequency)，定義為 f_c，對應的**截止角頻率**為 ω_c。

● **高通濾波器**(Highpass Filter)：高通濾波器是低通濾波器的相反，主要是使得高頻範圍的訊號通過，同時抑制低頻範圍的訊號。

● **帶通濾波器**(Bandpass Filter)：帶通濾波器是使得頻率介於 $f_1 \sim f_2$ (或角頻率 $\omega_1 \sim \omega_2$) 之間的訊號通過，同時抑制其他頻率範圍的訊號。

● **帶阻濾波器**(Bandstop Filter)：帶阻濾波器是帶通濾波器的相反，因此是抑制頻率範圍落在 $f_1 \sim f_2$ (或角頻率 $\omega_1 \sim \omega_2$)之間的訊號，同時使得其他頻率範圍的訊號通過。

● **陷波濾波器**(Notch Filter)：陷波濾波器是帶阻濾波器的一種，僅抑制某個特定的頻率，例如：60 Hz 的干擾雜訊等。陷波濾波器主要是使得某特定頻率的訊號變為 0，因此也稱為**歸零濾波器**(Nulling Filter)。

● **梳狀濾波器**(Comb Filter)：梳狀濾波器的頻率響應，由於其形狀如同梳子一般，因而得名；主要是同時抑制多個頻率範圍，頻率與頻率之間則通常是設為整數倍數。

● **全通濾波器**(All-Pass Filter)：輸入訊號在所有頻率範圍均通過，通常會調整訊號在某些頻率範圍的相位移。

以上列舉一些典型的濾波器，主要是根據頻率響應的型態決定。此外，濾波器也可以根據訊號的型態分成**類比濾波器**(Analog Filters)與**數位濾波器**(Digital Filters)兩種。由於本書主要是討論 DSP 技術，因此是以數位濾波器為主。

14-3　頻率響應範例

本節介紹幾種典型的頻率響應，並以圖形表示之，可以用來描述 DSP 系統在頻率域上的操作特性。

14-3-1　理想濾波器

濾波器的目的是使得某些特定範圍的頻率分量通過，同時抑制其他範圍的頻率分量。為了使得特定範圍的頻率分量通過，且不會造成訊號的失真現象，頻率響應值是設為 1；相反的，若想完全抑制其他範圍的頻率分量，則頻率響應是設為 0。使得頻率分量通過的頻率範圍稱為**通過頻帶**(Passband)；抑制的頻率範圍則稱為**截止頻帶**(Stopband)。

定義　理想低通濾波器

理想低通濾波器(Ideal Lowpass Filter)，其轉換函式可以定義為：

$$H_{LP}(e^{j\omega}) = \begin{cases} 1 & 0 \leq \omega \leq \omega_c \\ 0 & otherwise \end{cases}$$

在此僅定義**單邊**(Single-Sided)的頻率響應，ω 是介於 $0 \sim \pi$ 之間；且 $\omega_c = 2\pi f_c$，其中 f_c 稱為**截止頻率**(Cutoff Frequency)。

定義　理想高通濾波器

理想高通濾波器(Ideal Highpass Filter)，其轉換函式可以定義為：

$$H_{HP}(e^{j\omega}) = \begin{cases} 1 & \omega_c < \omega \leq \pi \\ 0 & otherwise \end{cases}$$

因此，低通濾波器與高通濾波器之間的關係可以表示成：

$$H_{HP}(e^{j\omega}) = 1 - H_{LP}(e^{j\omega})$$

定義　理想帶通濾波器

理想帶通濾波器(Ideal Bandpass Filter)，其轉換函式可以定義為：

$$H_{BP}(e^{j\omega}) = \begin{cases} 1 & \omega_1 \leq \omega \leq \omega_2 \\ 0 & otherwise \end{cases}$$

理想帶通濾波器，允許頻率範圍落在 $\omega_1 \leq \omega \leq \omega_2$ (或頻率 $f_1 \leq f \leq f_2$)的訊號通過，其中 f_1 與 f_2 也稱為截止頻率。

定義　理想帶阻濾波器

理想帶阻濾波器(Ideal Bandstop Filter)，其轉換函式可以定義為：

$$H_{BS}(e^{j\omega}) = \begin{cases} 1 & \omega < \omega_1 \ or \ \omega > \omega_2 \\ 0 & otherwise \end{cases}$$

同理，帶通濾波器與對應的帶阻濾波器之間的關係可以表示成：

$$H_{BS}(e^{j\omega}) = 1 - H_{BP}(e^{j\omega})$$

理想濾波器(Ideal Filters)的**頻率響應**，如圖 14-2，其中包含：(a)低通濾波器；(b)高通濾波器；(c)帶通濾波器；與(d)帶阻濾波器等。由圖上可以注意到，理想濾波器在通過頻帶的響應值為 1，在抑制頻帶的響應值為 0。

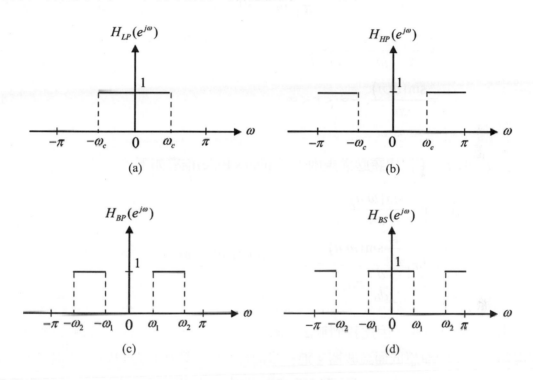

圖 14-2　理想濾波器的頻率響應

(a)低通濾波器；(b)高通濾波器；(c)帶通濾波器；(d)帶阻濾波器

範例 14-1

若理想低通濾波器是定義為：

$$H_{LP}(e^{j\omega}) = \begin{cases} 1 & 0 \le \omega \le \omega_c \\ 0 & otherwise \end{cases}$$

求其在離散時間域的脈衝響應(Impulse Response)。

答

根據反離散時間傅立葉轉換(Inverse DTFT)公式，則理想低通濾波器在離散時間域的脈衝響應為：

$$h_{LP}[n] = \frac{1}{2\pi}\int_{-\infty}^{\infty}H_{LP}(e^{j\omega n})\,e^{j\omega n}d\omega$$

$$= \frac{1}{2\pi}\int_{-\omega_c}^{\omega_c}e^{j\omega n}d\omega = \frac{1}{2\pi}\left[\frac{1}{jn}e^{j\omega n}\right]_{-\omega_c}^{\omega_c}$$

$$= \frac{1}{2\pi}\left(\frac{e^{j\omega_c n}}{jn} - \frac{e^{-j\omega_c n}}{jn}\right)$$

$$= \frac{\sin(\omega_c n)}{\pi n},\ -\infty < n < \infty$$

□

當 $n = 0$ 時，須使用**羅必達規則**(L'Hôpital's Rule)推導如下：

$$h_{LP}[0] = \lim_{n\to 0}\frac{\sin(\omega_c n)}{\pi n}$$

$$= \lim_{n\to 0}\frac{\dfrac{d}{dn}\sin(\omega_c n)}{\dfrac{d}{dn}(\pi n)} = \lim_{n\to 0}\frac{\cos(\omega_c n)\cdot\omega_c}{\pi} = \frac{\omega_c}{\pi}$$

由於 $-\infty < n < \infty$，因此我們無法在離散時間域中定義有限長度的脈衝響應，藉以實現頻率域中的理想低通濾波器。進一步而言，脈衝響應在運算時牽涉過去、目前與未來的數位訊號，因此不是因果系統。此外，由於脈衝響應不符合**絕對可加總**(Absolutely Summable)原則，系統也不具 BIBO 穩定性。

在此使用 Python 程式顯示離散時間域的脈衝響應，其中脈衝響應的離散序列為**有限長度**(Finite-Length)，藉以近似理想的低通濾波器。當濾波器大小為 5 時，$-2 < n < 2$；濾波器大小為 11 時，則 $-5 < n < 5$，依此類推。原則上，我們採用的濾波器大小以奇數為主。

理想低通濾波器的**脈衝響應**，如圖 14-3，其中選取的截止角頻率為 $\omega_c = \dfrac{\pi}{2}$。由圖上可以發現，理想濾波器的脈衝響應，具有 sinc 函數的特性，向左右兩邊無限延伸。

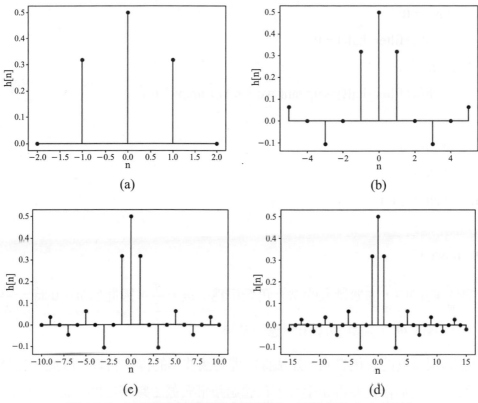

圖 14-3　理想低通濾波器的脈衝響應。濾波器的大小分別為

(a)5；(b)11；(c)21；(d)31

Python 程式碼如下：

ideal_lowpass_impulse_response.py

```
1   import numpy as np
2   import matplotlib.pyplot as plt
3
4   filter_size = eval( input( "Please enter the filter size: " ))
5   filter_half = int( filter_size / 2 )
6   wc = np.pi / 2
7
8   na = np.arange( -filter_half, filter_half + 1 )      # 定義 n 陣列
9   h = np.zeros( filter_size )                          # 計算脈衝響應
10  for n in na:
```

```
11        if n == 0:
12            h[n+filter_half] = 0.5
13        else:
14            h[n+filter_half] = np.sin( wc * n ) / ( np.pi * n )
15
16    plt.stem( na, h )
17    plt.xlabel( 'n' )
18    plt.ylabel( 'h[n]' )
19
20    plt.show( )
```

　　本程式範例中，由於選取的截止角頻率為：$\omega_c = \dfrac{\pi}{2}$，因此當 $n = 0$ 時，$\dfrac{\omega_c}{\pi} = 0.5$。邀請您自行修改 ω_c，並觀察脈衝響應的結果。

　　由於有限長度的脈衝響應，無法提供理想濾波器的操作特性。因此，在 DSP 技術的實際應用時，通常是使得頻率響應在**通過頻帶**與**截止頻帶**之間，從 1 逐漸降為 0，且在通過頻帶或截止頻帶內，頻率響應允許有些微的變動。

　　若根據圖 14-3 的脈衝響應，濾波器的大小分別為:(a)5；(b)11；(c)21；與(d)31，我們求對應的**頻率響應**，結果如圖 14-4。由圖上可以發現，若濾波器大小愈大(或脈衝響應的樣本愈多)，則愈接近理想的低通濾波器。此外，可以注意到頻率響應在通過頻帶與截止頻帶之間，出現所謂的 Gibbs 現象。

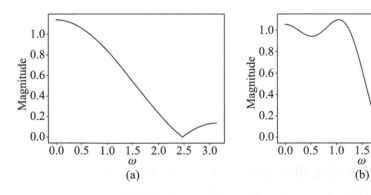

圖 14-4　理想低通濾波器的頻率響應。濾波器的大小分別為：(a)5；(b)11

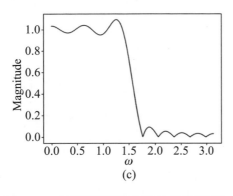
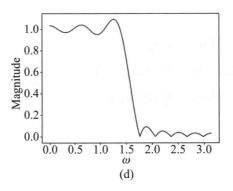

圖 14-4　理想低通濾波器的頻率響應。濾波器的大小分別為：(c)21；(d)31(續)

Python 程式碼如下：

ideal_lowpass_frequency_response.py

```
1    import numpy as np
2    import scipy.signal as signal
3    import matplotlib.pyplot as plt
4
5    filter_size = eval( input( "Please enter the filter size: " ))
6    filter_half = int( filter_size / 2 )
7    wc = np.pi / 2
8
9    na = np.arange( -filter_half, filter_half + 1 )          # 定義 n 陣列
10   h = np.zeros( filter_size )                              # 計算脈衝響應
11   for n in na:
12       if n == 0:
13           h[n+filter_half] = 0.5
14       else:
15           h[n+filter_half] = np.sin( wc * n ) / ( np.pi * n )
16
17   w, H = signal.freqz( h )
18   mag = abs( H )
```

```
19
20   plt.plot( w, mag )
21   plt.xlabel( r'$\omega$' )
22   plt.ylabel( 'Magnitude' )
23
24   plt.show( )
```

14-3-2 平均濾波器

平均濾波器(Average Filters)可以定義為：

$$h[n] = \frac{1}{M}\{1, 1, ..., 1\}, n = 0, 1, ..., M-1$$

其中，M 為**濾波器大小**(Filter Size)。

平均濾波器的頻率響應可以根據其 DTFT 而得，推導過程如下：

$$
\begin{aligned}
H(e^{j\omega}) &= \sum_{n=-\infty}^{\infty} h[n]\, e^{-j\omega n} = \frac{1}{M} \sum_{n=0}^{M-1} e^{-j\omega n} \\
&= \frac{1}{M}\left(\sum_{n=0}^{\infty} e^{-j\omega n} - \sum_{n=M}^{\infty} e^{-j\omega n} \right) \\
&= \frac{1}{M}\left(\sum_{n=0}^{\infty} e^{-j\omega n} \right)\left(1 - e^{-jM\omega} \right) \\
&= \frac{1}{M} \frac{1 - e^{-jM\omega}}{1 - e^{-j\omega}} \\
&= \frac{1}{M} \frac{\sin(M\omega/2)}{\sin(\omega/2)} e^{-j(M-1)\omega/2}
\end{aligned}
$$

根據上述結果取其強度(Magnitude)，可得：

$$\left| H(e^{j\omega}) \right| = \left| \frac{\sin(M\omega/2)}{\sin(\omega/2)} \right|$$

若以圖形表示，即是平均濾波器的**頻率響應**。

範例 14-2

若平均濾波器是定義為：

$$h[n] = \frac{1}{M}\{1, 1, \ldots, 1\}, n = 0, 1, \ldots, M-1$$

當 $M = 5$ 或 $M = 15$ 時，試顯示其頻率響應。

答

平均濾波器的頻率響應，如圖 14-5，其中，濾波器的大小分別為：(a)$M = 5$；(b)$M = 15$。由圖上可以發現，平均濾波器具有低通濾波的特性，當濾波器大小愈小($M = 5$)，則通過頻帶愈寬；反之($M = 15$)則愈窄，呈反比關係。此外，平均濾波器並未完全抑制高頻範圍的訊號，允許少量高頻分量通過。

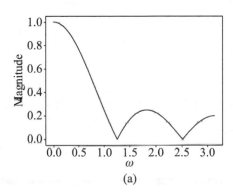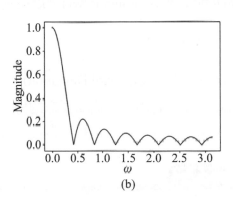

(a)　　　　　　　　　　　(b)

圖 14-5　平均濾波器的頻率響應，其中，濾波器的大小分別為：(a)$M = 5$；(b)$M = 15$

Python 程式碼如下：

```
average_filter_frequency_response.py
1    import numpy as np
2    import scipy.signal as signal
3    import matplotlib.pyplot as plt
4
5    filter_size = eval( input( "Please enter filter size: " ))
6    h = np.ones( filter_size )/ filter_size
7
```

```
8   w, H = signal.freqz( h )
9   mag = abs( H )
10
11  plt.plot( w, mag )
12  plt.xlabel( r'$\omega$' )
13  plt.ylabel( 'Magnitude' )
14
15  plt.show( )
```

14-3-3 高斯濾波器

高斯濾波器(Gaussian Filter)可以定義為：

$$g[n] = e^{-n^2/2\sigma^2}$$

其中，σ 為標準差(Standard Deviation)。

回顧第九章的內容，高斯函數的傅立葉轉換，形成另一個高斯函數。因此，高斯濾波器的頻率響應，可以用另一個高斯函數表示。

範例 14-3

若高斯濾波器是定義為：

$$g[n] = e^{-n^2/2\sigma^2}$$

其中，σ 為標準差(Standard Deviation)。當 $\sigma = 1$ 或 $\sigma = 3$ 時，試顯示其頻率響應。

答

高斯濾波器的頻率響應，如圖 14-6，其中，標準差分別為：(a)$\sigma = 1$；(b)$\sigma = 3$，形成典型的低通濾波器。由圖上可以發現，高斯濾波器具有低通濾波的特性。若標準差愈小($\sigma = 1$)，則通過頻帶較寬；反之，若標準差愈大($\sigma = 3$)，則通過頻帶較窄，呈反比關係。此外，高斯濾波器在高頻範圍的抑制效果，顯然比平均濾波器理想。

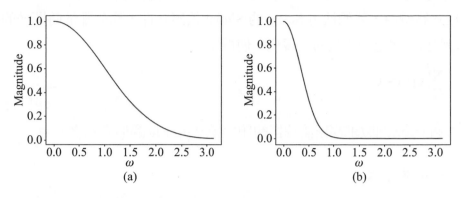

圖 14-6　高斯濾波器的頻率響應，標準差分別為：(a)$\sigma = 1$；(b)$\sigma = 3$

Python 程式碼如下：

gaussian_filter_frequency_response.py

```
1   import numpy as np
2   import scipy.signal as signal
3   import matplotlib.pyplot as plt
4
5   sigma = eval( input( "Please enter sigma: " ))
6
7   filter_size = int( 6 * sigma + 1 )              # 濾波器大小
8   gauss = signal.gaussian( filter_size, sigma )   # 濾波器係數
9   sum = np.sum( gauss )                           # 正規化
10  gauss = gauss / sum
11
12  w, H = signal.freqz( gauss )
13  mag = abs( H )
14
15  plt.plot( w, mag )
16  plt.xlabel( r'$\omega$' )
17  plt.ylabel( 'Magnitude' )
18
19  plt.show( )
```

　　本程式範例中,我們使用 SciPy 的 Signal 軟體套件,產生離散時間域的高斯濾波器(頻率響應),並進行係數的正規化,使得:

$$\sum_n g[n] = 1$$

接著,透過 freqz 函數求高斯濾波器的頻率響應,並以圖形表示之。

14-3-4　FIR 濾波器

　　本小節討論一階的 FIR 濾波器,包含:**低通濾波器**與**高通濾波器**兩種。以 FIR 濾波器而言,最簡單的濾波器是**移動平均濾波器**(Moving Average Filter),濾波器的大小為 $M = 2$。

定義　FIR 低通濾波器

FIR 低通濾波器(FIR Lowpass Filter),其轉換函式可以定義為:

$$H_0(z) = \frac{1}{2}\left(1 + z^{-1}\right)$$

以上定義的 FIR 低通濾波器,階數為 1,是最簡單的 FIR **低通濾波器**。

定義　FIR 高通濾波器

FIR 高通濾波器(FIR Highpass Filter),其轉換函式可以定義為:

$$H_1(z) = \frac{1}{2}\left(1 - z^{-1}\right)$$

　　在此定義的 FIR 高通濾波器,可以根據上述的 FIR 低通濾波器推導而得,即:

$$H_1(z) = 1 - H_0(z)$$

或

$$H_1(z) = 1 - \frac{1}{2}(1 + z^{-1}) = \frac{1}{2}(1 - z^{-1})$$

濾波器的階數為 1,形成最簡單的 FIR 高通濾波器。

範例 14-4

若 FIR 低通濾波器，其轉換函式為：

$$H_0(z) = \frac{1}{2}\left(1 + z^{-1}\right)$$

高通濾波器的轉換函式為：

$$H_1(z) = \frac{1}{2}(1 - z^{-1})$$

試顯示其頻率響應。

答

一階的 FIR 低通濾波器與 FIR 高通濾波器，其頻率響應結果，如圖 14-7，其中(a)為低通濾波器；(b)為高通濾波器。顯然的，簡單的一階 FIR 濾波器，無法提供理想濾波器的操作特性。

❑

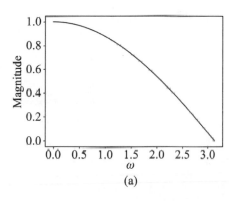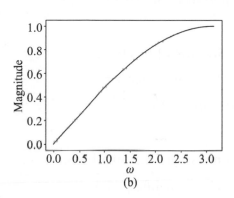

圖 14-7　一階 FIR 濾波器的頻率響應：(a)低通濾波器；(b)高通濾波器

根據低通濾波器的頻率響應，如圖 14-7(a)，其中強度的最大值與最小值分別為為：

$$\left| H_0(e^{j0}) \right| = 1 \quad 與 \quad \left| H_0(e^{j\pi}) \right| = 0$$

頻率響應是從 1 逐漸降為 0。在討論低通濾波器時，當截止頻率 $\omega = \omega_c$ 時，強度降為：

$$\left| H_0(e^{j\omega_c}) \right| = \frac{1}{\sqrt{2}} \left| H_0(e^{j0}) \right|$$

若以分貝(dB)表示時,則:

$$20\log_{10}\left| H_0(e^{j\omega_c}) \right| = 20\log_{10}\left(\frac{1}{\sqrt{2}} \left| H_0(e^{j0}) \right| \right)$$

$$= 20\log_{10}\left| H_0(e^{j0}) \right| - 20\log_{10}\sqrt{2} = 0 - 3.0103 \cong -3 \text{ dB}$$

因此,ω_c (或 f_c)稱為 **3dB 截止頻率**(3dB Cutoff Frequency),通常是被視為是**通過頻帶**(Passband)的邊緣。因此,ω_c (或 f_c)也經常稱為**通過頻帶邊緣頻率**(Passband Edge Frequency)。

Python 程式碼如下:

FIR_frequency_response.py

```
1   import numpy as np
2   import scipy.signal as signal
3   import matplotlib.pyplot as plt
4
5   b = np.array( [ 0.5, 0.5 ] )
6   w, H0 = signal.freqz( b )
7   H0 = abs( H0 )
8
9   b = np.array( [ 0.5, -0.5 ] )
10  w, H1 = signal.freqz( b )
11  H1 = abs( H1 )
12
13  plt.figure( 1 )
14  plt.plot( w, H0 )
15  plt.xlabel( r'$\omega$' )
16  plt.ylabel( 'Magnitude' )
17
18  plt.figure( 2 )
19  plt.plot( w, H1 )
```

```
20   plt.xlabel( r'$\omega$' )
21   plt.ylabel( 'Magnitude' )
22
23   plt.show( )
```

透過串接簡易的 FIR 濾波器，可以用來近似較爲理想的低通濾波器。假設串接兩個一階的 FIR 濾波器，則形成二階的 FIR 濾波器；若串接三個一階的 FIR 濾波器，則形成三階的 FIR 濾波器；依此類推。

串接 FIR 濾波器的頻率響應，如圖 14-8，其中 FIR 濾波器的階數分別爲：(a)一階；(b)二階；(c)三階；(4)四階。可以發現，串接的 FIR 濾波器愈多，則通過頻率愈窄，但比較接近理想的低通濾波器。

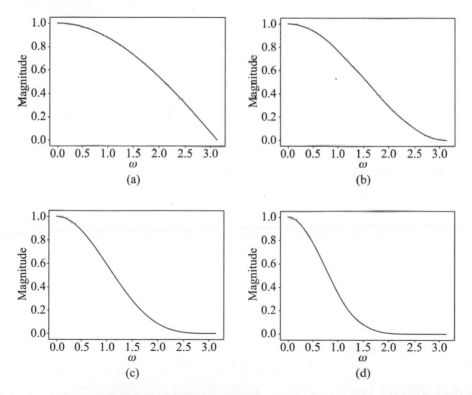

圖 14-8　串接 FIR 濾波器的頻率響應，分別為：(a)一階；(b)二階；(c)三階；(d)四階

Python 程式碼如下：

---

cascade_FIR_frequency_response.py

```
1    import numpy as np
2    import scipy.signal as signal
3    import matplotlib.pyplot as plt
4
5    order = eval( input( "Enter number of cascade FIR filters: " ))
6
7    b = np.array( [ 0.5, 0.5 ] )
8    w, H = signal.freqz( b )
9
10   for i in range( order - 1 ):
11       H *= H
12
13   H0 = abs( H )
14
15   plt.plot( w, H0 )
16   plt.xlabel( r'$\omega$' )
17   plt.ylabel( 'Magnitude' )
18
19   plt.show( )
```

14-3-5 IIR 濾波器

定義　**IIR 低通濾波器**

IIR 低通濾波器(IIR Lowpass Filter)，其轉換函式可以定義為：

$$H_0(z) = \frac{1-\alpha}{2}\left(\frac{1+z^{-1}}{1-\alpha z^{-1}} \right)$$

其中，$|\alpha| < 1$ 為穩定的 IIR 濾波器。

在此介紹的 IIR 低通濾波器，階數為 1，是最簡單的 IIR 低通濾波器。

定義　IIR 高通濾波器

IIR 高通濾波器(IIR Highpass Filter)，其轉換函式可以定義為：

$$H_1(z) = \frac{1+\alpha}{2}\left(\frac{1-z^{-1}}{1-\alpha z^{-1}}\right)$$

其中，$|\alpha| < 1$ 為穩定的 IIR 濾波器。

在此介紹的 IIR 高通濾波器，階數為 1，是最簡單的 IIR 低通濾波器。

範例 14-5

若 IIR 低通濾波器，其轉換函式為：

$$H_0(z) = \frac{1-\alpha}{2}\left(\frac{1+z^{-1}}{1-\alpha z^{-1}}\right)$$

當 $\alpha = 0.2, 0.4, 0.6, 0.8$ 時，試顯示其頻率響應。

答

IIR 低通濾波器，其頻率響應結果，如圖 14-9，其中(a) $\alpha = 0.2$ ；(b) $\alpha = 0.4$ ；(c) $\alpha = 0.6$ ；
(d) $\alpha = 0.8$ 。

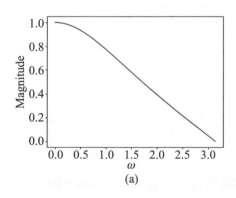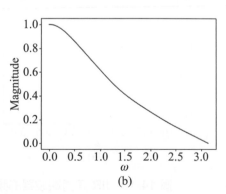

圖 14-9　IIR 低通濾波器的頻率響應：(a) $\alpha = 0.2$ ；(b) $\alpha = 0.4$

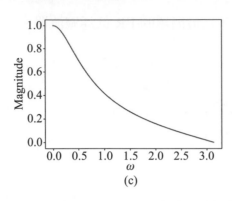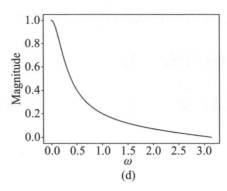

圖 14-9 IIR 低通濾波器的頻率響應：(c) $\alpha = 0.6$；(d) $\alpha = 0.8$

範例 14-6

若 IIR 高通濾波器，其轉換函式為：

$$H_1(z) = \frac{1+\alpha}{2}\left(\frac{1-z^{-1}}{1-\alpha z^{-1}}\right)$$

當 $\alpha = 0.2, 0.4, 0.6, 0.8$ 時，試顯示其頻率響應。

答

IIR 高通濾波器，其頻率響應結果，如圖 14-10，其中 (a) $\alpha = 0.2$；(b) $\alpha = 0.4$；(c) $\alpha = 0.6$；
(d) $\alpha = 0.8$。

❑

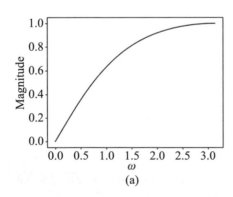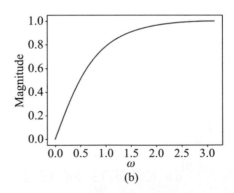

圖 14-10 IIR 高通濾波器的頻率響應：(a) $\alpha = 0.2$；(b) $\alpha = 0.4$

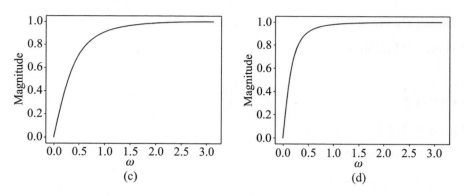

圖 14-10 IIR 高通濾波器的頻率響應：(c)$\alpha = 0.6$；(d)$\alpha = 0.8$

Python 程式碼如下：

IIR_frequency_response.py

```
1    import numpy as np
2    import scipy.signal as signal
3    import matplotlib.pyplot as plt
4
5    alpha = eval( input( "Please enter alpha(< 1): " ))
6
7    b = np.array( [ 1 - alpha, 1 - alpha ] )
8    a = np.array( [ 2, -2 * alpha ] )
9    w, H = signal.freqz( b, a )
10   H0 = abs( H )
11
12   b = np.array( [ 1 + alpha, -( 1 + alpha )] )
13   a = np.array( [ 2, -2 * alpha ] )
14   w, H = signal.freqz( b, a )
15   H1 = abs( H )
16
17   plt.figure( 1 )
18   plt.plot( w, H0 )
```

```
19   plt.xlabel( r'$\omega$' )
20   plt.ylabel( 'Magnitude' )
21
22   plt.figure( 2 )
23   plt.plot( w, H1 )
24   plt.xlabel( r'$\omega$' )
25   plt.ylabel( 'Magnitude' )
26
27   plt.show( )
```

定義　IIR 帶通濾波器

IIR 帶通濾波器(IIR Bandpass Filter)，其轉換函式可以定義為：

$$H_{BP}(z) = \frac{1-\alpha}{2} \frac{1-z^{-2}}{1-\beta(1+\alpha)z^{-1}+\alpha z^{-2}}$$

在此介紹的 IIR 帶通濾波器，階數為 2，其中包含 α 與 β 的參數值，且均小於 1。

範例 14-7

若 IIR 帶通濾波器，其轉換函式為：

$$H_{BP}(z) = \frac{1-\alpha}{2} \frac{1-z^{-2}}{1-\beta(1+\alpha)z^{-1}+\alpha z^{-2}}$$

當 α = 0.2, 0.5, 0.8 且 β = 0.5 時，試顯示其頻率響應。

答

IIR 帶通濾波器，其頻率響應結果，如圖 14-11。因此，當 β 參數值固定時，α 參數值可以用來調整帶通濾波器的頻寬。

□

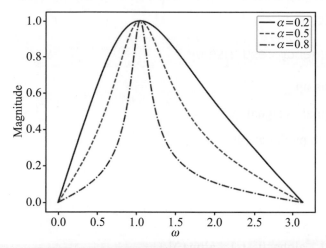

圖 14-11　IIR 帶通濾波器的頻率響應，其中 α = 0.2, 0.5, 0.8 且 β = 0.5

範例 14-8

若 IIR 帶通濾波器，其轉換函式為：

$$H_{BP}(z) = \frac{1-\alpha}{2} \frac{1-z^{-2}}{1-\beta(1+\alpha)z^{-1}+\alpha z^{-2}}$$

當 α = 0.5 且 β = 0.2, 0.5, 0.8 時，試顯示其頻率響應。

答

IIR 帶通濾波器，其頻率響應結果，如圖 14-12。因此，當 α 參數值固定時，β 參數值可以用來調整帶通濾波器的頻率中心。

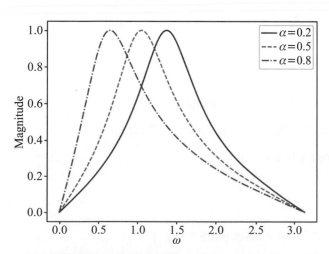

圖 14-12　IIR 帶通濾波器的頻率響應，其中 α = 0.5 且 β = 0.2, 0.5, 0.8

Python 程式碼如下：

IIR_bandpass_frequency_response.py

```
1    import numpy as np
2    import scipy.signal as signal
3    import matplotlib.pyplot as plt
4
5    alpha = 0.2
6    beta = 0.5
7    b = np.array( [ 1 - alpha, 0, -( 1 - alpha )] )
8    a = np.array( [ 2, -2 * beta *( 1 + alpha ), 2 * alpha ] )
9    w, H = signal.freqz( b, a )
10   H1 = abs( H )
11
12   alpha = 0.5
13   beta = 0.5
14   b = np.array( [ 1 - alpha, 0, -( 1 - alpha )] )
15   a = np.array( [ 2, -2 * beta *( 1 + alpha ), 2 * alpha ] )
16   w, H = signal.freqz( b, a )
17   H2 = abs( H )
18
19   alpha = 0.8
20   beta = 0.5
21   b = np.array( [ 1 - alpha, 0, -( 1 - alpha )] )
22   a = np.array( [ 2, -2 * beta *( 1 + alpha ), 2 * alpha ] )
23   w, H = signal.freqz( b, a )
24   H3 = abs( H )
25
26   plt.plot( w, H1, '-', label = r'$\alpha$ = 0.2' )
27   plt.plot( w, H2, '--', label = r'$\alpha$ = 0.5' )
```

28   plt.plot(w, H3, '-.', label = r'α = 0.8')

29

30   plt.legend(loc = 'upper right')

31   plt.xlabel(r'ω')

32   plt.ylabel('Magnitude')

33

34   plt.show( )

本程式範例是用來產生 IIR 帶通濾波器的頻率響應，結果如圖 14-11。您可以自行修改 α 與 β 的參數值，藉以產生圖 14-12 的結果。

14-3-6 梳狀濾波器

梳狀濾波器(Comb Filter)的頻率響應，由於其形狀如同梳子一般，因而得名。本小節介紹簡易的梳狀濾波器，同時包含低通濾波器與高通濾波器兩種。

定義　**梳狀低通濾波器**

梳狀低通濾波器(Comb Lowpass Filter)，其轉換函式可以定義為：

$$H_{CLP}(z) = \frac{1}{2}\left(1 + z^{-M}\right)$$

其中，M 為正整數。

定義　**梳狀高通濾波器**

梳狀高通濾波器(Comb Highpass Filter)，其轉換函式可以定義為：

$$H_{CHP}(z) = \frac{1}{2}\left(1 - z^{-M}\right)$$

其中，M 為正整數。

範例 14-9

若梳狀低通濾波器，其轉換函式爲：

$$H_{CLP}(z) = \frac{1}{2}\left(1 + z^{-M}\right)$$

梳狀高通濾波器，其轉換函式爲：

$$H_{CHP}(z) = \frac{1}{2}\left(1 - z^{-M}\right)$$

當 $M = 10$ 時，試顯示其頻率響應。

答

梳狀低通濾波器與高通濾波器，其頻率響應結果，如圖 14-13，其中 $M = 10$。

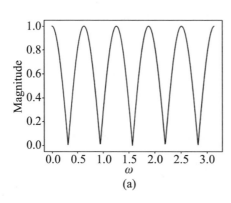 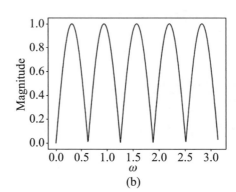

(a)   (b)

圖 14-13   梳狀濾波器的頻率響應：(a)低通濾波器；(b)高通濾波器

Python 程式碼如下：

```
comb_filter_frequency_response.py
```

```python
1   import numpy as np
2   import scipy.signal as signal
3   import matplotlib.pyplot as plt
4
5   M = eval( input( "Please enter M for the Comb Filter: " ))
6
7   b = np.zeros( M + 1 )                          # 梳狀低通濾波器
```

```
8    b[0] = 0.5
9    b[M] = 0.5
10   w, H = signal.freqz( b, 1 )
11   H0 = abs( H )
12
13   b[M] = -0.5                              # 梳狀高通濾波器
14   w, H = signal.freqz( b, 1 )
15   H1 = abs( H )
16
17   plt.figure( 1 )
18   plt.plot( w, H0 )
19   plt.xlabel( r'$\omega$' )
20   plt.ylabel( 'Magnitude' )
21
22   plt.figure( 2 )
23   plt.plot( w, H1 )
24   plt.xlabel( r'$\omega$' )
25   plt.ylabel( 'Magnitude' )
26
27   plt.show( )
```

習題

選擇題

( ) 1. 下列何者適合用來衡量 DSP 系統在特定頻率範圍的操作特性？

(A) 脈衝響應　(B) 步階響應　(C) 振幅響應　(D) 頻率響應

(E) 以上皆非

( ) 2. 購買音響器材時，若要求原音重現，最需要考慮的條件爲何？

(A) 外觀　(B) 價格　(C) 頻率響應　(D) 功率瓦數　(E) 網路評價

( ) 3. 已知某濾波器的轉換函式爲：

$$H(e^{j\omega}) = \begin{cases} 1 & \omega_1 \leq \omega \leq \omega_2 \\ 0 & otherwise \end{cases}$$

則該濾波器爲何？

(A) 理想低通濾波器　(B) 理想高通濾波器　(C) 理想帶通濾波器

(D) 理想帶阻濾波器　(E) 以上皆非

( ) 4. 平均濾波器是下列何種濾波器？

(A) 低通濾波器　(B) 高通濾波器　(C) 帶通濾波器　(D) 帶阻濾波器

(E) 以上皆非

( ) 5. 高斯濾波器是下列何種濾波器？

(A) 低通濾波器　(B) 高通濾波器　(C) 帶通濾波器　(D) 帶阻濾波器

(E) 以上皆非

( ) 6. 已知某濾波器的頻率響應如下圖：

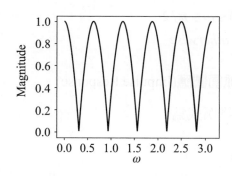

則該濾波器最可能為何？

(A) 平均濾波器　(B) 高斯濾波器　(C) FIR 濾波器　(D) IIR 濾波器

(E) 梳狀濾波器

觀念複習

1. 請定義下列專有名詞：

(a) **頻率響應**(Frequency Response)

(b) DSP 系統的頻率響應

2. 請列舉至少五種濾波器的種類。

3. 下列敘述中，判斷 True 或 False：

(a) 帶通濾波器是使得頻率介於 $f_1 \sim f_2$ 之間的訊號通過，同時抑制其他頻率範圍的訊號。

(b) 陷波濾波器主要是使得某特定頻率的訊號變為 0，因此也稱為**歸零濾波器**(Nulling Filter)。

(c) 理想低通濾波器在離散時間域的脈衝響應為有限長度，因此很容易實現。

(d) 理想低通濾波器為 BIBO 穩定系統。

(e) 理想低通濾波器在離散時間域中的脈衝響應，若取的樣本愈多，則愈接近理想的低通濾波器

4. 若理想低通濾波器是定義為：

$$H_{LP}(e^{j\omega}) = \begin{cases} 1 & 0 \le \omega \le \pi/2 \\ 0 & otherwise \end{cases}$$

求其在離散時間域的**脈衝響應**(Impulse Response)。

5. 已知某 DSP 系統的轉換函式為：

$$H(z) = \frac{1}{2}\left(1 + z^{-1}\right)$$

判斷該系統為下列哪種濾波器：

(a) FIR 低通濾波器

(b) FIR 高通濾波器

(c) IIR 低通濾波器

(d) IIR 高通濾波器

6. 已知某 DSP 系統的轉換函式為：

$$H(z) = \frac{1-\alpha}{2}\left(\frac{1 + z^{-1}}{1 - \alpha z^{-1}}\right)$$

判斷該系統為下列哪種濾波器：

(a) FIR 低通濾波器

(b) FIR 高通濾波器

(c) IIR 低通濾波器

(d) IIR 高通濾波器

7. 下列敘述中，判斷 True 或 False：

   (a) 平均濾波器具有低通濾波的特性。

   (b) 平均濾波器的濾波器大小愈小，則通過頻帶愈窄。

   (c) 高斯濾波器的標準差 σ 愈小，則通過頻帶愈窄。

   (d) 當串接 FIR 低通濾波器時，串接的濾波器愈多，則通過頻帶愈窄。

8. 請解釋何謂 **3 dB 截止頻率**(3 dB Cutoff Frequency)。

9. 若 IIR 高通濾波器，其轉換函式為：

$$H_1(z) = \frac{1+\alpha}{2}\left(\frac{1-z^{-1}}{1-\alpha z^{-1}}\right)$$

   求系統的**零點**(Zeros)與**極點**(Poles)。請判斷這個 IIR 高通濾波器在甚麼情況下為穩定系統。

10. 若 DSP 系統的頻率響應如下圖，則該系統稱為何種濾波器？

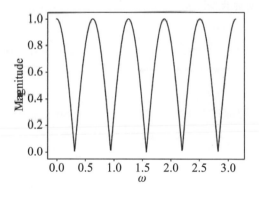

🔆 專案實作

1. 使用 Python 程式實作，求理想低通濾波器的脈衝響應，並以圖形表示之。假設截止角頻率為 $\omega_c = \dfrac{\pi}{3}$，濾波器大小分別為 7 或 13。

2. 使用 Python 程式實作，求平均濾波器的頻率響應，並以圖形表示之。濾波器的大小分別為：(a)$M = 7$；(b)$M = 21$。

3. 使用 Python 程式實作，求高斯濾波器的頻率響應，並以圖形表示之。高斯濾波器的標準差分別為 $\sigma = 2$ 或 $\sigma = 7$ 時。

4. 使用 Python 程式實作，求 IIR 低通濾波器的頻率響應，並以圖形表示之。若 IIR 低通濾波器的轉換函式為：

$$H_0(z) = \frac{1 - \alpha}{2}\left(\frac{1 + z^{-1}}{1 - \alpha z^{-1}}\right)$$

其中，假設 $\alpha = 0.1 \cdot 0.4$ 或 0.7。

CHAPTER 15

頻率域 **DSP**

　　本章介紹**頻率域的數位訊號處理**(Digital Signal Processing in Frequency Domain)技術。首先,介紹頻率域 DSP 技術的基本概念;接著,實現理想濾波器與頻譜平移;最後,則將頻率域 DSP 技術,套用於數位音訊檔。

學習單元

- 基本概念

- 理想濾波器

- 頻譜平移

- 音訊檔的頻率域 DSP

15-1　基本概念

截至目前為止，DSP 技術是以離散時間域的數學運算為主軸，例如：卷積運算、移動平均濾波器、FIR 濾波器、IIR 濾波器等。本章討論的 DSP 技術，是以**頻率域的數位訊號處理**(Digital Signal Processing in Frequency Domain)為主軸。

頻率域 DSP 的系統方塊圖，如圖 15-1。

圖 15-1　頻率域 DSP 的系統方塊圖

處理步驟說明如下：

1. 首先，輸入的數位訊號 $x[n]$，取**離散時間傳立葉轉換**(Discrete-Time Fourier Transform, DTFT)，則結果為：

$$X(e^{j\omega}) = \mathcal{F}\{x[n]\}$$

在 DSP 實務中，則是採用**離散傳立葉轉換**(Discrete Fourier Transform, DFT)，即：

$$X[k] = \sum_{n=0}^{N-1} x[n]\, e^{-j2\pi kn/N}, k = 0, 1, \dots, N-1$$

為了縮短處理時間，通常採用**快速傳立葉轉換**(Fast Fourier Transform, FFT)的演算法進行運算。注意運算的結果為複數陣列。

2. 根據系統輸入／輸出的目的或規格，進行濾波器的設計，藉以產生**頻率響應**，即：

$$H(e^{j\omega}) = \mathcal{F}\{h[n]\}$$

在 DSP 實務中，根據濾波器的種類，設計濾波器的**頻率響應**(Frequency Response)。通常頻率響應在特定頻率範圍的響應值(或強度值)，介於 0～1 之間。

3. 套用濾波器，通常使用卷積定理，藉以產生輸出訊號的頻率域表示法：

$$Y(e^{j\omega}) = H(e^{j\omega})X(e^{j\omega})$$

在 DSP 實務中，運用陣列的**點對點乘法**(Pointwise Multiplication)運算，即：

$$Y[k] = H[k] \cdot X[k]$$

以達到濾波的效果，結果通常仍為複數陣列。

4. 最後，我們取**反離散時間傅立葉轉換**(Inverse DTFT)，即可得到輸出訊號。

$$y[n] = \mathcal{F}^{-1}\left\{ Y(e^{j\omega}) \right\}$$

在 DSP 實務中，採用**反離散傅立葉轉換**(Inverse DFT)，即：

$$y[n] = \frac{1}{N} \sum_{k=0}^{N-1} Y[k]\, e^{j2\pi kn/N},\ n = 0, 1, 2, \dots, N-1$$

在此，也是使用**反快速傅立葉轉換**(Inverse FFT)，藉以縮短處理時間。由於，處理後的數值為複數，通常是取實數部分(忽略虛數部分)，作為輸出訊號。必要時，則進一步作數值的正規化處理，藉以控制輸出訊號的數值範圍。

15-2　理想濾波器

　　理想濾波器在離散時間域的脈衝響應不是有限的序列，因此我們無法在離散時間域實現理想濾波器。然而，透過頻率域 DSP 技術，實現理想濾波器則是可能的。

範例 15-1

若輸入訊號為諧波，定義如下：

$$x(t) = \cos(2\pi \cdot (10) \cdot t) + \cos(2\pi \cdot (20) \cdot t) + \cos(2\pi \cdot (30) \cdot t)$$

且取樣頻率為 $f_s = 500\,\text{Hz}$，試套用下列理想濾波器：

(1) 理想低通濾波器，截止頻率為 $f_c = 15\,\text{Hz}$

(2) 理想高通濾波器，截止頻率為 $f_c = 15\,\text{Hz}$

(3) 理想帶通濾波器，截止頻率為 $f_1 = 15\,\text{Hz}$、$f_2 = 25\,\text{Hz}$

(4) 理想帶阻濾波器，截止頻率為 $f_1 = 15\,\text{Hz}$、$f_2 = 25\,\text{Hz}$

並顯示輸出訊號的結果。

答

輸入訊號為諧波，其波形圖與頻譜，如圖 15-2。由圖上可以清楚觀察到，輸入訊號包含 3 個頻率分量，即 10、20 與 30Hz。

(1) 若套用理想低通濾波器，截止頻率為 $f_c = 15\,\text{Hz}$，則輸出訊號與頻譜，如圖 15-3。理想低通濾波器使得訊號低於 15 Hz 的訊號通過，並抑制 15Hz 以上的訊號，由圖上可以清楚觀察到，輸出訊號僅包含 10Hz 的頻率分量。

(2) 若套用理想高通濾波器，截止頻率為 $f_c = 15\,\text{Hz}$，則輸出訊號與頻譜，如圖 15-4。理想高通濾波器使得訊號高於 15Hz 的訊號通過，並抑制 15Hz 以下的訊號，由圖上可以清楚觀察到，輸出訊號僅包含 20Hz 與 30 Hz 的頻率分量。

(3) 若套用理想帶通濾波器，截止頻率為 $f_1 = 15\,\text{Hz}$、$f_2 = 25\,\text{Hz}$，則輸出訊號與頻譜，如圖 15-5。理想帶通濾波器允許訊號介於 $f_1 \sim f_2$ 之間的訊號通過，由圖上可以清楚觀察到，輸出訊號僅包含 20Hz 的頻率分量。

(4) 若套用理想帶阻濾波器，截止頻率為 $f_1 = 15\,\text{Hz}$、$f_2 = 25\,\text{Hz}$，則輸出訊號與頻譜，如圖 15-6。理想帶阻濾波器抑制訊號介於 $f_1 \sim f_2$ 之間的訊號，由圖上可以清楚觀察到，輸出訊號包含 10Hz 與 30Hz 的頻率分量。

❑

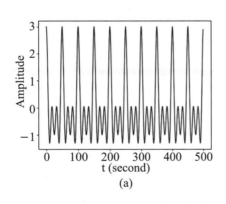
(a)

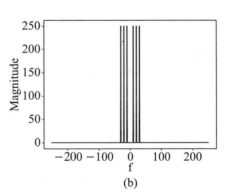
(b)

圖 15-2　理想濾波器範例：(a)輸入訊號；(b)輸入訊號頻譜

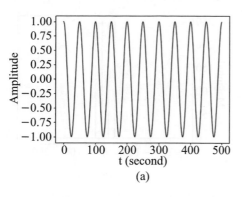 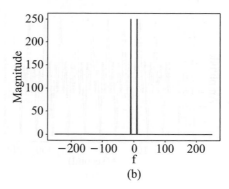

圖 15-3 理想低通濾波器結果：(a)輸出訊號；(b)輸出訊號頻譜

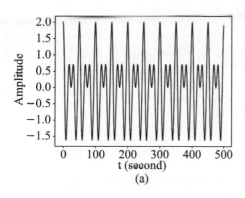 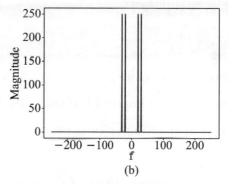

圖 15-4 理想高通濾波器結果：(a)輸出訊號；(b)輸出訊號頻譜

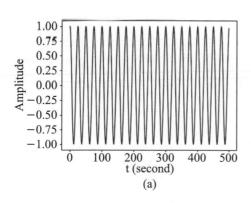 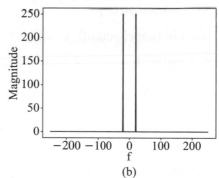

圖 15-5 理想帶通濾波器結果：(a)輸出訊號；(b)輸出訊號頻譜

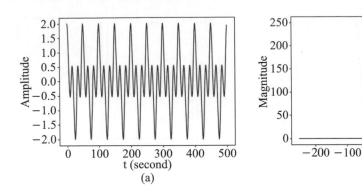

圖 15-6 理想帶阻濾波器結果：(a)輸出訊號；(b)輸出訊號頻譜

Python 程式碼如下：

ideal_filtering.py

```python
1    import numpy as np
2    from numpy.fft import fft, fftshift, ifft, fftfreq
3    import matplotlib.pyplot as plt
4
5    def ideal_lowpass_filtering( x, cutoff, fs ):
6        X = fft( x )
7        H = np.zeros( fs )
8        for i in range( -cutoff, cutoff + 1 ):
9            H[i] = 1
10       Y = H * X
11       y = ifft( Y )
12       y = y.real
13       return y
14
15   def ideal_highpass_filtering( x, cutoff, fs ):
16       X = fft( x )
17       H = np.zeros( fs )
18       for i in range( -cutoff, cutoff + 1 ):
```

```
19            H[i] = 1
20        H = 1 - H
21        Y = H * X
22        y = ifft( Y )
23        y = y.real
24        return y
25
26    def ideal_bandpass_filtering( x, f1, f2, fs ):
27        X = fft( x )
28        H = np.zeros( fs )
29        for i in range( f1, f2 + 1 ):
30            H[i] = 1
31        for i in range( -f1, -f2 - 1, -1 ):
32            H[i] = 1
33        Y = H * X
34        y = ifft( Y )
35        y = y.real
36        return y
37
38    def ideal_bandstop_filtering( x, f1, f2, fs ):
39        X = fft( x )
40        H = np.zeros( fs )
41        for i in range( f1, f2 + 1 ):
42            H[i] = 1
43        for i in range( -f1, -f2 - 1, -1 ):
44            H[i] = 1
45        H = 1 - H
46        Y = H * X
47        y = ifft( Y )
```

```
48        y = y.real
49        return y
50
51    def ideal_allpass_filtering( x ):
52        X = fft( x )
53        Y = X
54        y = ifft( Y )
55        y = y.real
56        return y
57
58    def main( ):
59        print( "DSP in Frequency Domain" )
60        print( "(1)Ideal Lowpass Filtering" )
61        print( "(2)Ideal Highpass Filtering" )
62        print( "(3)Ideal Bandpass Filtering" )
63        print( "(4)Ideal Bandstop Filtering" )
64        print( "(5)Ideal Allpass Filtering" )
65
66        choice = eval( input( "Please enters your choice: " ))
67
68        if choice == 1 or choice == 2:
69            fc = eval( input( "Please enter cutoff frequency(Hz): " ))
70
71        if choice == 3 or choice == 4:
72            f1 = eval( input( "Please enter frequency f1(Hz): " ))
73            f2 = eval( input( "Please enter frequency f2(Hz): " ))
74
75        fs = 500
76        t = np.linspace( 0, 1, fs, endpoint = False )
```

```
77    x = np.cos( 2 * np.pi * 10 * t )+ np.cos( 2 * np.pi * 20 * t )+ np.cos( 2 * np.pi *
      30 * t )

78

79    if choice == 1:
80        y = ideal_lowpass_filtering( x, fc, fs )
81    elif choice == 2:
82        y = ideal_highpass_filtering( x, fc, fs )
83    elif choice == 3:
84        y = ideal_bandpass_filtering( x, f1, f2, fs )
85    elif choice == 4:
86        y = ideal_bandstop_filtering( x, f1, f2, fs )
87    else:
88        y = ideal_allpass_filtering( x )

89

90    f = fftshift( fftfreq( fs, 1 / fs ))
91    Xm = abs( fftshift( fft( x )))
92    Ym = abs( fftshift( fft( y )))

93

94    plt.figure( 1 )
95    plt.plot( x )
96    plt.xlabel( 't(second)' )
97    plt.ylabel( 'Amplitude' )

98

99    plt.figure( 2 )
100   plt.plot( f, Xm )
101   plt.xlabel( 'f' )
102   plt.ylabel( 'Magnitude' )

103

104   plt.figure( 3 )
```

```
105        plt.plot( y )
106        plt.xlabel( 't(second)' )
107        plt.ylabel( 'Amplitude' )
108
109        plt.figure( 4 )
110        plt.plot( f, Ym )
111        plt.xlabel( 'f' )
112        plt.ylabel( 'Magnitude' )
113
114        plt.show( )
115
116    main( )
```

　　本程式範例實現頻率域的 DSP，採用理想濾波器，其中包含理想濾波器的函式，分別為：低通、高通、帶通、帶阻與全通濾波器，可以根據輸入訊號 x，同時由使用者輸入截止頻率與取樣頻率等相關參數，藉以產生輸出訊號 y。為了方便觀察頻率域濾波的結果，本程式範例也同時產生輸入與輸出訊號的頻譜。

15-3 頻譜平移

定義 | 頻譜平移

頻譜平移(Spectrum Shifting)是指將輸入訊號在頻率域中進行**平移**，進而產生輸出訊號的技術，也經常稱為**頻率平移**(Frequency Shifting)。

　　以聲音訊號而言，頻譜平移技術使得聲音的頻率改變，因此，也經常稱為**音頻改變**或**音高改變**(Pitch Change)技術。

回顧傅立葉轉換的**第二平移定理**(或**頻率平移定理**)：

$$\mathcal{F}\{f(t)\cdot e^{j\omega_0 t}\} = F(\omega-\omega_0)$$

其中 ω_0 為平移的角頻率且 $\omega_0 > 0$。因此，函數 f 的傅立葉轉換，其在頻率域的平移，結果是原函數另外乘上一個複數指數函數。

　　由於本章討論的內容是以頻率域 DSP 技術為主，因此採用的方法是在頻率域進行平移。

範例 15-2

若輸入訊號為弦波，定義如下：

$$x(t) = \cos(2\pi\cdot(10)\cdot t)$$

且取樣頻率為 $f_s = 500\,\text{Hz}$，試套用**頻譜平移**(Spectrum Shifting)技術，平移的頻率為 20 Hz，顯示輸出訊號的結果。

答

輸入訊號為弦波，其波形圖與頻譜，如圖 15-7。由圖上可以觀察到，輸入訊號包含的頻率分量為 10 Hz。套用頻率平移技術，平移的頻率為 20 Hz，則輸出訊號與頻譜，如圖 15-8。由圖上可以觀察到，輸出訊號的頻率分量，在平移 20 Hz 後，變成 30 Hz。

□

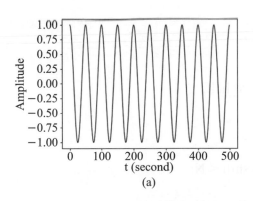
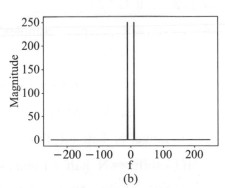

(a)　　　　　　　　　　　　(b)

圖 15-7　頻譜平移範例：(a)輸入訊號；(b)輸入訊號頻譜

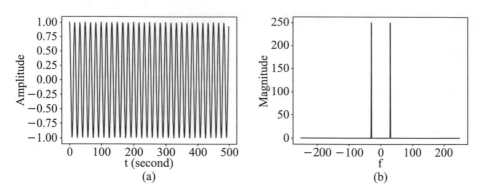

圖 15-8   頻譜平移範例：(a)輸出訊號；(b)輸出訊號頻譜

Python 程式碼如下：

---
spectrum_shifting.py

```
1    import numpy as np
2    from numpy.fft import fft, fftshift, ifft, fftfreq
3    import matplotlib.pyplot as plt
4
5    def spectrum_shifting( x, shift, fs ):
6        X = fft( x )
7        N = fs
8        N_half = int( fs / 2 )
9        Y = np.zeros( N, dtype = 'complex' )
10       for i in range( N_half ):
11           if i + shift >= 0 and i + shift <= N_half:
12               Y[i + shift] = X[i]
13       for i in range( N_half + 1, fs ):
14           if i - shift >= N_half + 1 and i - shift < N:
15               Y[i - shift] = X[i]
16       y = ifft( Y )
17       y = y.real
18       return y
```

```python
19
20   def main( ):
21       fs = 500
22       t = np.linspace( 0, 1, fs, endpoint = False )
23       x = np.cos( 2 * np.pi * 50 * t )
24
25       y = spectrum_shifting( x, -30, fs )
26
27       f = fftshift( fftfreq( fs, 1 / fs ))
28       Xm = abs( fftshift( fft( x )))
29       Ym = abs( fftshift( fft( y )))
30
31       plt.figure( 1 )
32       plt.plot( x )
33       plt.xlabel( 't(second)' )
34       plt.ylabel( 'Amplitude' )
35
36       plt.figure( 2 )
37       plt.plot( f, Xm )
38       plt.xlabel( 'f' )
39       plt.ylabel( 'Magnitude' )
40
41       plt.figure( 3 )
42       plt.plot( y )
43       plt.xlabel( 't(second)' )
44       plt.ylabel( 'Amplitude' )
45
46       plt.figure( 4 )
47       plt.plot( f, Ym )
```

```
48        plt.xlabel( 'f' )
49        plt.ylabel( 'Magnitude' )
50
51        plt.show( )
52
53   main( )
```

15-4　音訊檔的頻率域 DSP

　　本章討論頻率域的 DSP 技術，適用於週期性訊號。以上介紹的範例中，輸入訊號的時間長度為 1 秒，取樣率為 $f_s = 500$，牽涉的 FFT 運算仍在合理的範圍，因此可以在有限的時間內就可以得到輸出訊號的結果。

　　然而，在 DSP 實務中，輸入訊號通常牽涉相當多的樣本。以一般的歌曲為例，若取樣率為 44.1kHz，時間長度為 3 分鐘，則牽涉的總樣本數(單通道)為：

$$44,100 \times 60 \times 3 = 7,938,000$$

若對整個輸入訊號進行 FFT，則牽涉的運算量過於龐大，無法在有限的時間內得到輸出訊號的結果。

　　因此，在數位音訊的 DSP 實務中，通常是將原始的輸入訊號，切割成許多獨立的**片段**(Segments)，每個片段包含 N 個樣本，其中 N 為有限，對每個片段進行頻率域的 DSP 後，再重新組合成輸出訊號的結果。

15-4-1　理想濾波器

　　本小節實現 wav 檔案的**理想濾波**(Ideal Filtering)，其中，理想濾波器包含：低通、高通、帶通與帶阻濾波器等。

Python 程式碼如下：

wav_ideal_filtering.py

```
1   import numpy as np
2   import wave
3   from scipy.io.wavfile import read, write
4   import struct
5   from numpy.fft import fft, fftshift, ifft
6
7   def ideal_lowpass_filtering( x, cutoff, fs ):
8       X = fft( x )
9       H = np.zeros( fs )
10      for i in range( -cutoff, cutoff + 1 ):
11          H[i] = 1
12      Y = H * X
13      y = ifft( Y )
14      y = y.real
15      return y
16
17  def ideal_highpass_filtering( x, cutoff, fs ):
18      X = fft( x )
19      H = np.zeros( fs )
20      for i in range( -cutoff, cutoff + 1 ):
21          H[i] = 1
22      H = 1 - H
23      Y = H * X
24      y = ifft( Y )
25      y = y.real
26      return y
27
```

```python
28    def ideal_bandpass_filtering( x, f1, f2, fs ):
29        X = fft( x )
30        H = np.zeros( fs )
31        for i in range( f1, f2 + 1 ):
32            H[i] = 1
33        for i in range( -f1, -f2 - 1, -1 ):
34            H[i] = 1
35        Y = H * X
36        y = ifft( Y )
37        y = y.real
38        return y
39
40    def ideal_bandstop_filtering( x, f1, f2, fs ):
41        X = fft( x )
42        H = np.zeros( fs )
43        for i in range( f1, f2 + 1 ):
44            H[i] = 1
45        for i in range( -f1, -f2 - 1, -1 ):
46            H[i] = 1
47        H = 1 - H
48        Y = H * X
49        y = ifft( Y )
50        y = y.real
51        return y
52
53    def ideal_allpass_filtering( x ):
54        X = fft( x )
55        Y = X
56        y = ifft( Y )
```

```
57        y = y.real
58        return y
59
60   def main( ):
61        infile   = input( "Input File: " )
62        outfile = input( "Output File: " )
63
64        # ----------------------------------------------------
65        #    輸入模組
66        # ----------------------------------------------------
67        wav = wave.open( infile, 'rb' )
68        num_channels = wav.getnchannels( )          # 通道數
69        sampwidth        = wav.getsampwidth( )      # 樣本寬度
70        fs                    = wav.getframerate( )       # 取樣頻率(Hz)
71        num_frames     = wav.getnframes( )          # 音框數 ＝ 樣本數
72        comptype         = wav.getcomptype( )       # 壓縮型態
73        compname        = wav.getcompname( )      # 無壓縮
74        wav.close( )
75
76        sampling_rate, x = read( infile )                 # 輸入訊號
77
78        # ----------------------------------------------------
79        #    DSP  模組
80        # ----------------------------------------------------
81        y = np.zeros( x.size )
82        n = int( x.size / fs )+ 1
83        N = fs
84        for iter in range( n ):
85             xx = np.zeros( N )
```

```
86              yy = np.zeros( N )
87              for i in range( iter * N,( iter + 1 )* N ):
88                  if i < x.size:
89                      xx[i - iter * N] = x[i]
90

91              yy = ideal_lowpass_filtering( xx, 2000, fs )
92

93              for i in range( iter * N,( iter + 1 )* N ):
94                  if i < x.size:
95                      y[i] = yy[i - iter * N]
96

97          # ----------------------------------------------------
98          #   輸出模組
99          # ----------------------------------------------------
100         wav_file = wave.open( outfile, 'w' )
101         wav_file.setparams(( num_channels, sampwidth, fs, num_frames, comptype,
            compname ))
102

103         for s in y:
104             wav_file.writeframes( struct.pack( 'h', int( s )))
105

106         wav_file.close( )
107

108  main( )
```

本程式範例中，理想濾波器是採用函式，便於 Python 程式的模組化。在呼叫理想濾波器的函式前，須先將輸入訊號切割成不同的片段，並分別進行頻率域的 DSP。

15-4-2　頻譜平移

本小節實現 wav 檔的頻譜平移。原始的輸入訊號，須先切割成許多獨立的片段 (Segments)，每個片段包含 N 個樣本，再分別對每個片段進行頻譜平移。

Python 程式碼如下：

wav_spectrum_shifting.py

```python
1    import numpy as np
2    import wave
3    from scipy.io.wavfile import read, write
4    import struct
5    from numpy.fft import fft, fftshift, ifft
6
7    def spectrum_shifting( x, shift, fs ):
8        X = fft( x )
9        N = fs
10       N_half = int( fs / 2 )
11       Y = np.zeros( N, dtype = 'complex' )
12       for i in range( N_half ):
13           if i + shift >= 0 and i + shift <= N_half:
14               Y[i + shift] = X[i]
15       for i in range( N_half + 1, fs ):
16           if i - shift >= N_half + 1 and i - shift < N:
17               Y[i - shift] = X[i]
18       y = ifft( Y )
19       y = y.real
20       return y
21
22   def main( ):
23       infile   = input( "Input File: " )
24       outfile = input( "Output File: " )
```

```
25
26          # --------------------------------------------------
27          #    輸入模組
28          # --------------------------------------------------
29          wav = wave.open( infile, 'rb' )
30          num_channels  = wav.getnchannels( )          # 通道數
31          sampwidth     = wav.getsampwidth( )          # 樣本寬度
32          fs            = wav.getframerate( )          # 取樣頻率(Hz)
33          num_frames    = wav.getnframes( )            # 音框數 = 樣本數
34          comptype      = wav.getcomptype( )           # 壓縮型態
35          compname      = wav.getcompname( )           # 無壓縮
36          wav.close( )
37
38          sampling_rate, x = read( infile )            # 輸入訊號
39
40          # --------------------------------------------------
41          #    DSP 模組
42          # --------------------------------------------------
43          y = np.zeros( x.size )
44          n = int( x.size / fs )+ 1
45          N = fs
46          for iter in range( n ):
47              xx = np.zeros( N )
48              yy = np.zeros( N )
49              for i in range( iter * N,( iter + 1 )* N ):
50                  if i < x.size:
51                      xx[i - iter * N] = x[i]
52
53              yy = spectrum_shifting( xx, 500, fs )
```

```
54
55              for i in range( iter * N,( iter + 1 )* N ):
56                  if i < x.size:
57                      y[i] = yy[i - iter * N]
58
59      # ----------------------------------------------------
60      #   輸出模組
61      # ----------------------------------------------------
62      wav_file = wave.open( outfile, 'w' )
63      wav_file.setparams(( num_channels, sampwidth, fs, num_frames, comptype,
        compname ))
64
65      for s in y:
66          wav_file.writeframes( struct.pack( 'h', int( s )))
67
68      wav_file.close( )
69
70   main( )
```

習題

選擇題

(　) 1. 下列何種技術才能實現理想濾波器？

(A) 高斯濾波器　(B) FIR 濾波器　(C) IIR 濾波器　(D) 頻率域 DSP

(E) 以上皆非

(　) 2. 若現有一個聲音訊號，其中含有 60Hz 的雜訊，我們想要去除這個雜訊，則下列技術中，何者最適合？

(A) 低通濾波　(B) 高通濾波　(C) 帶通濾波　(D) 帶阻濾波

(E) 頻譜平移

(　) 3. 若現有一個聲音訊號，我們想要改變聲音訊號的音頻(或音高)，則下列技術中，何者最適合？

(A) 低通濾波　(B) 高通濾波　(C) 帶通濾波　(D) 帶阻濾波

(E) 頻譜平移

觀念複習

1. 請定義下列專有名詞：

(a) **頻率域 DSP**(DSP in Frequency Domain)

(b) **頻譜平移**(Spectrum Shifting)

2. 簡述頻率域 DSP 的主要步驟。

專案實作

1. 使用 Python 程式實作頻率域 DSP：

(a) 使用 Audacity 錄製一段您自己的語音訊號，時間長度為 2 秒、取樣率為 44,100 Hz。

(b) 套用理想低通濾波器，截止頻率分別為 200、500 或 500Hz，並存成 wav 檔。

(c) 請聆聽結果，概略說明其間的差異。

2. 使用 Python 程式實作頻譜平移技術：

(a) 使用 Audacity 錄製一段您自己的語音訊號，時間長度為 2 秒、取樣率為 44,100 Hz。

(b) 套用頻譜平移技術，平移的頻率分別為 20、50 或 100Hz，並存成 wav 檔。

(c) 套用頻譜平移技術，平移的頻率更改為–20、–50 或–100Hz，並存成 wav 檔。

(d) 請聆聽結果，概略說明其間的差異。

3. 搜尋與下載您感興趣的音樂或音效檔，重複實作以上第 1、2 題，並聆聽結果。

CHAPTER **16**

濾波器設計

　　本章介紹濾波器的設計方法。首先，介紹濾波器設計的基本概念，並介紹窗函數。濾波器的設計，分成 FIR 濾波器與 IIR 濾波器兩種，其中 FIR 濾波器是使用**窗法**(Window Method)的設計方式；IIR 濾波器則包含：Butterworth 濾波器、Chebyshev Type I 濾波器、Chebyshev Type II 濾波器與 Elliptic 濾波器等。

學習單元

- 基本概念
- 窗函數
- FIR 濾波器設計
- IIR 濾波器設計

16-1　基本概念

　　濾波器在許多 DSP 技術應用中，扮演相當重要的角色。在實現 DSP 系統時，通常主要的目標是設計濾波器，可以用來選取或抑制某些頻率範圍的輸入訊號，藉以產生合乎需求的輸出訊號。

　　由於有限長度的脈衝響應無法實現理想濾波器，因此在設計實際的濾波器時，通常是考慮濾波器的頻率響應是否符合事先定義的規格，同時容許頻率響應有些微的誤差。

　　實際的低通濾波器，其頻率響應如圖 16-1。**通過頻帶**(Passband)的範圍介於 0～ω_P 之間，理想的頻率響應為 1；**抑制頻帶**(Stopband)的範圍介於 ω_S～π 之間，理想的頻率響應為 0。其中，ω_P 稱為**通過頻帶邊緣頻率**(Passband Edge Frequency)，ω_S 稱為**抑制頻帶邊緣頻率**(Stopband Edge Frequency)。

　　考慮實際低通濾波器的設計時，通常在通過頻帶或抑制頻帶內，容許頻率響應有少許的波動(或誤差)，其中 δ_P 稱為**通過頻帶波紋**(Passband Ripple)，δ_S 稱為**抑制頻帶波紋**(Stopband Ripple)。在 ω_P～ω_S 之間，則是容許頻率響應從 1 逐漸降為 0，稱為**過渡頻帶**(Transition Band)。

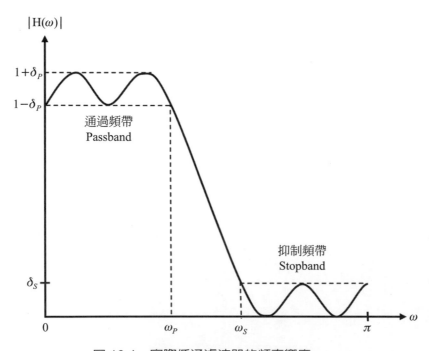

圖 16-1　實際低通濾波器的頻率響應

濾波器的設計，主要包含下列步驟：

1. **定義濾波器的規格**：首先，根據 DSP 應用的需求，選取濾波器的種類，例如：低通、高通、帶通、帶阻濾波器等。接著，定義濾波器的規格，包含：通過頻帶與抑制頻帶的截止頻率、取樣頻率等參數。

2. **選取濾波器的種類**：選取 FIR 或 IIR 濾波器作爲設計目標。通常 FIR 濾波器爲穩定系統；若選取 IIR 濾波器，則須進一步檢驗其穩定性。

3. **求轉換函式**：根據濾波器規格，求濾波器的轉換函式 $H(z)$。例如：FIR 濾波器的轉換函式爲：

$$H(z) = b_0 + b_1 z^{-1} + \cdots + b_M z^{-M}$$

IIR 濾波器的轉換函式爲：

$$H(z) = \frac{b_0 + b_1 z^{-1} + \cdots + b_M z^{-M}}{a_0 + a_1 z^{-1} + \cdots + b_N z^{-N}}$$

因此，本步驟的目的是求濾波器的係數，即：

$$\{a_k\}, k = 0, \ldots, N; \{b_k\}, k = 0, \ldots, M$$

4. **實現濾波器**：濾波器在完成設計後，可以採用硬體架構或軟體模擬的方式實現，藉以檢驗濾波器是否合乎規格。本書採用 Python 程式設計，因此是以軟體模擬的方式，實現數位濾波器的設計工作。

16-2　窗函數

由於理想的低通濾波器，其在時間域的脈衝響應爲無限序列。因此，爲了實現有限的脈衝響應，同時近似理想的低通濾波器，最直接的方法是採用**窗法**(Window Method)。顧名思義，所謂的窗法，即是定義**窗函數**(Window Functions)，目的是用來擷取有限的**脈衝響應**。

定義　窗函數

窗函數(Window Functions)可以定義爲：「介於某特定區間的數學函式，區間外的數值爲 0」。

　　任意函數與窗函數進行乘法運算後，結果就如同透過窗口觀看該函數一般，因而得名。在 DSP 領域中，窗函數經常被用來進行頻譜分析、濾波器設計、音頻壓縮等，應用層面相當廣泛。

　　DSP 領域中，**窗函數**(Window Functions)的種類繁多，以下列舉幾個典型的窗函式：

- **矩形窗**：**矩形窗**(Rectangular Window)函數是定義為：

$$w[n] = \begin{cases} 1 & 0 \le n \le M-1 \\ 0 & otherwise \end{cases}$$

其中，窗的大小為 M。由於矩形窗的形狀如同**箱形車**(Boxcar)，因此也經常稱為 Boxcar 函式。

- Hamming 窗：Hamming 窗函數是定義為：

$$w[n] = \begin{cases} 0.54 - 0.46\cos\left(\dfrac{2\pi n}{M-1}\right) & 0 \le n \le M-1 \\ 0 & otherwise \end{cases}$$

Hamming 窗是根據 Richard W. Hamming 而命名的。

- Hanning 窗：Hanning 窗函數是定義為：

$$w[n] = \begin{cases} 0.5 - 0.5\cos\left(\dfrac{2\pi n}{M-1}\right) & 0 \le n \le M-1 \\ 0 & otherwise \end{cases}$$

Hanning 窗是根據 Julius von Hann 而命名的，雖然函數的形狀與 Hamming 窗相似，但數學定義並不相同。

- Bartlett 窗：Bartlett 窗函數是定義為：

$$w[n] = \begin{cases} \dfrac{2}{M-1}\left(\dfrac{M-1}{2} - \left| n - \dfrac{M-1}{2} \right|\right) & 0 \le n \le M-1 \\ 0 & otherwise \end{cases}$$

Bartlett 窗的形狀如同一個三角形。

● Blackman 窗：Blackman 窗函數是定義為：

$$w[n] = \begin{cases} 0.42 - 0.5\cos\left(\dfrac{2\pi n}{M-1}\right) + 0.08\cos\left(\dfrac{4\pi n}{M-1}\right) & 0 \le n \le M-1 \\ \\ 0 & otherwise \end{cases}$$

Blackman 窗是根據 Ralph B. Blackman 而命名的。

● Kaiser 窗：Kaiser 窗函數是定義為：

$$w[n] = I_0\left(\beta\sqrt{1 - \frac{4n^2}{(M-1)^2}}\right) / I_0(\beta), \quad -\frac{M-1}{2} \le n \le \frac{M-1}{2}$$

Kaiser 窗是根據 Jim Kaiser 而命名，其中 I_0 為修正的零階 Bessel 函式，參數 β 可以用來近似其他窗函式。例如：$\beta = 0$ 為矩型窗、$\beta = 5$ 近似 Hamming 窗、$\beta = 6$ 近似 Hanning 窗、$\beta = 8.6$ 近似 Blackman 窗；$\beta = 14$ 則是 Kaiser 窗的建議初始值。

　　以上介紹的窗函數，如圖 16-2，均具有對稱性。SciPy 的 Signal 軟體套件，除了支援上述的窗函數之外，同時也支援其他許多窗函數，目前我們介紹六種，已足夠使用。這些窗函數，都可以使用 Python 程式設計實現。在濾波器的設計過程中，窗函數通常是先經過平移，平移後以原點為中心，且對原點對稱，再與無限的脈衝響應進行運算，藉以擷取有限的離散序列。

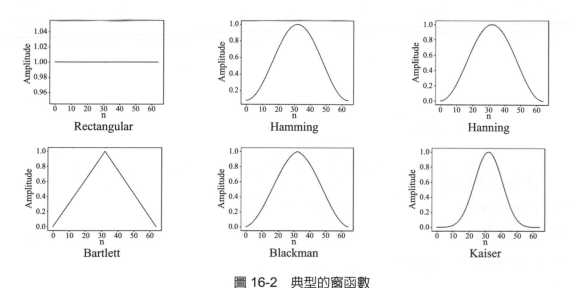

圖 16-2　典型的窗函數

Python 程式碼如下：

---
window_functions.py

```python
1   import numpy as np
2   import scipy.signal as signal
3   import matplotlib.pyplot as plt
4
5   M = 65
6   w1 = signal.boxcar( M )
7   w2 = signal.hamming( M )
8   w3 = signal.hann( M )
9   w4 = signal.bartlett( M )
10  w5 = signal.barthann( M )
11  w6 = signal.kaiser( M, 14 )
12
13  plt.figure( 1 )
14  plt.plot( w1 )
15  plt.xlabel( 'n' )
16  plt.ylabel( 'Amplitude' )
17
18  plt.figure( 2 )
19  plt.plot( w2 )
20  plt.xlabel( 'n' )
21  plt.ylabel( 'Amplitude' )
22
23  plt.figure( 3 )
24  plt.plot( w3 )
25  plt.xlabel( 'n' )
26  plt.ylabel( 'Amplitude' )
27
```

```
28    plt.figure( 4 )
29    plt.plot( w4 )
30    plt.xlabel( 'n' )
31    plt.ylabel( 'Amplitude' )
32
33    plt.figure( 5 )
34    plt.plot( w5 )
35    plt.xlabel( 'n' )
36    plt.ylabel( 'Amplitude' )
37
38    plt.figure( 6 )
39    plt.plot( w6 )
40    plt.xlabel( 'n' )
41    plt.ylabel( 'Amplitude' )
42
43    plt.show( )
```

本程式範例中，我們統一選取 $M = 65(2 \times 32 + 1)$，為有限脈衝響應的長度。由於窗函數對原點對稱，因此均可平移至以原點為中心。

16-3　FIR 濾波器設計

FIR 濾波器的設計，最直接的方法稱為**窗法**(Window Method)，牽涉的步驟簡述如下：

1. **選取濾波器的種類**：首先，選取濾波器的種類，包含：**低通**(Lowpass)、**高通**(Highpass)、**帶通**(Bandpass)或**帶阻**(Bandstop)濾波器。

2. **定義濾波器的規格**：若是低通或高通濾波器，須定義**截止頻率**(Cutoff Frequency) f_c，以 Hz 為單位；若是帶通或帶阻濾波器，則是定義兩個截止頻率 f_1 與 f_2。

3. **選取取樣頻率**：選取**取樣頻率**(Sampling Frequency)，以 Hz 為單位。選取原則以輸入數位訊號為主，且對應的 Nyquist 頻率須大於上述的截止頻率。

4. **套用窗法**：選取**窗函數**(Window Function)，包含：矩形窗、Hamming 窗、Hanning 窗、Bartlett 窗、Blackman 窗、Kaiser 窗等。在此，須選取濾波器的長度，即離散時間域的脈衝響應**樣本數**(Number of Taps)。

5. **FIR 濾波器係數**：根據濾波器的種類，計算 FIR 濾波器的係數，並套用窗函數，藉以擷取有限長度的脈衝響應。理論上，取得樣本數愈多，則愈接近理想的濾波器。

6. **頻率響應**：根據脈衝響應，求其在頻率域的頻率響應，包含：強度頻譜與相位頻譜，用來觀察濾波器的設計是否合乎原先定義的規格需求。

　　濾波器的設計工作，其實牽涉複雜的技術細節，所幸目前的 SciPy Signal 軟體套件，已解決並實現許多技術細節，並提供許多與 Matlab 軟體類似的濾波器設計相關函式。因此，在此僅介紹如何使用 Signal 軟體套件，藉以完成濾波器的設計工作，並不深入介紹相關的技術細節。

範例 16-1

假設濾波器的規格為：

截止頻率：250Hz

取樣頻率：1,000Hz

試使用窗法(Window Method)設計 FIR 低通濾波器，並顯示強度頻譜與相位頻譜。採用的窗函數分別為：

(1) 矩形窗　　　　　(2) Hamming 窗

(3) Hanning 窗　　　(4) Bartlett 窗

(5) Blackman 窗　　 (6) Kaiser 窗

答

使用窗法設計的低通濾波器，如圖 16-3。由圖上可以發現，使用矩形窗函數設計的低通濾波器，其頻率響應具有 Gibbs 現象，因此結果較不理想。相對而言，使用 Blackman 或 Kaiser 窗函數設計的低通濾波器，頻率響應的結果較為理想。截止角頻率經過正規化為 $2\pi f_c / f_s = 2\pi(250)/1000 = \pi/2$，角頻率則介於 $0 \sim \pi$ 之間。

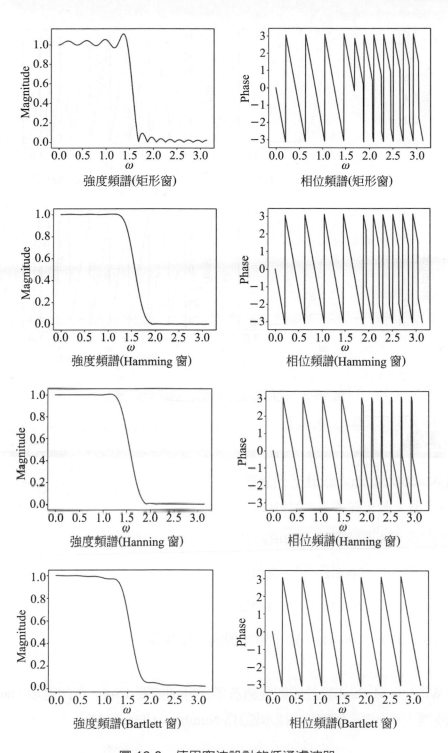

圖 16-3　使用窗法設計的低通濾波器

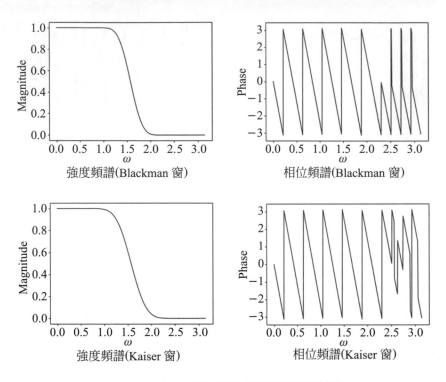

圖 16-3 使用窗法設計的低通濾波器(續)

範例 16-2

使用窗法(Window Method)設計下列濾波器：

(1) 低通濾波器：截止頻率 $f_c = 250$Hz

(2) 高通濾波器：截止頻率 $f_c = 250$Hz

(3) 帶通濾波器：$f_1 = 200$Hz、$f_2 = 300$Hz

(4) 帶阻濾波器：$f_1 = 200$Hz、$f_2 = 300$Hz

其中，取樣頻率均為 1,000Hz，顯示濾波器的強度頻譜。

答

使用窗法(Window Method)設計的四種濾波器，分別如圖 16-4。在此選取 Hamming 窗函數，濾波器大小(或脈衝響應的樣本數)為 Number of Taps = 31。

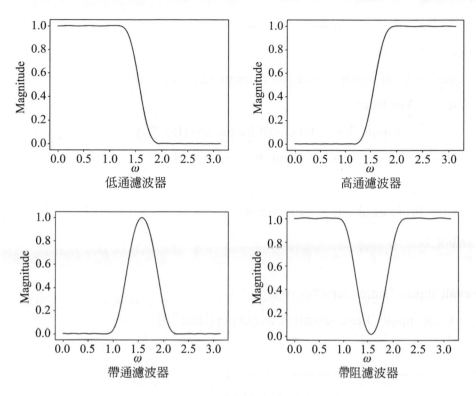

低通濾波器 高通濾波器

帶通濾波器 帶阻濾波器

圖 16-4 使用窗法設計的濾波器

Python 程式碼如下：

FIR_filter_design.py

```
1   import numpy as np
2   import scipy.signal as signal
3   import matplotlib.pyplot as plt
4
5   print( "FIR filter design using the window method" )
6   print( "(1)Lowpass Filter" )
7   print( "(2)Highpass Filter" )
8   print( "(3)Bandpass Filter" )
9   print( "(4)Bandstop Filter" )
10  filter = eval( input( "Please enter your choice: " ))
11
```

```
12   print( "-----------------------------------------" )
13   if filter == 1 or filter == 2:
14       cutoff = eval( input( "Enter cutoff frequency(Hz): " ))
15   elif filter == 3 or filter == 4:
16       f1 = eval( input( "Enter 1st cutoff frequency(Hz): " ))
17       f2 = eval( input( "Enter 2nd cutoff frequency(Hz): " ))
18   else:
19       print( "Your choice is not supported!" )
20       quit( )
21
22   n = eval( input( "Enter numeber of taps: " ))
23   freq = eval( input( "Enter sampling frequency(Hz): " ))
24
25   print( "---------------------------------------" )
26   print( "Window function" )
27   print( "(1)Rectangular(Boxcar)" )
28   print( "(2)Hamming" )
29   print( "(3)Hanning" )
30   print( "(4)Bartlett" )
31   print( "(5)Blackman" )
32   print( "(6)Kaiser" )
33   choice = eval( input( "Enter your choice: " ))
34
35   if choice == 1:
36       win = 'boxcar'
37   elif choice == 2:
38       win = 'hamming'
39   elif choice == 3:
40       win = 'hanning'
```

```
41   elif choice == 4:
42        win = 'bartlett'
43   elif choice == 5:
44        win = 'blackman'
45   elif choice == 6:
46        win =( 'kaiser', 14 )
47   else:
48        print( "Your choice is not supported!" )
49        quit( )
50
51   if filter == 1:
52        h = signal.firwin( n, cutoff, window = win, pass_zero = True, fs = freq )
53   elif filter == 2:
54        h = signal.firwin( n, cutoff, window = win, pass_zero = False, fs = freq )
55   elif filter == 3:
56        h = signal.firwin( n, [f1, f2], window = win, pass_zero = False, fs = freq )
57   else:
58        h = signal.firwin( n, [f1, f2], window = win, pass_zero = True, fs = freq )
59
60   w, H = signal.freqz( h )
61   magnitude = abs( H )
62   phase = np.angle( H )
63
64   plt.figure( 1 )
65   plt.plot( w, magnitude )
66   plt.xlabel( r'$\omega$' )
67   plt.ylabel( 'Magnitude' )
68
69   plt.figure( 2 )
```

70　plt.plot(w, phase)

71　plt.xlabel(r'ω')

72　plt.ylabel('Phase')

73

74　plt.show( )

　　本程式範例中，我們可以執行 Python 程式，並逐一輸入濾波器的規格需求，包含：截止頻率、取樣頻率等，即可完成濾波器的設計工作。

　　以下為使用窗法設計 FIR 低通濾波器的範例，其中選取的窗函數為 Hamming 窗、脈衝響應的長度為 31(Number of Taps = 31)：

```
D:\DSP> Python FIR_filter_design.py
FIR filter design using the window method
(1)Lowpass Filter
(2)Highpass Filter
(3)Bandpass Filter
(4)Bandstop Filter
Enter your choice: 1
-----------------------------------------
Enter cutoff frequency(Hz): 250
Enter numeber of taps: 31
Enter sampling frequency(Hz): 1000
-----------------------------------------
Window function
(1)Rectanglar(Boxcar)
(2)Hamming
(3)Hanning
(4)Bartlett
(5)Blackman
(6)Kaiser
Enter your choice: 2
```

執行 Python 程式後，即可求得 FIR 濾波器的脈衝響應，並顯示頻率響應的強度頻譜與相位頻譜。建議您仔細觀察濾波器的頻率響應，是否合乎原先定義的規格需求。

16-4　IIR 濾波器設計

IIR 濾波器的設計，可以分成下列幾種：

1. **巴特沃斯濾波器**(Butterworth Filters)

2. **切比雪夫型態 I 濾波器**(Chebyshev Type I Filters)

3. **切比雪夫型態 II 濾波器**(Chebyshev Type II Filters)

4. **橢圓濾波器**(Elliptic Filters)

IIR 濾波器的設計步驟，與 FIR 濾波器的設計步驟相似，簡述如下：

1. **選取濾波器的種類**：首先選取濾波器的種類，包含：**低通**(Lowpass)、**高通**(Highpass)、**帶通**(Bandpass)或**帶阻**(Bandstop)濾波器。

2. **定義濾波器的規格**：若是低通或高通濾波器，須定義通過頻帶與抑制頻帶的截止頻率；若是帶通或帶阻濾波器，則須分別定義兩個不同的截止頻率。此外，須定義通過頻帶波紋與抑制頻帶波紋，單位為 dB。

3. **選取取樣頻率**：選取**取樣頻率**(Sampling Frequency)，以 Hz 為單位。

4. **濾波器參數**：根據濾波器的規格，計算濾波器的**階數**(Order)與 –3dB 截止頻率。

5. **IIR 濾波器係數**：根據濾波器的種類與相關參數，推導與計算其**轉換函式**(Transfer Function)：

$$H(z) = \frac{b_0 + b_1 z^{-1} + \cdots + b_M z^{-M}}{a_0 + a_1 z^{-1} + \cdots + b_N z^{-N}}$$

換言之，計算濾波器的係數 $\{a_k\}, k = 0, 1, \dots, N$ 、 $\{b_k\}, k = 0, 1, \dots, M$ 。

6. **頻率響應**：根據脈衝響應，求其在頻率域的頻率響應，包含：強度頻譜與相位頻譜等，用來觀察濾波器的設計是否合乎原先定義的規格需求。

16-4-1　Butterworth 濾波器

　　巴特沃斯濾波器(Butterworth Filters)是一種通過頻帶的頻率響應非常平坦的訊號處理濾波器。它是由英國工程師 Stephen Butterworth 所提出。

範例 16-3

根據下列規格，設計 Butterworth 低通濾波器：

通過頻帶邊緣頻率為 200Hz

抑制頻帶邊緣頻率為 300Hz

通過頻帶波紋為 0.5dB

抑制頻帶波紋為 50dB

其中，取樣頻率為 1,000Hz，顯示濾波器的強度頻譜與相位頻譜。

答

根據規格而設計的 Butterworth 低通濾波器，其強度頻譜與相位頻譜，如圖 16-5。

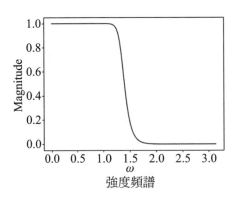
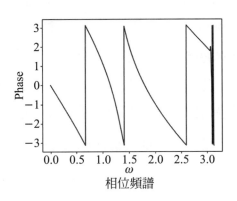

圖 16-5　Butterworth 低通濾波器

範例 16-4

根據下列規格，設計 Butterworth 高通濾波器：

通過頻帶邊緣頻率為 200Hz

抑制頻帶邊緣頻率為 300Hz

通過頻帶波紋為 0.5dB

抑制頻帶波紋為 50dB

其中，取樣頻率為 1,000Hz，顯示濾波器的強度頻譜與相位頻譜。

答

根據規格而設計的 Butterworth 高通濾波器，其強度頻譜與相位頻譜，如圖 16-6。

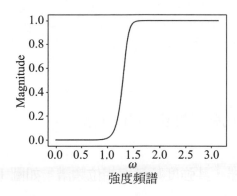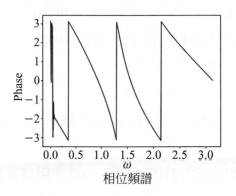

強度頻譜　　　　　相位頻譜

圖 16-6　Butterworth 高通濾波器

範例 16-5

根據下列規格，設計 Butterworth 帶通濾波器：

通過頻帶邊緣頻率為 200Hz、300Hz

抑制頻帶邊緣頻率為 100Hz、400Hz

通過頻帶波紋為 0.5dB

抑制頻帶波紋為 50dB

其中，取樣頻率為 1,000Hz，顯示濾波器的強度頻譜與相位頻譜。

答

根據規格而設計的 Butterworth 帶通濾波器，其強度頻譜與相位頻譜，如圖 16-7。

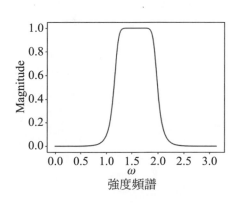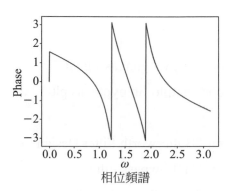

強度頻譜　　　　　相位頻譜

圖 16-7　Butterworth 帶通濾波器

範例 16-6

根據下列規格，設計 Butterworth 帶阻濾波器：

通過頻帶邊緣頻率為 200Hz、300Hz

抑制頻帶邊緣頻率為 100Hz、400Hz

通過頻帶波紋為 0.5dB

抑制頻帶波紋為 50dB

其中，取樣頻率為 1,000Hz，顯示濾波器的強度頻譜與相位頻譜。

答

根據規格而設計的 Butterworth 帶阻濾波器，其強度頻譜與相位頻譜，如圖 16-8。

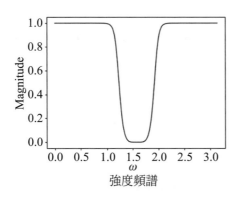
強度頻譜

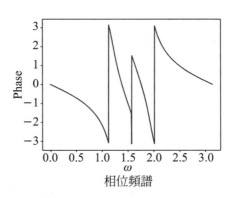
相位頻譜

圖 16-8　Butterworth 帶阻濾波器

Python 程式碼如下：

butterworth_filter_design.py

```
1   import numpy as np
2   import scipy.signal as signal
3   import matplotlib.pyplot as plt
4
5   print( "Butterworth Filter Design" )
6   print( "(1)Lowpass Filter" )
7   print( "(2)Highpass Filter" )
```

```
8    print( "(3)Bandpass Filter" )
9    print( "(4)Bandstop Filter" )
10   filter = eval( input( "Enter your choice: " ))
11
12   print( "----------------------------------------" )
13   if filter == 1 or filter == 2:
14       fp = eval( input( "Enter passband edge frequency(Hz): " ))
15       fs = eval( input( "Enter stopband edge frequency(Hz): " ))
16       rp = eval( input( "Enter passband ripple(dB): " ))
17       rs = eval( input( "Enter stopband ripple(dB): " ))
18       Fs = eval( input( "Enter sampling frequency: " ))
19
20       wp = 2 * fp / Fs
21       ws = 2 * fs / Fs
22   elif filter == 3 or filter == 4:
23       fp1 = eval( input( "Enter 1st passband edge frequency(Hz): " ))
24       fp2 = eval( input( "Enter 2nd passband edge frequency(Hz): " ))
25       fs1 = eval( input( "Enter 1st stopband edge frequency(Hz): " ))
26       fs2 = eval( input( "Enter 2nd stopband edge frequency(Hz): " ))
27       rp = eval( input( "Enter passband ripple(dB): " ))
28       rs = eval( input( "Enter stopband ripple(dB): " ))
29       Fs = eval( input( "Enter sampling frequency: " ))
30
31       wp1 = 2 * fp1 / Fs
32       wp2 = 2 * fp2 / Fs
33       ws1 = 2 * fs1 / Fs
34       ws2 = 2 * fs2 / Fs
35   else:
36       print( "Your choice is not supported!" )
37       quit( )
```

```
38
39   if filter == 1:
40        n, wn = signal.buttord( wp, ws, rp, rs )
41        b, a = signal.butter( n, wn, 'lowpass' )
42   elif filter == 2:
43        n, wn = signal.buttord( wp, ws, rp, rs )
44        b, a = signal.butter( n, wn, 'highpass' )
45   elif filter == 3:
46        n, wn = signal.buttord( [ wp1, wp2 ], [ ws1, ws2 ], rp, rs )
47        b, a = signal.butter( n, wn, 'bandpass' )
48   else:
49        n, wn = signal.buttord( [ wp1, wp2 ], [ ws1, ws2 ], rp, rs )
50        b, a = signal.butter( n, wn, 'bandstop' )
51
52   w, H = signal.freqz( b, a )
53   magnitude = abs( H )
54   phase = np.angle( H )
55
56   plt.figure( 1 )
57   plt.plot( w, magnitude )
58   plt.xlabel( r'$\omega$' )
59   plt.ylabel( 'Magnitude' )
60
61   plt.figure( 2 )
62   plt.plot( w, phase )
63   plt.xlabel( r'$\omega$' )
64   plt.ylabel( 'Phase' )
65
66   plt.show( )
```

16-4-2 Chebyshev Type I 濾波器

切比雪夫濾波器(Chebyshev Filters)是一種在通過頻帶或抑制頻帶上頻率響應等波動的濾波器。在通過頻帶上波動的濾波器稱為**切比雪夫型態 I 濾波器** Chebyshev Type I 濾波器)；在抑制頻帶上波動的濾波器稱為**切比雪夫型態 II 濾波器**(Chebyshev Type II 濾波器)。

範例 16-7

根據下列規格，設計 Chebyshev Type I 低通濾波器：

通過頻帶邊緣頻率為 200Hz

抑制頻帶邊緣頻率為 300Hz

通過頻帶波紋為 0.5dB

抑制頻帶波紋為 50dB

其中，取樣頻率為 1,000Hz，顯示濾波器的強度頻譜與相位頻譜。

答

根據規格而設計的 Chebyshev Type I 低通濾波器，其強度頻譜與相位頻譜，如圖 16-9。

□

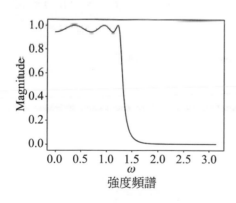
強度頻譜

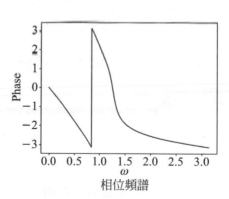
相位頻譜

圖 16-9 Chebyshev Type I 低通濾波器

範例 16-8

根據下列規格，設計 Chebyshev Type I 高通濾波器：

通過頻帶邊緣頻率為 200Hz

抑制頻帶邊緣頻率為 300Hz

通過頻帶波紋為 0.5dB

抑制頻帶波紋為 50dB

其中，取樣頻率為 1,000Hz，顯示濾波器的強度頻譜與相位頻譜。

答

根據規格而設計的 Chebyshev Type I 高通濾波器，其強度頻譜與相位頻譜，如圖 16-10。

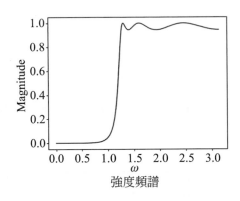
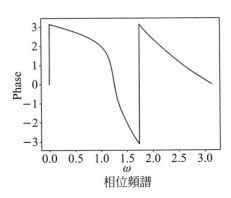

強度頻譜   相位頻譜

圖 16-10　Chebyshev Type I 高通濾波器

範例 16-9

根據下列規格，設計 Chebyshev Type I 帶通濾波器：

通過頻帶邊緣頻率為 200Hz、300Hz

抑制頻帶邊緣頻率為 100Hz、400Hz

通過頻帶波紋為 0.5dB

抑制頻帶波紋為 50dB

其中，取樣頻率為 1,000Hz，顯示濾波器的強度頻譜與相位頻譜。

答

根據規格而設計的 Chebyshev Type I 帶通濾波器，其強度頻譜與相位頻譜，如圖 16-11。

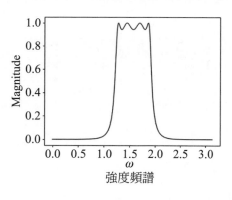
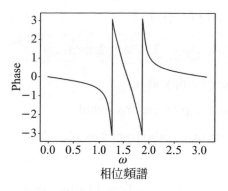

圖 16-11　Chebyshev Type I 帶通濾波器

範例 16-10

根據下列規格，設計 Chebyshev Type I 帶阻濾波器：

通過頻帶邊緣頻率為 200Hz、300Hz

抑制頻帶邊緣頻率為 100Hz、400Hz

通過頻帶波紋為 0.5dB

抑制頻帶波紋為 50dB

其中，取樣頻率為 1,000Hz，顯示濾波器的強度頻譜與相位頻譜。

答

根據規格而設計的 Chebyshev Type I 帶阻濾波器，其強度頻譜與相位頻譜，如圖 16-12。

❑

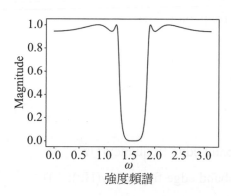
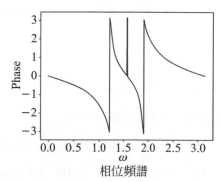

圖 16-12　Chebyshev Type I 帶阻濾波器

Python 程式碼如下：

Chebyshev_type_I_filter_design.py

```python
1    import numpy as np
2    import scipy.signal as signal
3    import matplotlib.pyplot as plt
4
5    print( "Chebyshev Type I Filter Design" )
6    print( "(1)Lowpass Filter" )
7    print( "(2)Highpass Filter" )
8    print( "(3)Bandpass Filter" )
9    print( "(4)Bandstop Filter" )
10   filter = eval( input( "Please enter your choice: " ))
11
12   print( "----------------------------------------" )
13   if filter == 1 or filter == 2:
14       fp = eval( input( "Enter passband edge frequency(Hz): " ))
15       fs = eval( input( "Enter stopband edge frequency(Hz): " ))
16       rp = eval( input( "Enter passband ripple(dB): " ))
17       rs = eval( input( "Enter stopband ripple(dB): " ))
18       Fs = eval( input( "Enter sampling frequency: " ))
19
20       wp = 2 * fp / Fs
21       ws = 2 * fs / Fs
22   elif filter == 3 or filter == 4:
23       fp1 = eval( input( "Enter 1st passband edge frequency(Hz): " ))
24       fp2 = eval( input( "Enter 2nd passband edge frequency(Hz): " ))
25       fs1 = eval( input( "Enter 1st stopband edge frequency(Hz): " ))
26       fs2 = eval( input( "Enter 2nd stopband edge frequency(Hz): " ))
27       rp = eval( input( "Enter passband ripple(dB): " ))
```

```
28      rs = eval( input( "Enter stopband ripple(dB): " ))
29      Fs = eval( input( "Enter sampling frequency: " ))
30
31      wp1 = 2 * fp1 / Fs
32      wp2 = 2 * fp2 / Fs
33      ws1 = 2 * fs1 / Fs
34      ws2 = 2 * fs2 / Fs
35  else:
36      print( "Your choice is not supported!" )
37      quit( )
38
39  if filter == 1:
40      n, wn = signal.cheb1ord( wp, ws, rp, rs )
41      b, a = signal.cheby1( n, rp, wn, 'lowpass' )
42  elif filter == 2:
43      n, wn = signal.cheb1ord( wp, ws, rp, rs )
44      b, a = signal.cheby1( n, rp, wn, 'highpass' )
45  elif filter == 3:
46      n, wn = signal.cheb1ord( [ wp1, wp2 ], [ ws1, ws2 ], rp, rs )
47      b, a = signal.cheby1( n, rp, wn, 'bandpass' )
48  else:
49      n, wn = signal.cheb1ord( [ wp1, wp2 ], [ ws1, ws2 ], rp, rs )
50      b, a = signal.cheby1( n, rp, wn, 'bandstop' )
51
52  w, H = signal.freqz( b, a )
53  magnitude = abs( H )
54  phase = np.angle( H )
55
56  plt.figure( 1 )
```

```
57    plt.plot( w, magnitude )
58    plt.xlabel( r'$\omega$' )
59    plt.ylabel( 'Magnitude' )
60
61    plt.figure( 2 )
62    plt.plot( w, phase )
63    plt.xlabel( r'$\omega$' )
64    plt.ylabel( 'Phase' )
65
66    plt.show( )
```

16-4-3　Chebyshev Type II 濾波器

本節介紹**切比雪夫型態 II 濾波器**(Chebyshev Type II 濾波器)，是一種在抑制頻帶波動的濾波器。

範例 16-11

根據下列規格，設計 Chebyshev Type II 低通濾波器：

通過頻帶邊緣頻率為 200Hz

抑制頻帶邊緣頻率為 300Hz

通過頻帶波紋為 0.5dB

抑制頻帶波紋為 50dB

其中，取樣頻率為 1,000Hz，顯示濾波器的強度頻譜與相位頻譜。

答

根據規格而設計的 Chebyshev Type II 低通濾波器，其強度頻譜與相位頻譜，如圖 16-13。

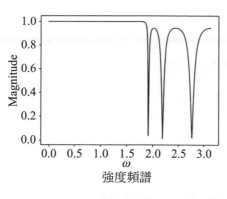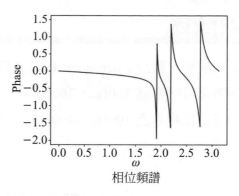

圖 16-13　Chebyshev Type II 低通濾波器

範例 16-12

根據下列規格，設計 Chebyshev Type II 高通濾波器：

通過頻帶邊緣頻率為 200Hz

抑制頻帶邊緣頻率為 300Hz

通過頻帶波紋為 0.5dB

抑制頻帶波紋為 50dB

其中，取樣頻率為 1,000Hz，顯示濾波器的強度頻譜與相位頻譜。

答

根據規格而設計的 Chebyshev Type II 高通濾波器，其強度頻譜與相位頻譜，如圖 16-14。

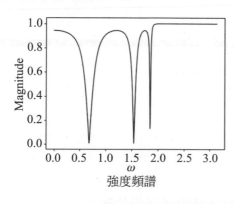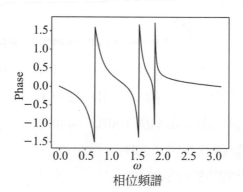

圖 16-14　Chebyshev Type II 高通濾波器

範例 16-13

根據下列規格，設計 Chebyshev Type II 帶通濾波器：

通過頻帶邊緣頻率為 200Hz、300Hz

抑制頻帶邊緣頻率為 100Hz、400Hz

通過頻帶波紋為 0.5dB

抑制頻帶波紋為 50dB

其中，取樣頻率為 1,000Hz，顯示濾波器的強度頻譜與相位頻譜。

答

根據規格而設計的 Chebyshev Type II 帶通濾波器，其強度頻譜與相位頻譜，如圖 16-15。

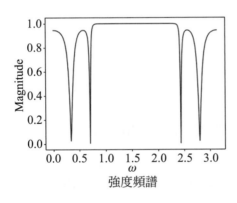
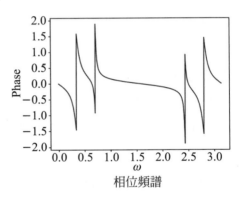

圖 16-15　Chebyshev Type II 帶通濾波器

範例 16-14

根據下列規格，設計 Chebyshev Type II 帶阻濾波器：

通過頻帶邊緣頻率為 200Hz、300Hz

抑制頻帶邊緣頻率為 100Hz、400Hz

通過頻帶波紋為 0.5dB

抑制頻帶波紋為 50dB

其中，取樣頻率為 1,000Hz，顯示濾波器的強度頻譜與相位頻譜。

答

根據規格而設計的 Chebyshev Type II 帶阻濾波器，其強度頻譜與相位頻譜，如圖 16-16。

❑

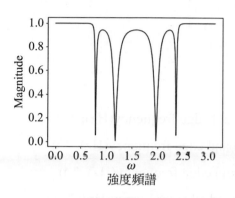
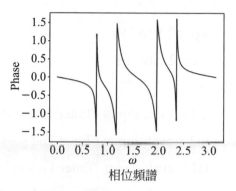

強度頻譜   相位頻譜

圖 16-16　Chebyshev Type II 帶阻濾波器

Python 程式碼如下：

Chebyshev_type_II_filter_design.py

```
1   import numpy as np
2   import scipy.signal as signal
3   import matplotlib.pyplot as plt
4
5   print( "Chebyshev Type II Filter Design" )
6   print( "(1)Lowpass Filter" )
7   print( "(2)Highpass Filter" )
8   print( "(3)Bandpass Filter" )
9   print( "(4)Bandstop Filter" )
10  filter = eval( input( "Please enter your choice: " ))
11
12  print( "----------------------------------------" )
13  if filter == 1 or filter == 2:
14      fp = eval( input( "Enter passband edge frequency(Hz): " ))
15      fs = eval( input( "Enter stopband edge frequency(Hz): " ))
```

```python
16      rp = eval( input( "Enter passband ripple(dB): " ))
17      rs = eval( input( "Enter stopband ripple(dB): " ))
18      Fs = eval( input( "Enter sampling frequency: " ))
19
20      wp = 2 * fp / Fs
21      ws = 2 * fs / Fs
22   elif filter == 3 or filter == 4:
23      fp1 = eval( input( "Enter 1st passband edge frequency(Hz): " ))
24      fp2 = eval( input( "Enter 2nd passband edge frequency(Hz): " ))
25      fs1 = eval( input( "Enter 1st stopband edge frequency(Hz): " ))
26      fs2 = eval( input( "Enter 2nd stopband edge frequency(Hz): " ))
27      rp = eval( input( "Enter passband ripple(dB): " ))
28      rs = eval( input( "Enter stopband ripple(dB): " ))
29      Fs = eval( input( "Enter sampling frequency: " ))
30
31      wp1 = 2 * fp1 / Fs
32      wp2 = 2 * fp2 / Fs
33      ws1 = 2 * fs1 / Fs
34      ws2 = 2 * fs2 / Fs
35   else:
36      print( "Your choice is not supported!" )
37      quit( )
38
39   if filter == 1:
40      n, wn = signal.cheb2ord( wp, ws, rp, rs )
41      b, a = signal.cheby2( n, rp, wn, 'lowpass' )
42   elif filter == 2:
43      n, wn = signal.cheb2ord( wp, ws, rp, rs )
44      b, a = signal.cheby2( n, rp, wn, 'highpass' )
```

```
45    elif filter == 3:
46        n, wn = signal.cheb2ord( [ wp1, wp2 ], [ ws1, ws2 ], rp, rs )
47        b, a = signal.cheby2( n, rp, wn, 'bandpass' )
48    else:
49        n, wn = signal.cheb2ord( [ wp1, wp2 ], [ ws1, ws2 ], rp, rs )
50        b, a = signal.cheby2( n, rp, wn, 'bandstop' )
51
52    w, H = signal.freqz( b, a )
53    magnitude = abs( H )
54    phase = np.angle( H )
55
56    plt.figure( 1 )
57    plt.plot( w, magnitude )
58    plt.xlabel( r'$\omega$' )
59    plt.ylabel( 'Magnitude' )
60
61    plt.figure( 2 )
62    plt.plot( w, phase )
63    plt.xlabel( r'$\omega$' )
64    plt.ylabel( 'Phase' )
65
66    plt.show( )
```

16-4-4　Elliptic 濾波器

　　橢圓濾波器(Elliptic Filters)，是一種在通過頻帶與抑制頻帶波紋的濾波器。橢圓濾波器相比其他類型的濾波器，在階數相同的條件下有著較小的通過頻帶與抑制頻帶波動。

範例 16-15

根據下列規格，設計 Elliptic 低通濾波器：

通過頻帶邊緣頻率爲 200Hz

抑制頻帶邊緣頻率爲 300Hz

通過頻帶波紋爲 0.5dB

抑制頻帶波紋爲 50dB

其中，取樣頻率爲 1,000Hz，顯示濾波器的強度頻譜與相位頻譜。

答

根據規格而設計的 Elliptic 低通濾波器，其強度頻譜與相位頻譜，如圖 16-17。

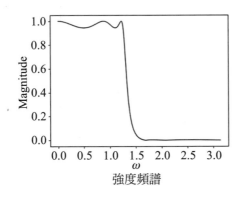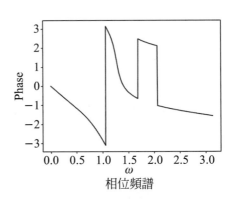

強度頻譜　　　　　　　　　　相位頻譜

圖 16-17　Elliptic 低通濾波器

範例 16-16

根據下列規格，設計 Elliptic 高通濾波器：

通過頻帶邊緣頻率爲 200Hz

抑制頻帶邊緣頻率爲 300Hz

通過頻帶波紋爲 0.5dB

抑制頻帶波紋爲 50dB

其中，取樣頻率爲 1,000Hz，顯示濾波器的強度頻譜與相位頻譜。

答

根據規格而設計的 Elliptic 高通濾波器，其強度頻譜與相位頻譜，如圖 16-18。

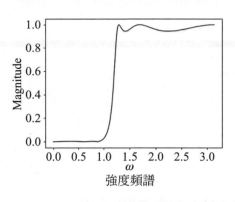
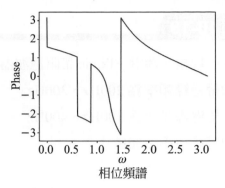

強度頻譜　　　　　　　　相位頻譜

圖 16-18　Elliptic 高通濾波器

範例 16-17

根據下列規格，設計 Elliptic 帶通濾波器：

通過頻帶邊緣頻率為 200Hz、300Hz

抑制頻帶邊緣頻率為 100Hz、400Hz

通過頻帶波紋為 0.5dB

抑制頻帶波紋為 50dB

其中，取樣頻率為 1,000Hz，顯示濾波器的強度頻譜與相位頻譜。

答

根據規格而設計的 Elliptic 帶通濾波器，其強度頻譜與相位頻譜，如圖 16-19。

❑

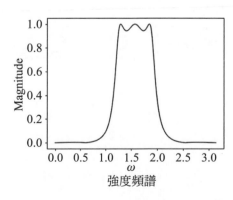
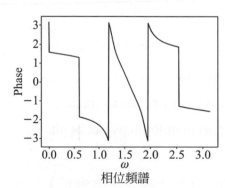

強度頻譜　　　　　　　　相位頻譜

圖 16-19　Elliptic 帶通濾波器

範例 16-18

根據下列規格，設計 Elliptic 帶阻濾波器：

通過頻帶邊緣頻率為 200Hz、300Hz

抑制頻帶邊緣頻率為 100Hz、400Hz

通過頻帶波紋為 0.5dB

抑制頻帶波紋為 50dB

其中，取樣頻率為 1,000Hz，顯示濾波器的強度頻譜與相位頻譜。

答

根據規格而設計的 Elliptic 帶阻濾波器，其強度頻譜與相位頻譜，如圖 16-20。

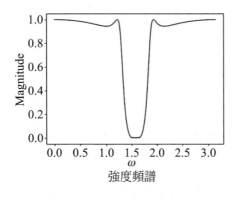
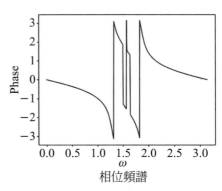

圖 16-20   Elliptic 帶阻濾波器

Python 程式碼如下：

Elliptic_filter_design.py

```
1   import numpy as np
2   import scipy.signal as signal
3   import matplotlib.pyplot as plt
4
5   print( "Elliptic Filter Design" )
6   print( "(1)Lowpass Filter" )
7   print( "(2)Highpass Filter" )
8   print( "(3)Bandpass Filter" )
```

```
9    print( "(4)Bandstop Filter" )
10   filter = eval( input( "Please enter your choice: " ))
11
12   print( "-----------------------------------------" )
13   if filter == 1 or filter == 2:
14       fp = eval( input( "Enter passband edge frequency(Hz): " ))
15       fs = eval( input( "Enter stopband edge frequency(Hz): " ))
16       rp = eval( input( "Enter passband ripple(dB): " ))
17       rs = eval( input( "Enter stopband ripple(dB): " ))
18       Fs = eval( input( "Enter sampling frequency: " ))
19
20       wp = 2 * fp / Fs
21       ws = 2 * fs / Fs
22   elif filter == 3 or filter == 4:
23       fp1 = eval( input( "Enter 1st passband edge frequency(Hz): " ))
24       fp2 = eval( input( "Enter 2nd passband edge frequency(Hz): " ))
25       fs1 = eval( input( "Enter 1st stopband edge frequency(Hz): " ))
26       fs2 = eval( input( "Enter 2nd stopband edge frequency(Hz): " ))
27       rp = eval( input( "Enter passband ripple(dB): " ))
28       rs = eval( input( "Enter stopband ripple(dB): " ))
29       Fs = eval( input( "Enter sampling frequency: " ))
30
31       wp1 = 2 * fp1 / Fs
32       wp2 = 2 * fp2 / Fs
33       ws1 = 2 * fs1 / Fs
34       ws2 = 2 * fs2 / Fs
35   else:
36       print( "Your choice is not supported!" )
37       quit( )
```

```
38
39   if filter == 1:
40        n, wn = signal.ellipord( wp, ws, rp, rs )
41        b, a = signal.ellip( n, rp, rs, wn, 'lowpass' )
42   elif filter == 2:
43        n, wn = signal.ellipord( wp, ws, rp, rs )
44        b, a = signal.ellip( n, rp, rs, wn, 'highpass' )
45   elif filter == 3:
46        n, wn = signal.ellipord( [ wp1, wp2 ], [ ws1, ws2 ], rp, rs )
47        b, a = signal.ellip( n, rp, rs, wn, 'bandpass' )
48   else:
49        n, wn = signal.ellipord( [ wp1, wp2 ], [ ws1, ws2 ], rp, rs )
50        b, a = signal.ellip( n, rp, rs, wn, 'bandstop' )
51
52   w, H = signal.freqz( b, a )
53   magnitude = abs( H )
54   phase = np.angle( H )
55
56   plt.figure( 1 )
57   plt.plot( w, magnitude )
58   plt.xlabel( r'$\omega$' )
59   plt.ylabel( 'Magnitude' )
60
61   plt.figure( 2 )
62   plt.plot( w, phase )
63   plt.xlabel( r'$\omega$' )
64   plt.ylabel( 'Phase' )
65
66   plt.show( )
```

習題

🔅 選擇題

(　) 1. 濾波器的設計，首先須定義濾波器的規格，通常是指下列何者？

(A) 求濾波器的轉換函式

(B) 選取濾波器的種類，例如：低通、高通、帶通、帶阻等

(C) 選取 FIR 或 IIR 濾波器

(D) 使用軟體模擬與驗證

(　) 2. Python 程式語言中，DSP 技術的 Signal 程式庫，提供許多窗函數，是屬於下列何種軟體套件？

(A) NumPy　(B) SciPy　(C) Matplotlib　(D) SymPy　(E) Pandas

(　) 3. 下列濾波器中，何者是一種 IIR 濾波器？

(A) Butterworth Filters　(B) Chebyshev Type I Filters

(C) Chebyshev Type II Filters　(D) Elliptic Filters　(E) 以上皆是

🔅 觀念複習

1. 試定義下列專有名詞：

(a) **窗函數**(Window Functions)。

(b) **通過頻帶**(Passband)與**抑制頻帶**(Stopband)。

2. 簡述濾波器設計的主要步驟。

3. 下列敘述有關濾波器設計，判斷 True 或 False：

(a) FIR 濾波器為穩定系統。

(b) IIR 濾波器為不穩定系統。

(c) FIR 濾波器的設計，可以使用**窗法**(Window Method)。

4. IIR 濾波器設計中，若想使得通過頻帶的頻率響應非常平坦，則下列的濾波器中，何者最適合？

   (a) Butterworth 濾波器。

   (b) Chebyshev Type I 濾波器。

   (c) Chebyshev Type II 濾波器。

   (d) Elliptic 濾波器。

5. 已知下圖為 Chebyshev 低通濾波器的頻率響應，請判斷其為何種濾波器：

   (a) Chebyshev Type I 濾波器。

   (b) Chebyshev Type II 濾波器。

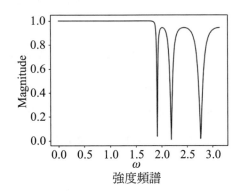

強度頻譜

6. IIR 濾波器設計中，若想使得通過頻帶與抑制頻帶的波紋在階數相同的條件下較小，則下列的濾波器中，何者最適合？

   (a) Butterworth 濾波器。

   (b) Chebyshev Type I 濾波器。

   (c) Chebyshev Type II 濾波器。

   (d) Elliptic 濾波器。

專案實作

1. 試使用 Python 程式實作，設計下列濾波器。假設濾波器的規格為：

   截止頻率：200Hz

   取樣頻率：1,000Hz

   試使用窗法(Window Method)設計低通濾波器，並顯示強度頻譜與相位頻譜。採用的窗函數分別為：矩形窗、Hamming 窗、Hanning 窗、Bartlett 窗、Blackman 窗或 Kaiser 窗。

2. 試使用 Python 程式實作，設計下列濾波器：

   (a) Butterworth 濾波器。

   (b) Chebyshev Type I 濾波器。

   (c) Chebyshev Type II 濾波器。

   (d) Elliptic 濾波器。

   假設濾波器的規格為：

   通過頻帶邊緣頻率為 100Hz

   抑制頻帶邊緣頻率為 200

   通過頻帶波紋為 0.5dB

   抑制頻帶波紋為 50dB

   其中，取樣頻率均為 1,000Hz，顯示強度頻譜與相位頻譜。

CHAPTER **17**

時頻分析

　　本章介紹**時間–頻率分析**(Time-Frequency Analysis)技術，簡稱**時頻分析技術**。首先，介紹時頻分析的基本概念；接著，介紹時頻分析的數學工具，稱為**短時間傅立葉轉換**(Short-Time Fourier Transform, STFT)；最後，則介紹時頻分析的範例與結果，並以圖形表示之，稱為**時頻圖**(Spectrogram)。數位訊號的時頻分析，可以使用 Python 程式進行實作與應用。

學習單元

● 基本概念

● 短時間傅立葉轉換

● 時頻圖

● 音訊檔的時頻分析

17-1　基本概念

DSP 技術在實際應用時，通常輸入的訊號是屬於**非靜態**(Non-Stationary)訊號，具有隨著時間改變的特性。換言之，訊號的頻率分量通常會隨著時間改變，因此無法在單一的頻譜中分析非靜態的訊號。

舉例說明：某一首樂曲，其在不同時間點的頻率，會隨著時間改變，進而組合成動聽的音樂；人類發出的語音訊號，說話時每個字的音頻不同，進而組合成具有意義的句子。因此，自然界或人為的訊號，例如：，例如：數位音樂、語音訊號等，通常是屬於**非靜態**(Non-Stationary)訊號。

為了分析或特性化上述的非靜態訊號，此時就須使用所謂的**時間-頻率分析**(Time-Frequency Analysis)技術，簡稱**時頻分析技術**。

定義　時頻分析

時頻分析(Time-Frequency Analysis)是指訊號的分析技術，同時包含時間域與頻率域，並以**時頻表示法**(Time-Frequency Representations)呈現。

由於時頻分析同時包含時間域與頻率域，因此可以表示成二維的訊號，稱為**時頻表示法**(Time-Frequency Representations)，通常是以二維的圖形(或影像)呈現。

17-2　短時間傅立葉轉換

本節介紹基礎的時頻分析技術，稱為**短時間傅立葉轉換**(Short-Time Fourier Transform, STFT)。

定義　短時間傅立葉轉換

短時間傅立葉轉換(Short-Time Fourier Transform)可以定義為：

$$\mathbf{STFT}\{x(t)\}(\tau, \omega) = X(\tau, \omega) = \int_{-\infty}^{\infty} x(t)\, w(t - \tau)\, e^{-j\omega t}\, dt$$

其中，$w(t)$ 為窗函數。

　　上述定義中，$x(t)$ 代表輸入的類比訊號；$\textbf{STFT}\{x(t)\}$ 代表**短時間傳立葉轉換**的結果，同時是時間域與頻率域的函數，因此可以表示成 $X(\tau, \omega)$ 的二維訊號。$w(t)$ 為**窗函數**(Window Functions)，通常是以原點為中心，包含：矩型窗、Hanning 窗、高斯窗等。在此請特別注意，STFT 的定義中的數學符號 w 與 ω，其所代表的意義並不相同。

　　由於 DSP 技術是以數位訊號為主，在此定義離散域的短時間傳立葉轉換，是將上述定義中的時間 t 換成 n，積分則換成總和。

定義　**離散短時間傳立葉轉換**

離散短時間傳立葉轉換(Discrete STFT)可以定義為：

$$\textbf{STFT}\{x[n]\}(m, \omega) = X(m, \omega) = \sum_{n=-\infty}^{\infty} x[n]\, w[n-m]\, e^{-j\omega n}$$

其中，$w[n]$ 為窗函數。

　　同理，$x[n]$ 代表輸入的數位訊號；$\textbf{STFT}\{x[n]\}$ 代表**短時間傳立葉轉換**後的結果，同時是時間域與頻率域的函數，因此可以表示成 $X(m, \omega)$ 的二維訊號。

　　STFT 時頻分析的示意圖，如圖 17-1。首先，將輸入訊號分成不同時間的**區塊**(Chunks)或**片段**(Segments)，通常是在短暫且固定的時間內，透過窗函數的運算取得訊號區塊。接著，每個訊號區塊再經過傳立葉轉換，運算結果為複數，因此構成二維的複數矩陣。最後，組合不同時間點訊號區塊的頻譜分析結果，進而達到時頻分析的目的。

　　上述定義中，離散 STFT 的結果 $X(m, \omega)$ 中，m 為離散，ω 為連續。但是，在 DSP 技術實作與應用時，通常是採用**快速傳立葉轉換**(FFT)進行運算，因此頻率 ω 也會是離散的資料。

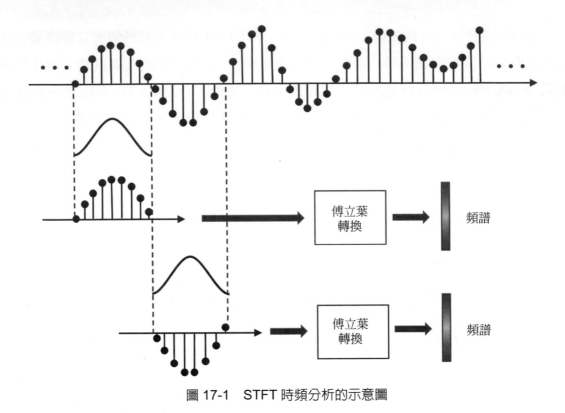

圖 17-1　STFT 時頻分析的示意圖

17-3　時頻圖

定義　時頻圖

時頻圖(Spectrogram)可以定義爲：

$$\left| X(m, \omega) \right|^2$$

其中，$X(m, \omega)$ 爲 STFT 的結果。

　　由於 STFT 的運算結果爲二維的複數矩陣，若取複數**強度**(Magnitude)的平方，則形成二維的實數矩陣，通常可以用二維的圖形或影像呈現，稱爲**時頻圖**(Spectrogram)，藉以分析訊號在時間域與頻率域的特性。

　　STFT 的主要缺點是解析度問題，如圖 17-2。由於窗函數的寬度固定，取得訊號區塊大小不相同，因此使得時間域與頻率域的解析度也會有所不同。若訊號區塊的寬度較窄，如圖 17-2(a)，則時間域的解析度較佳，但其在頻率域的解析度較差；反之，若訊號區塊的寬度較寬，如圖 17-1(b)，則時間域的解析度較差，但其在頻率域的解析度較佳 [1]。

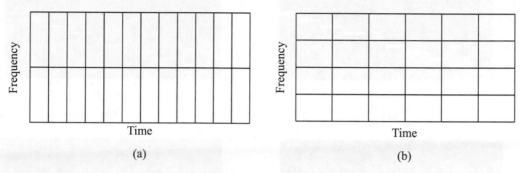

(a)　　　　　　　　　　　　　(b)

圖 17-2　短時間傅立葉轉換的解析度問題

範例 17-1

若數位訊號是由弦波組成，時間長度為 10 秒，第一秒的頻率為 20Hz、第二秒的頻率為 40Hz、第三秒的頻率為 60Hz 等，依序遞增至 200Hz，取樣頻率為 1,000Hz。

假設選取窗函數為矩形窗，且區塊的長度分別為 100、200、500 與 1,000，求訊號的**短時間傅立葉轉換**(STFT)，並以**時頻圖**(Spectrogram)顯示之。

答

數位訊號的 STFT 時頻圖，如圖 17-3。由圖上可以清楚觀察到，弦波的頻率依序遞增的情況。由於選取的區塊長度分別為 100、200、500 與 1000，其在時間域的解析度與頻率域的解析度並不相同。換言之，在區塊長度遞增的情況下，時間域的解析度愈來愈差，但是頻率域的解析度則愈來愈佳。

　　時頻圖通常使用**色彩圖**(Colormap)的方式呈現，亮度較高，代表強度愈大；反之則愈小。

❑

---

[1]　目前有一項訊號處理技術，可以克服 STFT 的解析度問題，稱為**小波轉換**(Wavelet Transforms)。本書限於篇幅，小波轉換在討論範圍之外，讀者若有興趣，可以進一步參考其他的相關文獻。概括而言，小波轉換在高頻範圍中的時間解析度較好，在低頻範圍中的頻率解析度較好。

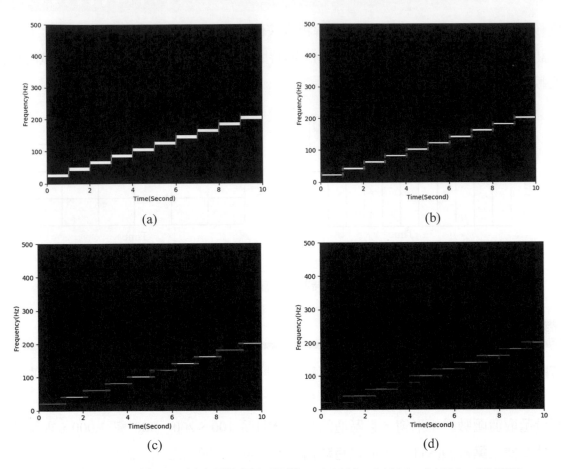

圖 17-3　STFT 時頻圖，其中區塊長度分別為：(a)100；(b)200；(c)500；(d)1000

Python 程式碼如下：

STFT.py

```
1   import numpy as np
2   import scipy.signal as signal
3   import matplotlib.pyplot as plt
4
5   print( "Short-Time Fourier Transform" )
6   n = eval( input( "Enter the length of segment: " ))
7
8   fs = 1000
9   t = np.linspace( 0, 1, fs )
10
```

```
11   x = np.array( [ ] )
12   for i in range( 10 ):
13       segment = np.cos( 2 * np.pi *(( i + 1 )* 20 )* t )
14       x = np.append( x, segment )
15
16   f, t, Zxx = signal.stft( x, fs, window = 'boxcar', nperseg = n )
17
18   plt.pcolormesh( t, f, abs(Zxx))
19   plt.xlabel( 'Time(Second)' )
20   plt.ylabel( 'Frequency(Hz)' )
21
22   plt.show( )
```

本程式範例中，STFT 的時頻分析方法，其中所擷取的訊號區塊，是根據矩形窗函式(Boxcar)，因此並不互相重疊。

範例 17-2

若數位訊號是由弦波組成，時間長度爲 10 秒，第一秒的頻率爲 20Hz、第二秒的頻率爲 40Hz、第三秒的頻率爲 60Hz 等，依序遞增至 200Hz，取樣頻率爲 1,000Hz。使用 SciPy 的 Spectrogram 函式，顯示時頻圖。

答

使用 SciPy 的 Spectrogram 函式，所得到的時頻圖，如圖 17-4。

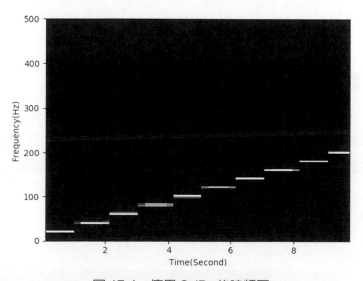

圖 17-4　使用 SciPy 的時頻圖

Python 程式碼如下：

spectrogram.py

```
1    import numpy as np
2    import scipy.signal as signal
3    import matplotlib.pyplot as plt
4
5    fs = 1000
6    t = np.linspace( 0, 1, fs )
7
8    x = np.array( [ ] )
9    for i in range( 10 ):
10       segment = np.cos( 2 * np.pi *(( i + 1 )* 20 )* t )
11       x = np.append( x, segment )
12
13   f, t, Zxx = signal.spectrogram( x, fs )
14
15   plt.pcolormesh( t, f, abs(Zxx))
16   plt.xlabel( 'Time(Second)' )
17   plt.ylabel( 'Frequency(Hz)' )
18
19   plt.show( )
```

17-4 音訊檔的時頻分析

本節介紹數位音訊檔的**時頻分析**，可以用來分析與了解數位音訊檔在時間域與頻率域的特性。在此，我們介紹兩種方法，分別為：(1)STFT 時頻圖；與(2)SciPy 時頻圖。

17-4-1　STFT 時頻圖

範例 17-3

若數位訊號為 r2d2.wav，求**短時間傅立葉轉換**(STFT)，並以**時頻圖**(Spectrogram)顯示之。

答

數位訊號 r2d2.wav 的 STFT 時頻圖，如圖 17-5，其中區塊的長度為 1,000，取樣頻率為 11,025Hz。

❏

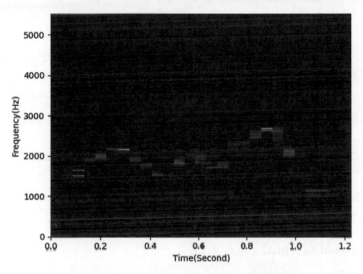

圖 17-5　r2d2.wav 的 STFT 時頻圖

範例 17-4

若數位訊號為 light_on.wav，求**短時間傅立葉轉換**(STFT)，並以**時頻圖**(Spectrogram)顯示之。

答

數位訊號 light_on.wav 的 STFT 時頻圖，如圖 17-6，其中區塊長度為 1,000，取樣頻率為 44,100Hz。由圖上可以發現，語音訊號的頻率範圍，通常比較低，其中兩個強度較大(較亮)的時頻區域，分別對應「開」與「燈」的中文語音。

❏

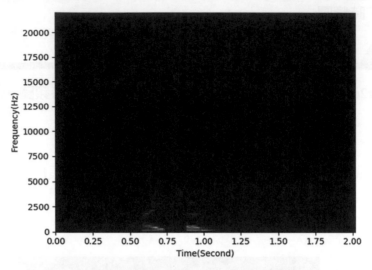

圖 17-6   light_on.wav 的 STFT 時頻圖

Python 程式碼如下：

wav_STFT.py

```
1    import numpy as np
2    import wave
3    from scipy.io.wavfile import read, write
4    import struct
5    import scipy.signal as signal
6    import matplotlib.pyplot as plt
7
8    infile   = input( "Input File: " )
9    fs, x = read( infile )
10   f, t, Zxx = signal.stft( x, fs, nperseg = 1000 )
11
12   plt.pcolormesh( t, f, abs( Zxx ))
13   plt.xlabel( 'Time(Second)' )
14   plt.ylabel( 'Frequency(Hz)' )
15
16   plt.show( )
```

17-4-2　SciPy 時頻圖

SciPy 提供時頻圖函式，稱為 Spectrogram，使用**連續傅立葉轉換**(Consecutive Fourier Transform)求時頻圖。

範例 17-5

若數位訊號為 r2d2.wav，使用 SciPy 的 Spectrogram 函式，顯示**時頻圖**(Spectrogram)。

答

數位訊號 r2d2.wav 的時頻圖，如圖 17-7。由圖上可以清楚觀察到，訊號在時間域與頻率域的變化情形，其中取樣頻率為 11,025Hz。

❑

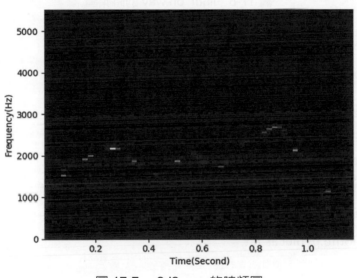

圖 17-7　r2d2.wav 的時頻圖

範例 17-6

若數位訊號為 light_on.wav，使用 SciPy 的 Spectrogram 函式，顯示**時頻圖**(Spectrogram)。

答

數位訊號 light_on.wav 的時頻圖，如圖 17-8。由圖上可以清楚觀察到，訊號在時間域與頻率域的變化情形，其中取樣頻率為 44,100Hz。

❑

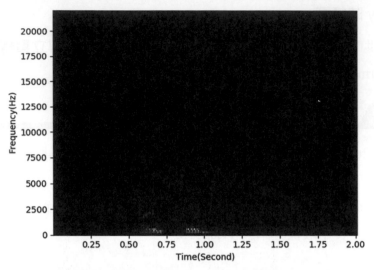

圖 17-8　light_on.wav 的時頻圖

Python 程式碼如下：

wav_spectrogram.py

```
1   import numpy as np
2   import wave
3   from scipy.io.wavfile import read, write
4   import struct
5   import scipy.signal as signal
6   import matplotlib.pyplot as plt
7
8   infile   = input( "Input File: " )
9   fs, x = read( infile )
10  f, t, Zxx = signal.spectrogram( x, fs )
11
12  plt.pcolormesh( t, f, abs( Zxx ))
13  plt.xlabel( 'Time(Second)' )
14  plt.ylabel( 'Frequency(Hz)' )
15
16  plt.show( )
```

習題

選擇題

(　) 1. DSP 技術在實際應用時，通常輸入的訊號是屬於非靜態訊號，具有隨著時間
改變的特性。下列技術中，何者最適合用來分析這種訊號？
(A) 卷積運算　(B) 相關運算　(C) 頻譜分析　(D) 功率頻密度
(E) 時頻分析

(　) 2. 時頻圖(Spectrogram)主要是採用下列何種轉換而得？
(A) 拉普拉斯轉換　(B) z 轉換　(C) 短時間傅立葉轉換　(D) 小波轉換
(E) 以上皆非

觀念複習

1. 請定義下列專有名詞：

　　(a) 時頻分析(Time-Frequency Analysis)。

　　(b) 短時間傅立葉轉換(Short-Time Fourier Transform, STFT)。

　　(c) 離散短時間傅立葉轉換(Discrete STFT)。

　　(d) 時頻圖(Spectrogram)。

2. 請概略解釋短時間傅立葉轉換(STFT)時頻分析的過程。

3. 請概略解釋時頻分析適用於分析何種訊號。

4. 請概略解釋時頻分析的過程。

5. 請概略解釋短時間傅立葉轉換(STFT)的解析度問題。

🔆 專案實作

1. 使用 Python 程式實作時頻分析：

    (a) 使用 Audacity 錄製一段您自己的語音訊號，時間長度為 3 秒、取樣率為 44,100 Hz，請顯示波形。

    (b) 求短時間傅立葉轉換(STFT)，並以時頻圖(Spectrogram)顯示之。

    (c) 改採 SciPy 提供的 Spectrogram 函式，顯示時頻圖。

2. 搜尋與下載您感興趣的音樂或音效檔，並以時頻圖(Spectrogram)顯示之。

3. 調查梅爾頻率倒譜係數(Mel-Frequency Cepstral Coefficients, MFCC)技術。

CHAPTER 18

小波轉換

本章介紹**小波轉換**(Wavelet Transforms)。由於小波轉換的數學理論比較艱澀，因此將先介紹簡易的小波轉換，藉以建立基本概念；接著，介紹小波轉換的數學定義與運算方法，在以範例說明。最後，使用 Python 程式實作小波轉換的 DSP。

學習單元

- 基本概念

- 簡易的小波轉換

- 小波轉換

- 離散小波轉換

- 音訊檔的小波轉換 DSP

18-1　基本概念

傅立葉轉換是頻率分析的重要數學工具，主要的特性是符合**可逆性**。任意的連續時間(或離散時間)訊號在經過傅立葉轉換後，可以使用反轉換(或逆轉換)重建原始的連續時間(或離散時間)訊號。

數學家將具有可逆性的數學轉換，稱為**正交轉換**(Orthogonal Transforms)。因此，傅立葉轉換是典型的正交轉換。由於轉換的可逆性，使得傅立葉轉換從 1950 年代起，成為訊號處理的基礎理論與數學工具。

小波轉換(Wavelet Transform)最早的文獻是由 Alfrd Haar 於 1909 年提出，成為第一個小波，但在當時並未引起數學家的注意。直到 1980 年代，Jean Morlet 再度提出小波的概念，並與 Alex Grossman 共同發明**小波**(Wavelet)的名稱。小波的正式命名，引起當代數學家的注意，例如：Meyer、Mallat、Daubechies、…等[1]，陸續投入研究並召開國際研討會，進而發展出強大的數學理論與工具。

傅立葉轉換是基於弦波的數學轉換，因此可稱為**全波轉換**。小波轉換則是基於有限長度的小波，藉以定義數學轉換。小波轉換同樣具有可逆性，因此是一種正交轉換。此外，若與**短時間傅立葉轉換**(Short-Time Fourier Transform, STFT)相比較，小波轉換提供可調變的時頻窗口，窗口的寬度會隨著頻率變化。頻率變低時，時間窗口的寬度會變寬，以提高時間域的解析度；頻率變高時，時間窗口的寬度會變窄，以提高頻率域的解析度。

小波轉換分成**連續小波轉換**(Continuous Wavelet Transform, CWT)與**離散小波轉換**(Discrete Wavelet Transform, DWT)。離散小波轉換的計算量與小波的長度呈正比，計算複雜度可達到 $O(N)$，若與快速傅立葉轉換的 $O(N \log_2 N)$ 相比較，具有絕對優勢。

小波轉換的應用範圍相當廣泛，例如：訊號濾波、訊號分析、去除雜訊、訊號編碼、語音辨識、…等領域。

---

[1] 小波轉換的數學家，若與牛頓、萊布尼茲、傅立葉等人相比較，其實是近代數學家。換言之，以數學的發展歷史而言，小波轉換屬於近代數學理論與工具。

18-2 簡易的小波轉換

若以數學家的語言介紹小波轉換,牽涉數學定義與公式,對於不是專業數學領域的對象而言,其實會有遙不可及的感覺[2]。因此,筆者嘗試使用較爲淺顯易懂的方式,介紹小波轉換這個強大的數學理論與工具。

首先介紹簡易的**小波轉換**(Wavelet Transform),藉以理解小波轉換的基本概念;接著,再延伸介紹小波轉換的數學定義與運算方法。

18-2-1 小波轉換的概念

給定兩個樣本的離散序列: { 12, 8 }

● 若取**平均值**(Average),則 $\dfrac{12+8}{2}=10$

● 若取**差異值**(Difference),則 $\dfrac{12-8}{2}=2$

● 將平均值與差異值合併,形成**數學轉換**後的結果:

$$\{ 10, 2 \}$$

● 原始的離散序列可以用下列反(逆)轉換重建:

$$\{ 10 + 2, 10 - 2 \} = \{ 12, 8 \}$$

換言之,在此介紹的數學轉換,具有**可逆性**。數學轉換中,可逆性是一項重要的特性。

延伸上述的概念,若給定下列的離散序列,共有 8 個樣本:

$$\{ 16, 12, 8, 4, 5, 7, 3, 1 \}$$

---

2 筆者爲電機/電子領域,初次學習小波轉換的概念,其實是在美國大學應用數學系旁聽。當時聽課時,確實覺得數學教授是外星人,使用許多專業的數學語言,讓人有不知所云的深刻印象。

- 首先，以兩個樣本分組求**平均值**(Average)，形成下列的離散序列：

$$\left\{ \frac{16+12}{2}, \frac{8+4}{2}, \frac{5+7}{2}, \frac{3+1}{2} \right\} = \left\{ 14, 6, 6, 2 \right\}$$

- 接著，根據分組求**差異值**(Difference)，形成下列的離散序列：

$$\left\{ \frac{16-12}{2}, \frac{8-4}{2}, \frac{5-7}{2}, \frac{3-1}{2} \right\} = \left\{ 2, 2, -1, 1 \right\}$$

- 將平均值與差異值合併，則形成下列的離散序列，與輸入的離散序列相當，共有 8 個樣本：

$$\left\{ 14, 6, 6, 2, 2, 2, -1, 1 \right\}$$

稱為**第一層離散小波轉換**(Discrete Wavelet Transform at Level-1)。

- 若對前 4 個樣本進行同樣的運算步驟，形成下列的離散序列：

$$\left\{ \frac{14+6}{2}, \frac{6+2}{2}, \frac{14-6}{2}, \frac{6-2}{2}, 2, 2, -1, 1 \right\} = \left\{ 10, 4, 4, 2, 2, 2, -1, 1 \right\}$$

稱為**第二層離散小波轉換**(Discrete Wavelet Transform at Level-2)。

- 若對前 2 個樣本進行同樣的運算步驟，形成下列的離散序列：

$$\left\{ \frac{10+4}{2}, \frac{10-4}{2}, 4, 2, 2, 2, -1, 1 \right\} = \left\{ 7, 3, 4, 2, 2, 2, -1, 1 \right\}$$

稱為**第三層離散小波轉換**(Discrete Wavelet Transform at Level-3)。

　因此，可以透過反(逆)轉換重建，運算步驟與上述相反：

- 首先，根據第三層離散小波轉換結果進行反(逆)轉換：

$$\left\{ 7+3, 7-3, 4, 2, 2, 2, -1, 1 \right\} = \left\{ 10, 4, 4, 2, 2, 2, -1, 1 \right\}$$

- 接著，根據第二層離散小波轉換結果進行反(逆)轉換：

$$\left\{ 10+4, 10-4, 4+2, 4-2, 2, 2, -1, 1 \right\} = \left\{ 14, 6, 6, 2, 2, 2, -1, 1 \right\}$$

● 最後，根據第一層離散小波轉換結果進行反(逆)轉換：

$$\{\,14+2, 14-2, 6+2, 6-2, 6+(-1), 6-(-1), 2+1, 2-1\,\}$$

或

$$\{\,16, 12, 8, 4, 5, 7, 3, 1\,\}$$

即是原始的離散序列。

　　總結而言，上述的簡易離散小波轉換，符合**可逆性**。請注意：轉換後的離散序列必須使用**浮點數**的資料型態儲存，才能保證原始離散序列的重建。

18-2-2 矩陣表示法

　　上述範例中，給定的離散序列為：

$$\{\,16, 12, 8, 4, 5, 7, 3, 1\,\}$$

則第一層離散小波轉換為：

$$\{\,14, 6, 6, 2, 2, 2, -1, 1\,\}$$

若以矩陣表示法表示離散小波轉換，則可表示成：

$$\frac{1}{2}\begin{bmatrix} 1 & 1 & 0 & 0 & 0 & 0 & 0 & 0 \\ 0 & 0 & 1 & 1 & 0 & 0 & 0 & 0 \\ 0 & 0 & 0 & 0 & 1 & 1 & 0 & 0 \\ 0 & 0 & 0 & 0 & 0 & 0 & 1 & 1 \\ 1 & -1 & 0 & 0 & 0 & 0 & 0 & 0 \\ 0 & 0 & 1 & -1 & 0 & 0 & 0 & 0 \\ 0 & 0 & 0 & 0 & 1 & -1 & 0 & 0 \\ 0 & 0 & 0 & 0 & 0 & 0 & 1 & -1 \end{bmatrix} \begin{bmatrix} 16 \\ 12 \\ 8 \\ 4 \\ 5 \\ 7 \\ 3 \\ 1 \end{bmatrix} = \begin{bmatrix} 14 \\ 6 \\ 6 \\ 2 \\ 2 \\ 2 \\ -1 \\ 1 \end{bmatrix}$$

上述的 8×8 矩陣，稱為**離散小波轉換矩陣**(DWT Matrix)，以 **W** 表示之。

　　接著，讓我們觀察一下反(逆)轉換。**第一層離散小波轉換**為：

$$\{\,14, 6, 6, 2, 2, 2, -1, 1\,\}$$

其反(逆)轉換可以重建原始的離散序列：

$$\{\,16, 12, 8, 4, 5, 7, 3, 1\,\}$$

若以矩陣表示法表示反(逆)轉換，則可表示成：

$$
\begin{bmatrix}
1 & 0 & 0 & 0 & 1 & 0 & 0 & 0 \\
1 & 0 & 0 & 0 & -1 & 0 & 0 & 0 \\
0 & 1 & 0 & 0 & 0 & 1 & 0 & 0 \\
0 & 1 & 0 & 0 & 0 & -1 & 0 & 0 \\
0 & 0 & 1 & 0 & 0 & 0 & 1 & 0 \\
0 & 0 & 1 & 0 & 0 & 0 & -1 & 0 \\
0 & 0 & 0 & 1 & 0 & 0 & 0 & -1 \\
0 & 0 & 0 & 1 & 0 & 0 & 0 & -1
\end{bmatrix}
\begin{bmatrix}
14 \\ 6 \\ 6 \\ 2 \\ 2 \\ 2 \\ -1 \\ 1
\end{bmatrix}
=
\begin{bmatrix}
16 \\ 12 \\ 8 \\ 4 \\ 5 \\ 7 \\ 3 \\ 1
\end{bmatrix}
$$

上述的 8×8 矩陣，稱為**反(逆)離散小波轉換矩陣**(Inverse DWT Matrix)，以 $\mathbf{W}^{-10}$ 表示之。

若我們暫時忽略 $1/2$ 的係數，可以發現反(逆)轉換矩陣，即是轉置矩陣：

$$\mathbf{W}^{-1} = \mathbf{W}^{\mathrm{T}}$$

回顧線性代數，這樣的矩陣稱為**正交矩陣**(Orthogonal Matrix)。滿足下列條件：

$$\mathbf{W}^{-1}\mathbf{W} = \mathbf{W}^{\mathrm{T}}\mathbf{W} = \mathbf{W}\mathbf{W}^{\mathrm{T}} = \mathbf{I}$$

若將**離散小波轉換矩陣**(DWT Matrix)與反矩陣的係數均改為 $1/\sqrt{2}$，即可完全符合正交矩陣 $\mathbf{W}^{-1} = \mathbf{W}^{\mathrm{T}}$ 的性質。

進一步說明，若轉換矩陣的係數為 $1/\sqrt{2}$，則轉換矩陣 $\mathbf{W}$ 為：

$$
\frac{1}{\sqrt{2}}
\begin{bmatrix}
1 & 1 & 0 & 0 & 0 & 0 & 0 & 0 \\
0 & 0 & 1 & 1 & 0 & 0 & 0 & 0 \\
0 & 0 & 0 & 0 & 1 & 1 & 0 & 0 \\
0 & 0 & 0 & 0 & 0 & 0 & 1 & 1 \\
1 & -1 & 0 & 0 & 0 & 0 & 0 & 0 \\
0 & 0 & 1 & -1 & 0 & 0 & 0 & 0 \\
0 & 0 & 0 & 0 & 1 & -1 & 0 & 0 \\
0 & 0 & 0 & 0 & 0 & 0 & 1 & -1
\end{bmatrix}
$$

可以發現無論是哪一列(或行)，Norm 值均爲 1，同時符合正交條件 $\mathbf{W}^{-1} = \mathbf{W}^{\mathrm{T}}$。這樣的矩陣可進一步稱爲**正規化正交**(Orthonormal)矩陣。

離散小波轉換的運算方式，其實與卷積運算相似，牽涉的濾波器分別爲：

$$\frac{1}{\sqrt{2}}\{1, 1\} \cdot \frac{1}{\sqrt{2}}\{-1, 1\}$$

稱爲 **Haar 小波**(Haar Wavelet)。換言之，使用 Haar 小波的離散小波轉換，形成最具代表性的**正交轉換**。

18-2-3　小波轉換與頻率域

讓我們回顧上述的離散小波轉換，給定的離散序列爲：

$$\{ 16, 12, 8, 4, 5, 7, 3, 1 \}$$

第一層離散小波轉換爲：

$$\{ 14, 6, 6, 2, 2, 2, -1, 1 \}$$

由於前半部是取平均值，因此是取離散序列的低頻分量；後半部則是取差異值，與一階導函數的差分運算相似，因此是取離散序列的高頻分量。換言之，上述的轉換結果，可以區分爲：

$$\{ 14, 6, 6, 2 \} \quad \{ 2, 2, -1, 1 \}$$

低頻　　　　　高頻

以 Haar 小波爲例，則 $\frac{1}{\sqrt{2}}\{1, 1\} \cdot \frac{1}{\sqrt{2}}\{-1, 1\}$ 分別爲**低通**(Lowpass)與**高通**(Highpass)濾波器。

18-3　小波轉換

小波轉換(Wavelet Transform)，也經常稱爲**小波分析**(Wavelet Analysis)，主要是基於有限長度的小波，藉以定義數學轉換工具。首先，介紹小波轉換的基底函數，分別稱爲**尺度函數**(Scaling Functions)與**小波函數**(Wavelet Functions)。接著，介紹**小波的家族**(Family of Wavelets)。

18-3-1　尺度函數

定義　尺度函數

尺度函數(Scaling Functions)可以定義為：

$$\varphi_{j,k} = 2^{j/2}\,\varphi(2^j x - k)$$

其中 j 與 k 均為整數，分別稱為**尺度**(Scale)與**平移**(Translation)。尺度函數也稱為**父小波**(Father Wavelets)。

　　尺度函數(Scaling Functions)可以用來將某函數表示成一系列的**近似函數**(Approximation Functions)，通常是以尺度 2 為區隔。

　　舉例說明，考慮下列函數：

$$\varphi(x) = \begin{cases} 1 & 0 \le x < 1 \\ 0 & otherwise \end{cases}$$

稱為**脈衝函數**(Pulse Function)。若 $j = 0$ 與 $k = 0$，即 $\varphi_{0,0}(x) = \varphi(x)$，稱為 Haar 小波的**父小波**(Father Wavelet)。

　　根據**尺度函數**(Scaling Functions)的定義，若改變 k 值，則：

$$\varphi_{0,1}(x) = 2^0\,\varphi(2^0 x - 1) = \varphi(x-1)$$

代表函數的位移。若改變 j 值，則：

$$\varphi_{1,0}(x) = 2^{1/2}\,\varphi(2^1 x - 0) = \sqrt{2}\,\varphi(2x)$$

$$\varphi_{1,1}(x) = 2^{1/2}\,\varphi(2^1 x - 1) = \sqrt{2}\,\varphi(2x-1)$$

代表該函數在不同解析度下的**近似函數**(Approximation Functions)，如圖 18-1。

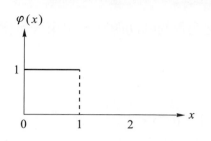
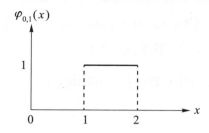
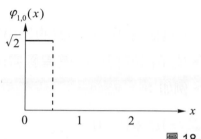
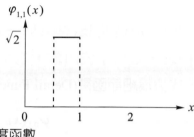

圖 18-1　尺度函數

　　因此，原始的函數可以使用尺度函數，分解成不同解析度的近似函數。相反的，近似函數則可透過線性組合，重建原始的函數。例如：

$$\varphi_{0,0}(x) = \frac{1}{\sqrt{2}}\varphi_{1,0}(x) + \frac{1}{\sqrt{2}}\varphi_{1,1}(x)$$

同時也可以表示成：

$$\varphi(x) = \frac{1}{\sqrt{2}}\left[\sqrt{2}\,\varphi(2x)\right] + \frac{1}{\sqrt{2}}\left[\sqrt{2}\,\varphi(2x-1)\right]$$

或

$$\varphi(x) = \varphi(2x) + \varphi(2x-1)$$

18-3-2　小波函數

定義　**小波函數**

小波函數(Wavelet Functions)可以定義為：
$$\psi_{j,k} = 2^{j/2}\psi(2^j x - k)$$

其中 j 與 k 均為整數，分別稱為**尺度**(Scale)與**平移**(Translation)。小波函數也稱為**母小波**(Mother Wavelets)。

小波函數(Wavelet Functions)是上述尺度函數的輔助函數,用來表示函數的**差異**(Differences)或**細節**(Details)。

舉例說明,考慮以下的函數:

$$\psi(x) = \begin{cases} 1 & 0 \le x < 0.5 \\ -1 & 0.5 \le x < 1 \\ 0 & otherwise \end{cases}$$

即是 Haar 小波的**小波函數**(Wavelet Function),也稱為 Haar 小波的**母小波**(Mother Wavelet)。同理,透過小波函數,也可以分解成不同解析度的**差異函數**(Difference Functions),或稱為**細節函數**(Detail Functions)。例如:

$$\psi_{0,1}(x) = 2^0 \psi(2^0 x - 1) = \psi(x-1)$$

$$\psi_{1,0}(x) = \sqrt{2}\,\psi(2x)$$

$$\psi_{1,1}(x) = \sqrt{2}\,\psi(2x-1)$$

如圖 18-2。

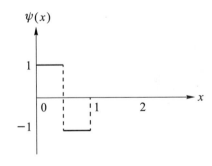
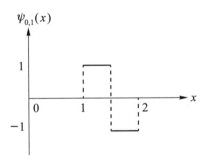
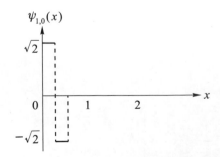
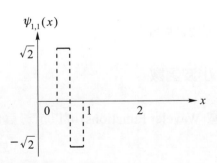

圖 18-2　小波函數

離散小波轉換，即是基於**尺度函數**(Scaling Functions)與**小波函數**(Wavelet Functions)，可以將原始的函數(訊號)，經過轉換後，以離散小波轉換係數表示。反(逆)轉換即是根據這些係數，進行線性組合，可以重建原始的函數(訊號)。

18-3-3　小波的家族

小波轉換受到近代數學家的注意，分別進行深入研究，因而發展出許多**小波**(Wavelets)，稱為**小波的家族**(Family of Wavelets)，均具有正交轉換的可逆性。典型的小波，包含：

- Haar
- Daubechies
- Symlets
- Coiflets
- Biorthogonal
- Meyer
- Gaussian
- Mexican Hat
- Morlet
- …

小波為有限長度的波，其長度(或大小)稱為 Tap。例如：Haar 小波(父小波)為：

$$\frac{1}{\sqrt{2}}\{1,1\}$$

包含兩個係數，因此稱為 **2-Tap Haar Wavelet**。**多貝西小波**(Daubechies Wavelet)包含 4-Tap、8-Tap、…等[3]。例如：4-Tap 的**多貝西小波**(父小波)為：

$$\frac{1}{4\sqrt{2}}\left\{ 1+\sqrt{3},\ 3+\sqrt{3},\ 3-\sqrt{3},\ 1-\sqrt{3} \right\}$$

---

[3] **多貝西小波**(Daubechies Wavelet)是以 Ingrid Daubechies 的名字命名。Ingrid Daubechies 是比利時物理學家與數學家，在小波轉換研究的貢獻相當大。

約等於：

$$\{\ 0.482963, 0.836516, 0.224144, -0.129410\ \}$$

8-Tap 的多貝西小波，包含：父小波與母小波，如圖 18-3。

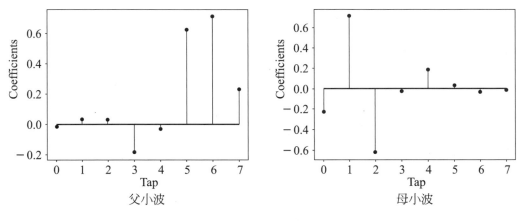

圖 18-3　多貝西小波(8-Tap)

　　目前已有第三方軟體開發者，針對 Python 程式語言，開發了一套小波轉換的程式庫，稱為 PyWavelets ─ Wavelet Transforms in Python，不僅為開源軟體程式庫，提供的功能也相當完整，方便使用者運用小波轉換，進行數位訊號處理與分析。

　　因此，在 Python 程式實作前，請您先安裝 PyWavelets 的軟體套件：

```
pip install PyWavelets
```

　　若是使用 Anaconda 安裝 Python 的開發環境，可以直接檢視是否已安裝 PyWavelets 的軟體套件：

```
>>> import pywt
```

　　您可以使用下列指令檢視 PyWavelets 提供的小波家族：

```
>>> import pywt
>>> pywt.families( )
```

或列出小波家族的完整小波名稱：

```
>>> import pywt
>>> pywt.families( short = False )
```

　　以下的 Python 程式範例，可以用來進行小波的繪圖(如圖 18-3)：

wavelets.py

```
1   import numpy as np
2   import matplotlib.pyplot as plt
3   import pywt
4
5   wavelet_name = "db4"                        # 定義小波名稱
6   wavelet = pywt.Wavelet( wavelet_name )
7
8   plt.figure( 1 )                             # 繪圖
9   coefficients = wavelet.dec_lo               # 分解濾波器(低頻)
10  plt.stem( coefficients )
11  plt.xlabel( "Tap" )
    plt.ylabel( "Coefficients" )
12
13  plt.figure( 2 )                             # 繪圖
14  coefficients = wavelet.dec_hi               # 分解濾波器(高頻)
15  plt.stem( coefficients )
16  plt.xlabel( "Tap" )
17  plt.ylabel( "Coefficients" )
18
19  plt.show()
```

　　在此，dec_lo、dec_hi 分別代表低頻的分解濾波器(或父小波)與高頻的分解濾波器(或母小波)，其中 dec 取自**分解**(Decomposition)的英文縮寫。邀請您自行修改小波名稱與 Tap 個數，進行各種小波的繪圖。

18-4   離散小波轉換

離散小波轉換，若以系統方塊圖架構呈現，如圖 18-4，其中包含第一層與第二層的離散小波轉換。數學定義分別為：

$x[n]$：輸入的離散序列(或數位訊號)

$h[n]$：**低通濾波器**(Lowpass Filter)，或**父小波**(Father Wavelet)

$g[n]$：**高通濾波器**(Highpass Filter)，或**母小波**(Mother Wavelet)

以 2 下取樣

第一層離散小波轉換可以定義為：

$$x_{1,L}[n] = (x[n] * h[n]) \downarrow 2$$
$$x_{1,H}[n] = (x[n] * g[n]) \downarrow 2$$

第二層離散小波轉換可以定義為：

$$x_{2,L}[n] = (x_{1,L}[n] * h[n]) \downarrow 2$$
$$x_{2,H}[n] = (x_{1,L}[n] * g[n]) \downarrow 2$$

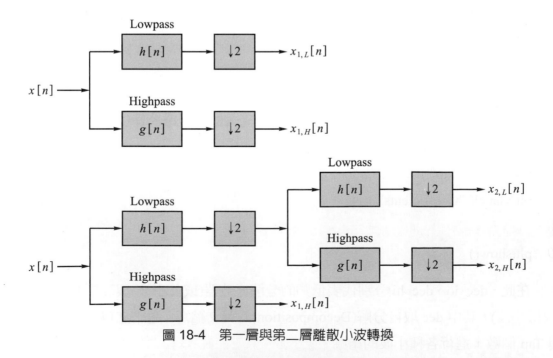

圖 18-4   第一層與第二層離散小波轉換

給定下列離散序列：

$$\{ 1, 2, 4, 3 \}$$

若採用 Haar 小波，則第一層離散小波轉換為：

$$\left\{ \frac{1}{\sqrt{2}}(1+2), \frac{1}{\sqrt{2}}(4+3), \frac{1}{\sqrt{2}}(1-2), \frac{1}{\sqrt{2}}(4-3) \right\}$$

約等於：

$$\{ 2.121, 4.949, -0.707, \ 0.707 \}$$

由於離散小波轉換牽涉卷積運算，轉換的計算量與小波的長度呈正比。通常，小波的長度有限，例如：2、4、8、…等。因此，以 N 個樣本的離散小波轉換而言，時間複雜度為 $O(N)$；若與快速傅立葉轉換的 $O(N \log_2 N)$ 相比較，具有絕對優勢。

在此，使用 PyWavelets 檢驗上述離散小波轉換的結果：

```
>>> import numpy as np
>>> import pywt
>>> x = np.array( [ 1, 2, 4, 3 ] )
>>> cA, cD = pywt.dwt( x, 'haar' )
>>> print( cA )
[2.12132034 4.94974747]
>>> print( cD)
[−0.70710678    0.70710678]
```

本程式範例定義離散序列，使用 PyWavelets 提供的離散小波轉換函式 dwt，轉換的結果包含 cA 與 cD 兩部分，其中 cA 表示**近似函數的係數**(Coefficients of Approximation Functions)，cD 表示**細節函數的係數**(Coefficients of Detail Functions)；採用的小波是 Haar 小波。透過 PyWavelets 軟體套件，離散小波轉換的實作，變得相當容易。

若輸入的離散序列為：

$$\{\,16, 12, 8, 4, 5, 7, 3, 1\,\}$$

使用 PyWavelets 套件實作下列的離散小波轉換：

- Haar 小波(2-Tap)

- Daubechies 小波(4-Tap)

- Daubechies 小波(8-Tap)

Python 程式碼如下：

DWT_example.py

```
1   import numpy as np
2   import pywt
3
4   x = np.array( [ 16, 12, 8, 4, 5, 7, 3, 1 ] )
5
6   print( "Haar Wavelet" )                          # Haar 小波
7   cA, cD = pywt.dwt( x, "db1" )
8   print( "DWT Coefficients: ", cA, cD )
9   xp = pywt.idwt( cA, cD, "db1" )
10  print( "Reconstruction: ", xp )
11
12  print( "Daubechies Wavelet (4-Tap)" )            # Daubechies 小波(4-Tap)
13  cA, cD = pywt.dwt( x, "db2" )
14  print( "DWT Coefficients: ", cA, cD )
15  xp = pywt.idwt( cA, cD, "db2" )
16  print( "Reconstruction: ", xp )
17
18  print( "Daubechies Wavelet (8-Tap)" )            # Daubechies 小波(8-Tap)
19  cA, cD = pywt.dwt( x, "db4" )
```

```
20   print( "DWT Coefficients: ", cA, cD )
21   xp = pywt.idwt( cA, cD, "db4" )
22   print( "Reconstruction: ", xp )
```

　　本程式範例實作離散小波轉換，可以發現原始的離散序列，經過轉換形成離散小波轉換係數；若再進行反(逆)轉換，則可重建原始的離散序列。請注意，"haar"與"db1"均表示 Haar 小波。

　　由於離散小波轉換牽涉卷積運算，因此離散小波轉換係數，將會依小波的長度而有所變化。換言之，在此須使用**全卷積**(Full Convolution)運算，才能確保原始離散序列的完全重建。

18-5　音訊檔的小波轉換 DSP

　　離散小波轉換(Discrete Wavelet Transform)適合對數位訊號進行濾波，**分解濾波器**(Decomposition Filter)可以用來產生離散小波係數，其中包含；低頻與高頻等；**重建濾波器**(Reconstruction Filter) 可以用來進行反(逆)小波轉換，藉以還原原始訊號。

　　在此，我們實作音訊檔的小波轉換 DSP，分別為低通與高通濾波器等，使用的小波為 **8-Tap** 多貝西小波。

　　Python 程式碼如下：

wav_wavelet_filtering.py

```
1    import numpy as np
2    import wave
3    from scipy.io.wavfile import read, write
4    import struct
5    import pywt
6
7    def wavelet_lowpass_filtering( x ):
8        cA, cD = pywt.dwt( x, "db4" )
9        cD.fill( 0 )
```

```python
10        y = pywt.idwt( cA, cD, "db4" )
11        return y
12
13    def wavelet_highpass_filtering( x ):
14        cA, cD = pywt.dwt( x, "db4" )
15        cA.fill( 0 )
16        y = pywt.idwt( cA, cD, "db4" )
17        return y
18
19    def main( ):
20        infile   = input( "Input File: " )
21        outfile  = input( "Output File: " )
22
23        # ------------------------------------------------------
24        #   輸入模組
25        # ------------------------------------------------------
26        wav = wave.open( infile, 'rb' )
27        num_channels = wav.getnchannels( )          # 通道數
28        sampwidth    = wav.getsampwidth( )          # 樣本寬度
29        fs           = wav.getframerate( )          # 取樣頻率(Hz)
30        num_frames   = wav.getnframes( )            # 音框數 = 樣本數
31        comptype     = wav.getcomptype( )           # 壓縮型態
32        compname     = wav.getcompname( )           # 無壓縮
33        wav.close( )
34
35        sampling_rate, x = read( infile )           # 輸入訊號
36
37        # ------------------------------------------------------
38        #   DSP 模組
```

```
39          # ------------------------------------------------------
40          print( "(1) Lowpass Filtering using Wavelet Transform" )
41          print( "(2) Highpass Filtering using Wavelet Transform" )
42          choice = eval( input() )
43          if choice == 1:
44                  y = wavelet_lowpass_filtering( x )
45          if choice == 2:
46                  y = wavelet_highpass_filtering( x )
47
48          # ------------------------------------------------------
49          #   輸出模組
50          # ------------------------------------------------------
51          wav_file = wave.open( outfile, 'w' )
52          wav_file.setparams(( num_channels, sampwidth, fs, num_frames,
53              comptype, compname ))
54          for s in y:
55                  wav_file.writeframes( struct.pack( 'h', int ( s ) ) )
56
57          wav_file.close( )
58
59   main( )
```

　　邀請您採用不同的小波,或改用第二、三層的離散小波轉換,比較 DSP 的輸出結果。

習題

選擇題

( ) 1. 下列有關小波轉換的敘述，何者有誤？

(A) 小波轉換是基於有限長度的小波，藉以定義數學轉換

(B) 小波轉換具有可逆性

(C) 小波轉換提供的時頻窗口寬度，不會隨著頻率改變

(D) 若與離散傅立葉轉換相比，離散小波轉換具有計算優勢

( ) 2. Haar 小波的長度為何？

(A) 2-Tap (B) 4-Tap (C) 8-Tap (D) 16-Tap (E) 以上皆非

( ) 3. 下列有關小波轉換，何者正確？

(A) 父小波代表近似函數，母小波代表差異函數

(B) 父小波代表差異函數，母小波代表近似函數

(C) 父小波與母小波均可代表近似函數

(D) 父小波與母小波均可代表差異函數

( ) 4. 下列有關小波轉換，何者正確？

(A) 父小波相當於低通濾波器，母小波相當於高通濾波器

(B) 父小波相當於高通濾波器，母小波相當於低通濾波器

(C) 父小波與母小波均相當於低通濾波器

(D) 父小波與母小波均相當於高通濾波器

觀念複習

1. 試說明傅立葉轉換與小波轉換的差異。

2. 給定下列的離散序列，共有 8 個樣本：

$$\{\,10, 12, 8, 6, 5, 3, 14, 4\,\}$$

   若採用簡易的小波，求下列小波轉換：

   (a) Discrete Wavelet Transform at Level-1

   (b) Discrete Wavelet Transform at Level-2

   (c) Discrete Wavelet Transform at Level-3

3. 根據線性代數，試回答下列問題：

   (a) 矩陣須滿足甚麼條件，才可稱為 Orthogonal？

   (b) 矩陣須滿足甚麼條件，才可稱為 Orthonormal？

4. 試定義尺度函數(父小波)與小波函數(母小波)。

5. 試列舉幾種典型的小波。

6. 試列舉小波轉換的數位訊號處理應用。

專案實作

1.　給定下列的離散序列，共有 8 個樣本：

$$\{ 10, 12, 8, 6, 5, 3, 14, 4 \}$$

　　試使用的下列小波進行離散小波轉換：

(a)　Haar Wavelet (2-Tap)

(b)　Daubechies Wavelet (4-Tap)

(c)　Daubechies Wavelet (8-Tap)

2.　選取數位音訊檔，實作小波轉換 DSP，包含：低通與高通濾波器等，使用的小波包含：

(a)　Haar Wavelet (2-Tap)

(b)　Daubechies Wavelet (4-Tap)

(c)　Daubechies Wavelet (8-Tap)

DSP 技術應用

DSP 技術在現代科技應用中，是具有代表性的關鍵技術。本章的目的是介紹 DSP 技術的實際應用，包含：

(1) **數位音樂合成**(Digital Music Synthesis)

(2) **數位語音合成**(Digital Speech Synthesis)

(3) **數位語音辨識**(Digital Speech Recognition)

學習單元

- 數位音樂合成

- 數位語音合成

- 數位語音辨識

19-1　數位音樂合成

定義　**數位音樂合成**

數位音樂合成(Digital Music Synthesis)是指採用人工的方式產生數位音樂的技術。

音樂合成技術牽涉第四章介紹的訊號生成技術，包含週期性訊號與非週期性訊號，同時透過數位訊號的排列組合，藉以產生數位音樂。在討論數位音樂合成技術之前，讓我們先熟悉一下音樂的基本概念。

19-1-1　音樂的基本概念

音樂的基本構成元素，包含：**音高**(Pitch)、**節拍**(Beats)、**節奏**(Tempo)等。聲音的高低稱為**音高**(Pitch)，使用 Do、Re、Mi、Fa、So、La、Si 等唱名，對應的英語音名為 C、D、E、F、G、A、B。鋼琴鍵盤的排列方式是根據音高的順序，如圖 19-1。鋼琴的鍵盤是以中央 C 為基準，向左右延伸。兩個相同的音名之間，包含 8 個鍵盤，因此稱為**八度音**(Octave)。

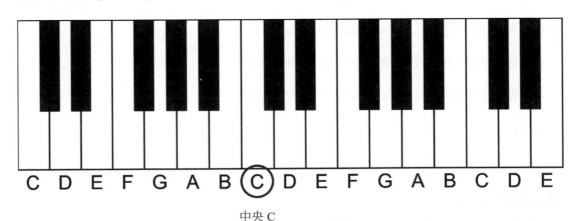

中央 C

圖 19-1　鋼琴鍵盤與音高

音高與音頻對照表，如表 19-1，中央 C 的音頻為 261.6 Hz。由表上可以發現，八度音之間的頻率比例，剛好是兩倍，例如：中央 C(C4)的音頻為 261.6 Hz，高八度 C(C5)的音頻為 261.6 Hz × 2 = 523.3 Hz。

表 19-1　音高與音頻對照表

	1	2	3	4	5	6	7
C	32.7	65.4	130.8	261.6	523.3	1046.5	2093.0
C#	34.6	69.3	138.6	277.2	554.4	1108.7	2217.5
D	36.7	73.4	146.8	293.7	587.3	1174.7	2349.3
D#	38.9	77.8	155.6	311.1	622.3	1244.5	2489.0
E	41.2	82.4	164.8	329.6	659.3	1318.5	2637.0
F	43.7	87.3	174.6	349.2	698.5	1396.9	2793.8
F#	46.2	92.5	185.0	370.0	740.0	1480.0	2960.0
G	49.0	98.0	196.0	392.0	784.0	1568.0	3136.0
G#	51.9	103.8	207.7	415.3	830.6	1661.2	3322.4
A	55.0	110.0	220.0	440.0	880.0	1760.0	3520.0
A#	58.3	116.5	233.1	466.2	932.3	1864.7	3729.3
B	61.7	123.5	246.9	493.9	987.8	1975.5	3951.1

註　單位為赫茲(Hz)。

　　圖 19-2 為琴鍵與五線譜的對照圖。以中央 C 為基準，相鄰的白鍵是相差一個全音；相鄰的白鍵與黑鍵間，則是相差半音。

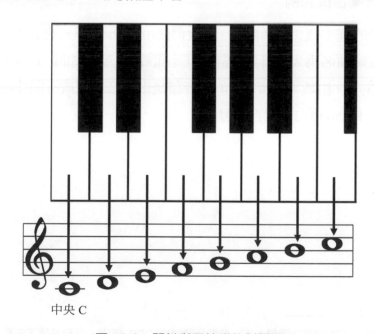

中央 C

圖 19-2　琴鍵與五線譜的對照圖

　　音樂曲子中，每個音都有自己的**節拍**(Beats)，代表這個音的時間長短。在五線譜中，節拍是使用**音符**(Notes)表示，包含：全音符、二分音符、四分音符等，如圖 19-3。舉例說明，若五線譜中的拍號為 C 或 4 / 4，代表每小節有 4 拍，全音符代表這個音佔據整個小節，因此為 4 拍；二分音符為全音符的 1 / 2，因此為 2 拍；四分音符為全音符的 1 / 4，因此為 1 拍；依此類推。

全音符　　二分音符　　四分音符　　八分音符　十六分音符 三十二分音符

圖 19-3　音符的種類

　　音樂的另一項元素稱為**節奏**(Tempo)，是指音樂的快慢或速度。現代音樂中，節奏通常是以每分鐘的**節拍數**(Beats per Minute)決定。音樂的節奏包含：慢板、行板、中板、快板等，與音樂所表達的情感相關聯。

19-1-2　數位音樂合成範例

　　在認識音樂的基本概念與術語後，讓我們使用 Python 程式設計，藉以合成簡單的數位音樂。選取的曲名為大家耳熟能詳的「小蜜蜂」，樂譜如圖 19-4，其中包含高音譜與低音譜兩部分[1]。由於「小蜜蜂」的高音譜是由單音所組成，因此我們先合成高音譜的部分，進行 Python 程式實作與應用。

---

[1] 若您看不懂五線譜，不妨找個時間學一下。雖然我們討論 DSP 技術，是屬於理工的範圍，但是學理工的人，不妨也培養一點音樂素養，會變得更有氣質。

圖 19-4　「小蜜蜂」樂譜

Python 程式碼如下：

little_bee.py

```
1   import numpy as np
2   import wave
3   import struct
4
5   defnote( pitch, beat ):
```

```
6          fs = 44000
7          amplitude = 30000
8          frequency = np.array( [ 261.6, 293.7, 329.6, 349.2, 392.0, 440.0, 493.9 ] )
9          num_samples = beat * fs
10         t = np.linspace( 0, beat, num_samples, endpoint = False )
11         a = np.linspace( 0, 1, num_samples, endpoint = False )
12         x = amplitude * a * np.cos( 2 * np.pi * frequency[ pitch - 1 ] * t )
13         return x
14
15    def main():
16         file = "little_bee.wav"                          # 檔案名稱
17
18         pitches = np.array( [ 5, 3, 3, 4, 2, 2, 1, 2, 3, 4, 5, 5, 5,     \
19                               5, 3, 3, 4, 2, 2, 1, 3, 5, 5, 3,           \
20                               2, 2, 2, 2, 2, 3, 4, 3, 3, 3, 3, 3, 4, 5,  \
21                               5, 3, 3, 4, 2, 2, 1, 3, 5, 5, 1 ] )
22
23         beats = np.array( [ 1, 1, 2, 1, 1, 2, 1, 1, 1, 1, 1, 1, 2,       \
24                             1, 1, 2, 1, 1, 2, 1, 1, 1, 1, 4,             \
25                             1, 1, 1, 1, 1, 1, 2, 1, 1, 1, 1, 1, 1, 2,    \
26                             1, 1, 2, 1, 1, 2, 1, 1, 1, 1, 4 ] )
27
28         tempo = 0.5                                      # 節奏(每拍 0.5 秒)
29         fs = 44000
30         duration = sum( beats )* tempo
31         num_samples = int( duration * fs )
32
33         num_channels = 1                                # 通道數
34         samwidth = 2                                    # 樣本寬度
```

```
35        num_frames = num_samples              # 音框數 = 樣本數
36        comptype = "NONE"                      # 壓縮型態
37        compname = "not compressed"            # 無壓縮
38
39        num_notes = np.size( pitches )
40
41        y = np.array( [ ] )
42        for i in range( num_notes ):
43            x = note( pitches[i], beats[i] * tempo )
44            y = np.append( y, x )
45
46        wav_file = wave.open( file, 'w' )
47        wav_file.setparams(( num_channels, samwidth, fs, num_frames, comptype,
          compname ))
48
49        for s in y:
50            wav_file.writeframes( struct.pack( 'h', int( s )))
51
52        wav_file.close( )
53
54   main()
```

本程式範例分成**主程式**與**副程式**兩大區塊，分別說明如下：

● **副程式**：副程式是使用 Python 程式語言的**函式**(Functions)定義，名稱為 note，輸入的參數包含：**音高**(Pitch)與**節拍**(Beat)，藉以產生數位訊號。首先，根據音高與音頻對照表建立 frequency 陣列，在此僅定義 Do(261.6 Hz)、Re(293.7 Hz)、…、Si(493.9 Hz)等 7 個音，目前足夠小蜜蜂這首曲子使用。接著，以弦波為基礎，並套用淡出效果，藉以構成每個基本的音符。

● **主程式**：主程式的目的是根據小蜜蜂的樂譜，建立數位音樂的 wav 檔。首先，建立 pitches 陣列與 beats 陣列，分別定義小蜜蜂每個音的音高與節拍；節奏 tempo 設為 0.5，代表每一拍的時間為 0.5 秒。接著，計算小蜜蜂總節拍數與時間，並根據取樣頻率計算總樣本數；同時定義 wav 檔所需的相關參數，例如：通道數等。數位音樂的產生，則是先建立 y 的空陣列，並依據 pitches 與 beats 陣列的每個音，呼叫副程式 note，藉以回傳對應於該音的數位訊號 x，並使用 append 函數與 y 連接。執行 for 迴圈後，即可得到小蜜蜂全曲的數位音樂。最後，寫入 wav 檔的過程則不再贅述。

在了解 Python 程式細節後，您可以聆聽一下小蜜蜂的 wav 檔；透過音樂合成技術產生數位音樂，是不是很有趣呢？

邀請您舉一反三，進一步修改 Python 程式，藉以合成其他的數位音樂。早期任天堂紅白機，其實是以方波為基礎，或許您也可以根據超級瑪利歐的樂譜，自行合成遊戲中的數位音樂。

雖然，目前我們合成出來的數位音樂，還是有些呆板，但是透過 Python 實作與應用，相信您對於數位音樂合成技術，已有初步的認識。目前，市面上已有許多數位音樂合成軟體，牽涉的 DSP 技術其實更為複雜[2]。

19-2　數位語音合成

定義　**數位語音合成**

數位語音合成(Digital Speech Synthesis)是指採用人工的方式產生數位語音的技術。

數位語音合成技術的目的是採用人工的方式產生語音訊號，因此可以輸入文字檔，產生對應的**語音訊號**(Speech Signals)。數位語音合成技術也經常稱為**文字至語音**(Text to Speech, TTS)技術，其在智慧機器人、自動化系統、互動式多媒體、物聯網等

---

[2] 市面上的數位音樂合成軟體，有時也會直接採用真實樂器，例如：鋼琴、小提琴等，其所錄製的聲音訊號進行組合。

的應用中，扮演舉足輕重的角色。在認識前述數位音樂合成技術後，您應該會相信，數位語音合成的技術層面，相對更加複雜。

目前語音合成技術典型的例子，以 Google 小姐最具代表性。您可以在 Google 翻譯中找到 Google 小姐。如圖 19-5，在點選喇叭圖標後，您就可以聽到 Google 小姐的聲音。您可能也注意到，Google 小姐懂的語言其實還蠻多的；只是在講中文時，我們聽起來還是覺得不太自然。

圖 19-5　Google 翻譯中的 Google 小姐

除了 Google 小姐之外，目前網路上有許多 TTS 技術，提供免費的**應用程式介面**(Application Programming Interface, API)，很容易使用 Python 程式設計實現，例如：

● Pyttsx Text to Speech

● gTTS Text to Speech

● eSpeak

在此介紹數位語音合成的免費軟體 API，稱為 eSpeak，可以參考網頁 http://espeak.sourceforge.net/ 下載與安裝。eSpeak 的特色包含下列幾點：

● 支援跨平台，例如：Microsoft Windows、Mac OSX 等作業系統。

● 支援多國語言，例如：英文、中文等。

● 支援不同的語音，例如：男生或女生。

eSpeak 的視窗介面，外觀如圖 19-6，除了可以直接輸入文字，也可以根據開啟的文字檔，藉以產生語音訊號，或產生語音的 wav 檔。由於 eSpeak 視窗介面的方式相當直覺，邀請您直接進行操作與應用。

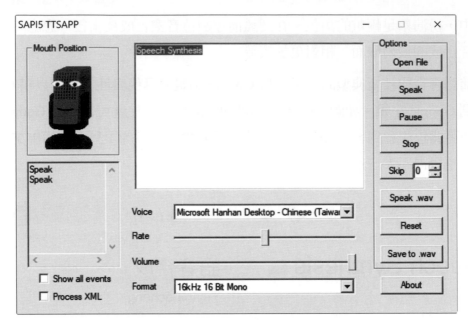

圖 19-6　eSpeak 視窗介面

除了視窗操作介面之外，eSpeak 也提供命令提示字元的執行檔；只要在系統環境變數的路徑中加入 eSpeak.exe 的子目錄，就可以直接執行，例如：

```
espeak "Hello World"
```

若您想進一步了解 eSpeak 的功能，也可以在命令提示字元中鍵入：

```
espeak -h
```

由於 eSpeak 提供命令提示字元的執行檔，因此可以導入 Python 程式設計中，其中採用作業系統的 os.system 軟體套件。

Python 程式碼如下：

speech_synthesis.py

```
1    import os
2    os.system( "espeak \"Hello World\"" )
```

19-3　數位語音辨識

定義　數位語音辨識

數位語音辨識(Digital Speech Recognition)是指使用計算機系統，將數位語音訊號，經過自動處理與辨識，轉換爲文字訊息。

　　數位語音辨識技術，也經常稱爲**語音至文字**(Speech to Text)技術，須整合語言學、資訊科技、電機工程等不同領域的技術，其中牽涉相當複雜的技術內容。

　　由於數位語音辨識技術的應用非常廣泛，因此受到產學界的學者專家持續關注，發展的方法與技術其實相當廣泛，例如：**隱藏式馬可夫模型**(Hidden Markov Models)、**動態時間扭曲**(Dynamic Time Warping, DTW)、**人工神經網路**(Artificial Neural Networks)、**深度學習**(Deep Learning)、**端點對端點自動語音辨識**(End-to-End Automatic Speech Recognition)等。截至目前爲止，數位語音辨識的準確率受到許多因素影響，例如：雜訊、男生／女生、成人／兒童、口音、語意等，辨識率仍相當有限。

　　爲了克服數位語音辨識率問題，嶄新的人工智慧技術，例如：**深度學習**(Deep Learning)技術等，其中尤其以**循環神經網路**(Recurrent Neural Networks, RNNs)，同時結合**長短期記憶**(Long-Short Term Memory, LSTM)的技術最具代表性，目前已受到學者專家的高度關注，相信 AI 技術將成爲數位語音辨識的技術主流。

　　本節介紹 Python 語音辨識程式庫，稱爲 SpeechRecognition，可以支援許多語音辨識引擎與**應用程式介面**(Application Programming Interface, API)，其中包含**線上**(Online)或**離線**(Offline)的語音辨識 API。例如：

- CMU Sphinx
- Google Speech Recognition
- Google Cloud Speech API
- Wit.ai
- Microsoft Bing Voice Recognition

- Houndify API

- IBM Speech to Text

- Snowboy Hotword Detection

- 其他

　　詳細的相關資訊請參考網頁：https://pypi.python.org/pypi/SpeechRecognition/。

　　由於 Python 開發環境並未事先安裝 SpeechRecognition 的軟體套件，因此可以事先在 Python 目錄下使用下列指令安裝：

```
pip install SpeechRecognition
```

　　此外，SpeechRecognition 的軟體套件須另行安裝下列軟體套件：

- Python 2.6, 2.7 或 3.3+

- PyAudio(若使用麥克風作為輸入源)

- PocketSphinx(若是使用 Sphinx Recognizer)

- Google API Client Library for Python(若使用 Google Cloud Speech API)

- FLAC Encoder(若使用非 x86 之作業系統，例如：Linux、Mac OSX 等)

　　在此，我們使用麥克風，因此須事先安裝 PyAudio 軟體套件：

```
pip install PyAudio
```

　　Python 程式碼如下：

speech_recognizer.py

```python
1    import speech_recognition as sr
2
3    # Record Audio
4    r = sr.Recognizer()
5    with sr.Microphone()as source:
6        print("Say something!")
```

```
7        audio = r.listen(source)
8
9    # Speech recognition using Google Speech Recognition
10   try:
11       print( "You said: " + r.recognize_google( audio ))
12   except sr.UnknownValueError:
13       print( "Google Speech Recognition could not understand audio" )
14   except sr.RequestError as e:
15       print( "Could not request results from Google Speech Recognition service;
         {0}".format( e ))
```

本程式範例使用 Google 的語音辨識服務。執行 Python 程式，您就可以對麥克風講話，並觀察語音辨識的結果：

```
D:>python speech_recognizer.py
Say something!
You said: hello
```

習題

選擇題

( ) 1. 採用人工的方式產生數位音樂的技術稱爲何？

(A) 數位音樂合成　(B) 數位語音合成　(C) 數位語音辨識　(D) 以上皆非

( ) 2. 採用人工的方式產生數位語音的技術稱爲何？

(A) 數位音樂合成　(B) 數位語音合成　(C) 數位語音辨識　(D) 以上皆非

( ) 3. 採用計算機系統，將數位語音訊號，經過自動處理與辨識，轉換爲文字訊息的技術稱爲何？

(A) 數位音樂合成　(B) 數位語音合成　(C) 數位語音辨識　(D) 以上皆非

觀念複習

1. 請定義下列專有名詞：

(a) **數位音樂合成**(Digital Music Synthesis)。

(b) **數位語音合成**(Digital Speech Synthesis)。

(c) **數位語音辨識**(Digital Speech Recognition)。

2. 簡述音樂的基本構成元素。

3. 音樂元素中，已知中央 C 的音頻爲 261.6Hz，則低八度與高八度 C 的音頻分別爲何？

4. 請問 Google 小姐牽涉何種 DSP 技術？

☀ 專案實作

1. 使用 Python 程式實作，選取一首曲子，例如：大黃蜂等，實現數位音樂合成技術，並存成 wav 檔。

2. 試使用 Python 程式實作，以方波為基礎，同時參考超級瑪利歐等樂譜，自行合成電玩遊戲中的數位音樂。

3. 使用 Python 程式實作，實現數位語音合成技術。

4. 使用 Python 程式實作，實現數位語音辨識技術。

5. 調查數位音樂相關技術的相關研究，例如：**節拍偵測**(Beat Detection)、**節奏偵測**(Tempo Detection)、**光學樂譜辨識**(Optical Music Recognition, OMR)等技術。

6. 調查數位語音辨識技術的相關研究，例如：**隱藏式馬可夫模型**(Hidden Markov Models)、**動態時間扭曲**(Dynamic Time Warping, DTW)、**人工神經網路**(Artificial Neural Networks)、**深度學習**(Deep Learning)、**端點對端點自動語音辨識**(End-to-End Automatic Speech Recognition)、**循環神經網路/長短期記憶**(RNN / LSTM)等。

附錄

基本數學公式

三角函數

【負角公式】

$\sin(-\theta) = -\sin\theta$

$\cos(-\theta) = +\cos\theta$

$\tan(-\theta) = -\tan\theta$

$\cot(-\theta) = -\cot\theta$

$\sec(-\theta) = +\sec\theta$

$\csc(-\theta) = -\csc\theta$

【倒數關係】

$\sin\theta = 1/\csc\theta \qquad \csc\theta = 1/\sin\theta$

$\cos\theta = 1/\sec\theta \qquad \sec\theta = 1/\cos\theta$

$\tan\theta = 1/\cot\theta \qquad \cot\theta = 1/\tan\theta$

【平方關係】

$\sin^2\theta + \cos^2\theta = 1$

$\tan^2\theta + 1 = \sec^2\theta$

$1 + \cot^2\theta = \csc^2\theta$

【倍角公式】

$\sin 2\theta = 2\sin\theta\cos\theta$

$\cos 2\theta = \cos^2\theta - \sin^2\theta = 1 - 2\sin^2\theta = 2\cos^2\theta - 1$

$\tan 2\theta = \dfrac{2\tan\theta}{1 - \tan^2\theta}$

【和角公式】

$$\sin(A \pm B) = \sin A \cos B \pm \cos A \sin B$$

$$\cos(A \pm B) = \cos A \cos B \mp \sin A \sin B$$

【積化和差】

$$\sin A \cos B = \frac{\sin(A+B) + \sin(A-B)}{2}$$

$$\cos A \sin B = \frac{\sin(A+B) - \sin(A-B)}{2}$$

$$\cos A \cos B = \frac{\cos(A+B) + \cos(A-B)}{2}$$

$$\sin A \sin B = \frac{-\cos(A+B) + \cos(A-B)}{2}$$

【和差化積】

$$\sin A + \sin B = 2\sin\frac{A+B}{2}\cos\frac{A-B}{2}$$

$$\sin A - \sin B = 2\cos\frac{A+B}{2}\sin\frac{A-B}{2}$$

$$\cos A + \cos B = 2\cos\frac{A+B}{2}\cos\frac{A-B}{2}$$

$$\cos A - \cos B = -2\sin\frac{A+B}{2}\sin\frac{A-B}{2}$$

歐拉公式

【歐拉公式】

$$e^{j\theta} = \cos\theta + j\sin\theta \text{，其中 } j = \sqrt{-1}$$

【反歐拉公式】

$$\cos\theta = \frac{e^{j\theta} + e^{-j\theta}}{2}$$

$$\sin\theta = \frac{e^{j\theta} - e^{-j\theta}}{2j}$$

積分表

基本型態

(1) $\int x^n dx = \dfrac{1}{n+1} x^{n+1} + c$

(2) $\int \dfrac{1}{x} dx = \ln|x| + c$

(3) $\int \dfrac{1}{ax+b} dx = \dfrac{1}{a} \ln|ax+b| + c$

(4) $\int \dfrac{1}{(x+a)^2} dx = -\dfrac{1}{x+a} + c$

(5) $\int \dfrac{1}{x^2+1} dx = \tan^{-1} x + c$

(6) $\int \dfrac{1}{x^2+a^2} dx = \dfrac{1}{a} \tan^{-1}(\dfrac{x}{a}) + c$

(7) $\int \dfrac{x^2}{x^2+a^2} dx = x - a \tan^{-1}(\dfrac{x}{a}) + c$

(8) $\int \dfrac{1}{(x+a)(x+b)} dx = \dfrac{1}{b-a}\left[\ln|x+a| - \ln|x+b|\right] + c$

根號

(9) $\int \sqrt{x-a}\, dx = \dfrac{2}{3}(x-a)^{3/2} + c$

(10) $\int \dfrac{1}{\sqrt{x \pm a}} dx = 2\sqrt{x \pm a} + c$

(11) $\int \dfrac{1}{\sqrt{a-x}} dx = 2\sqrt{a-c} + c$

(12) $\int \sqrt{ax+b}\, dx = \left(\dfrac{2b}{3a} + \dfrac{2x}{c}\right)\sqrt{b+ax} + c$

(13) $\int \dfrac{1}{\sqrt{a^2 - x^2}} dx = \sin^{-1}\left(\dfrac{x}{a}\right) + c$

(14) $\int \dfrac{1}{\sqrt{x^2 \pm a^2}} dx = \ln\left(x + \sqrt{x^2 \pm a^2}\right) + c$

對數

(15) $\int \ln x \, dx = x \ln x - x + c$

(16) $\int \dfrac{\ln(ax)}{x} dx = \dfrac{1}{2}(\ln(ax))^2 + c$

(17) $\int \ln(ax + b) dx = \dfrac{ax+b}{a} \ln(ax+b) - x + c$

(18) $\int \ln(ax^2 + bx + c) dx = \dfrac{1}{a}\sqrt{4ac - b^2}\, \tan^{-1}\left(\dfrac{2ax+b}{\sqrt{4ac-b^2}}\right) - 2x$
$$+ \left(\dfrac{b}{2a} + x\right)\ln(ax^2 + bx + c) + c$$

指數

(19) $\int e^x dx = e^x + c$

(20) $\int e^{ax} dx = \dfrac{1}{a} e^{ax} + c$

(21) $\int x e^x dx = x e^x - e^x + c$

(22) $\int x e^{ax} dx = \dfrac{1}{a} x e^{ax} - \dfrac{1}{a^2} e^{ax} + c$

(23) $\int x^2 e^x dx = x^2 e^x - 2x e^x + 2 e^x + c$

(24) $\int x^2 e^{ax} dx = \dfrac{1}{a} x^2 e^{ax} - \dfrac{2}{a^2} x e^{ax} + \dfrac{2}{a^3} e^{ax} + c$

三角函數

(25) $\int \sin x dx = -\cos x + c$

(26) $\int \sin^2 x dx = \frac{x}{2} - \frac{1}{4} \sin 2x + c$

(27) $\int \sin^3 x dx = -\frac{3}{4} \cos x + \frac{1}{12} \cos 3x + c$

(28) $\int \cos x dx = \sin x + c$

(29) $\int \cos^2 x dx = \frac{x}{2} + \frac{1}{4} \sin 2x + c$

(30) $\int \cos^3 x dx = \frac{3}{4} \sin x + \frac{1}{12} \sin 3x + c$

(31) $\int \sin x \cos x dx = -\frac{1}{2} \cos^2 x + c$

(32) $\int \sin^2 x \cos x dx = \frac{1}{4} \sin x - \frac{1}{12} \sin 3x + c$

(33) $\int \sin x \cos^2 x dx = -\frac{1}{4} \cos x - \frac{1}{12} \cos 3x + c$

(34) $\int \sin^2 x \cos^2 x dx = \frac{x}{8} - \frac{1}{32} \sin 4x + c$

(35) $\int \tan x dx = -\ln|\cos x| + c$

(36) $\int \tan^2 x dx = -x + \tan x + c$

(37) $\int \tan^3 x dx = \ln|\cos x| + \frac{1}{2} \sec^2 x + c$

(38) $\int \cot x dx = \ln|\sin x| + c$

(39) $\int \cot^2 x dx = -x - \cot x + c$

(40) $\int \sec x dx = \ln|\sec x + \tan x| + c$

(41) $\int \sec^2 x dx = \tan x + c$

(42) $\int \sec^3 x dx = \frac{1}{2} \sec x \tan x + \frac{1}{2} \ln|\sec x \tan x| + c$

(43) $\int \sec x \tan x dx = \sec x + c$

(44) $\displaystyle\int \sec^2 x \tan x\,dx = \frac{1}{2}\sec^2 x + c$

(45) $\displaystyle\int \csc x\,dx = \ln\left|\csc x - \cot x\right| + c$

(46) $\displaystyle\int \csc^2 x\,dx = -\cot x + c$

(47) $\displaystyle\int \csc^3 x\,dx = -\frac{1}{2}\cot x \csc x + \frac{1}{2}\ln\left|\csc x - \cot x\right| + c$

(48) $\displaystyle\int \sec x \csc x\,dx = \ln\left|\tan x\right| + c$

三角函數與多項式

(49) $\displaystyle\int x\sin x\,dx = -x\cos x + \sin x + c$

(50) $\displaystyle\int x\sin ax\,dx = -\frac{1}{a}x\cos ax + \frac{1}{a^2}\sin ax + c$

(51) $\displaystyle\int x\cos x\,dx = x\sin x + \cos x + c$

(52) $\displaystyle\int x\cos ax\,dx = \frac{1}{a}x\sin ax + \frac{1}{a^2}\cos ax + c$

三角函數與指數

(53) $\displaystyle\int e^x \sin x\,dx = \frac{1}{2}e^x(\sin x - \cos x) + c$

(54) $\displaystyle\int e^{bx} \sin ax\,dx = \frac{1}{b^2 + a^2}e^{bx}(b\sin ax - a\cos ax) + c$

(55) $\displaystyle\int e^x \cos x\,dx = \frac{1}{2}e^x(\sin x + \cos x) + c$

(56) $\displaystyle\int e^{bx} \cos ax\,dx = \frac{1}{b^2 + a^2}e^{bx}(a\sin ax + b\cos ax) + c$

三角函數、多項式與指數

(57) $\displaystyle\int xe^x \sin x\,dx = \frac{1}{2}e^x(\cos x - x\cos x + x\sin x) + c$

(58) $\displaystyle\int xe^x \cos x\,dx = \frac{1}{2}e^x(-\sin x + x\cos x + x\sin x) + c$

雙曲線函數

(59) $\int \sinh x\, dx = \cosh x + c$

(60) $\int \cosh x\, dx = \sinh x + c$

(61) $\int \tanh x\, dx = \ln|\cosh x| + c$

(62) $\int \coth x\, dx = \ln|\sinh x| + c$

(63) $\int \operatorname{sech} x\, dx = 2\tan^{-1}(e^x) + c$

(64) $\int \operatorname{csch} x\, dx = \ln\left|\tanh(\dfrac{x}{2})\right| + c$

傅立葉級數與轉換

傅立葉級數

$$x(t) = \frac{1}{2}a_0 + \sum_{n=1}^{\infty}\left[a_n \cos\frac{n\pi t}{L} + b_n \sin\frac{n\pi t}{L} \right]$$

其中 $a_0 = \dfrac{1}{L}\displaystyle\int_{-L}^{L} x(t)\, dt$

$\quad\quad a_n = \dfrac{1}{L}\displaystyle\int_{-L}^{L} x(t)\cos\frac{n\pi t}{L}\, dt$

$\quad\quad b_n = \dfrac{1}{L}\displaystyle\int_{-L}^{L} x(t)\sin\frac{n\pi t}{L}\, dt$

傅立葉轉換

$$X(\omega) = \mathcal{F}\{x(t)\} = \int_{-\infty}^{\infty} x(t)\, e^{-j\omega t} dt$$

$$x(t) = \mathcal{F}^{-1}\{X(\omega)\} = \frac{1}{2\pi}\int_{-\infty}^{\infty} X(\omega)\, e^{j\omega t} d\omega$$

離散時間傅立葉轉換

$$X(e^{j\omega}) = \sum_{n=-\infty}^{\infty} x[n]\, e^{-j\omega n}$$

$$x[n] = \frac{1}{2\pi}\int_{-\infty}^{\infty} X(e^{j\omega n})\, e^{j\omega n} d\omega$$

離散傅立葉轉換

$$X[k] = \sum_{n=0}^{N-1} x[n]\, e^{-j2\pi kn/N},\ k = 0, 1, \ldots, N-1$$

$$x[n] = \frac{1}{N}\sum_{k=0}^{N-1} X[k]\, e^{j2\pi kn/N},\ n = 0, 1, 2, \ldots, N-1$$

傅立葉轉換表

函數 $x(t)$	傅立葉轉換 $X(\omega)$
$\delta(t)$	1
$\delta(t-t_0)$	$e^{-j\omega t_0}$
1	$2\pi\delta(\omega)$
$e^{j\omega_0 t}$	$2\pi\delta(\omega-\omega_0)$
$u(t)$	$\pi\delta(\omega)+\dfrac{1}{j\omega}$
$\cos(\omega_0 t)$	$\pi[\delta(\omega-\omega_0)+\delta(\omega+\omega_0)]$
$\sin(\omega_0 t)$	$\dfrac{\pi}{j}[\delta(\omega-\omega_0)-\delta(\omega+\omega_0)]$
$u(t)\cos(\omega_0 t)$	$\dfrac{\pi}{2}[\delta(\omega-\omega_0)+\delta(\omega+\omega_0)]+\dfrac{j\omega}{\omega_0^2-\omega^2}$
$u(t)\sin(\omega_0 t)$	$\dfrac{\pi}{2j}[\delta(\omega-\omega_0)-\delta(\omega+\omega_0)]+\dfrac{\omega^2}{\omega_0^2-\omega^2}$
$e^{-a|t|}$	$\dfrac{2a}{a^2+\omega^2}$
$u(t)e^{-at}$	$\dfrac{1}{a+j\omega}$
$u(t)te^{-at}$	$\dfrac{1}{(a+j\omega)^2}$
$\begin{cases} A & \text{if } -T/2 < t < T/2 \\ 0 & \text{otherwise} \end{cases}$	$AT\cdot\operatorname{sinc}(\omega T/2\pi)$
$e^{-t^2/(2\sigma^2)}$	$\sqrt{2\pi\sigma^2}\,e^{-\sigma^2\omega^2/2}$

z 轉換

$$X(z) = \mathcal{Z}\{x[n]\} = \sum_{n=-\infty}^{\infty} x[n]\, z^{-n}$$

$$x[n] = \mathcal{Z}^{-1}\{X(z)\} = \frac{1}{2\pi j} \oint_C X(z)\, z^{n-1} dz$$

z 轉換表

離散序列	z 轉換	ROC
$\delta[n]$	1	All z
$\delta[n-k]$	z^{-k}	$z \neq 0,\, k > 0$
$u[n]$	$\dfrac{1}{1-z^{-1}}$ 或 $\dfrac{z}{z-1}$	$|z| > 1$
$-u[-n-1]$	$\dfrac{1}{1-z^{-1}}$ 或 $\dfrac{z}{z-1}$	$|z| < 1$
$a^n u[n]$	$\dfrac{1}{1-a\,z^{-1}}$ 或 $\dfrac{z}{z-a}$	$|z| > |a|$
$-a^n u[-n-1]$	$\dfrac{1}{1-a\,z^{-1}}$ 或 $\dfrac{z}{z-a}$	$|z| < |a|$
$n\, u[n]$	$\dfrac{z^{-1}}{(1-z^{-1})^2}$ 或 $\dfrac{z}{(z-1)^2}$	$|z| > 1$
$n^2 u[n]$	$z^{-1}\dfrac{(1+z^{-1})}{(1-z^{-1})^3}$ 或 $\dfrac{z(z+1)}{(z-1)^3}$	$|z| > 1$
e^{-an}	$\dfrac{1}{1-e^{-a}z^{-1}}$ 或 $\dfrac{z}{z-e^{-a}}$	$|z| > |e^{-a}|$
$\sin\omega_0 n$	$\dfrac{z\sin\omega_0}{z^2 - 2z\cos\omega_0 + 1}$	$|z| > 1$
$\cos\omega_0 n$	$\dfrac{z(z-\cos\omega_0)}{z^2 - 2z\cos\omega_0 + 1}$	$|z| > 1$

參考文獻

[1]　A. V. Oppenheim, R. W. Schafer, "Discrete-Time Signal Processing," Prentice-Hall, 1989.

[2]　E. C. Ifeachor, B. W. Jervis, "Digital Signal Processing – A Practical Approach," Prentice-Hall, 1993.

[3]　J. H. McClellan, R. W. Schafer, M. A. Yoder, "DSP First – A Multimedia Approach," Prentice-Hall, 1998.

[4]　S.K. Mitra, "Digital Signal Processing – A Computer-Based Approach", McGraw-Hill, 1998.

[5]　S. Salivahanan, A. Vallavaraj, C. Gnanapriya, "Digital Signal Processing", McGraw Hill, 2000.

[6]　S.Haykin, B. V. Veen, "Signals and Systems, Second Edition," John Wiley & Sons, 2003.

[7]　A. B. Downey, "Think DSP," O'Reilly Media, 2016.

[8]　R. Radke, Digital Signal Processing, Rensselaer Polytechnic Institute (ECSE-4530), YouTube Online Course.

[9]　黃騰毅，台灣科技大學電機系信號與系統，YouTube 線上課程。

[10] Y. Daniel Liang, "Introduction to Programming Using Python," Pearson, 2013.

[11] Python, http://www.python.org.

[12] Anaconda, http://www.anaconda.org.

[13] Yahoo Finance, http://finance.yahoo.com.

[14] Speech Recognition, https://pypi.python.org/pypi/SpeechRecognition.

[15] 張元翔編著，工程數學入門–專為科學家與工程師設計之教材，全華圖書，2015。

[16] 張元翔編著，Raspberry Pi 嵌入式系統入門與應用實作，碁峯圖書，2016。